U0167127

CURTAIN
WALL
DESIGN

PRINCIPLES AND
METHODS

幕墙设计
原理与方法

郑胜林 著

中国建筑工业出版社

序 言 I

应本书作者郑胜林的多次邀请，我终于有点“踌躇”地决定为他写此序言，踌躇的原因是我虽在幕墙行业“耕耘”了 20 年，对这个行业有一定的认知，在教育领域也做过一些力所能及的事情，但是受邀给纯技术类的书籍写序，还是第一次。

郑胜林 2006 年来江河幕墙工作，至今已近 15 年，这 15 年来他见证了江河幕墙在国内的快速发展、深耕细作和开拓海外高端市场的全过程，深度参与了江河幕墙产品标准化的开发工作，在大量的国内外高端项目的实际工作中提升和积累了较为丰厚的技术经验和能力，尤其是由他负责的全球第一高楼沙特王国塔（Kingdom Tower）的设计工作，赢得了幕墙业界的赞誉。

郑胜林作为年轻优秀的幕墙技术专家，平日工作繁重，但仍能坚持挤出业余时间完成 200 余页的技术书稿，对自己的经验进行总结和梳理，是十分难能可贵的。这本书对一线的幕墙技术人员是个很好的学习书籍，我向大家郑重推荐。本书第一次从设计实操层面综合地介绍了基本设计原理，并通过对业界主流的几种设计风格做了优缺点分析让读者能更好地理解设计原理，全书图文并茂、深入浅出，是一本不可多得的幕墙技术指南。在标准化产品系统方面，书中设计原理层次的说明给大家打开了一个“交流”的窗口，能帮助业界的朋友更好地理解相关设计思路，并从中领略到江河幕墙标准化产品系统堪称当今全球业界工程实践的较高层次。

中国幕墙产业经过近 30 年的迅速发展，已成为世界第一生产大国和使用大国，各种雄伟壮观、造型新颖的玻璃幕墙建筑是各大城市不可或缺的风景线。江河幕墙在长期的全球工程实践中已经积累和发展起来了世界领先水平的幕墙设计和建造技术，经过 20 年公司全体员工的努力奋斗，江河幕墙已经成为世界幕墙领军品牌。

企业的创办过程让我深知，幕墙企业的发展与设计人才队伍的持续发展密不可分，幕墙的设计师们在中国伟大复兴的时代将大有可为，对于这本书的出版，我深感欣慰的同时也怀着期许，希望它能为我国幕墙行业的技术提升以及全球幕墙行业的技术普及做出一些贡献。

刘载望

2020 年 6 月

序 言 Ⅱ

I have had the pleasure of working with Eric Zheng for more than a decade. During this time, we have seen through the construction of several of the world monuments including the Kingdom Tower. In the process, Eric has become one of the world's leading technical experts in Facades. This book has been one of Eric's ambitions to share the knowledge gained through the years of experience in working with both domestic and international project teams.

Congratulations on the project.
Steve Downey, CEO
Architectural Cladding Services, Inc.

我有幸与郑胜林合作长达十多年时间。在此期间，我们共同完成了很多世界级地标性建筑，包括沙特阿拉伯的王国塔。在这个过程中，郑胜林已成为建筑幕墙领域世界领先的技术专家之一。本书凝聚了作者多年累积的丰富理论知识和国内外工程经验，旨在与读者分享并共同提高。

祝贺新书发行成功。
史蒂夫·唐尼，首席执行官
ACSI 建筑幕墙有限公司（美国）

作者简介

郑胜林

18 年幕墙从业经验，现任江河幕墙港澳大区总工程师兼中东运营中心总工程师。主持了数十项国内、外，高层、超高层地标性建筑的幕墙设计工作。职业生涯期间，与众多国际知名建筑师及顾问公司深度合作完成幕墙项目，积累了丰富的国内外工程经验。持有十余项国家专利。发表了多篇高质量的专业论文。参与江河集团标准幕墙系统的研发及评审。

目 录

第一篇 构件式玻璃幕墙设计

第二篇　单元式玻璃幕墙设计

3　单元式玻璃幕墙概述

4　单元式玻璃幕墙设计实务

第一篇

构件式玻璃幕墙设计

THE DESIGN OF STICK GLASS CURTAIN WALL

1 建筑幕墙概述

THE OVERVIEW OF BUILDING CURTAIN WALL

维基百科（Wikipedia）的定义：幕墙（Curtain Wall），一般特指“建筑幕墙”，是现代建筑最经常使用的一种“立面”系统。幕墙一般由面板与支撑结构体系（支撑装置与支撑结构）组成，可相对于建筑主体结构有一定位移能力或者自身有一定变形能力，不承担建筑主体结构所受作用的建筑外围护墙或装饰性结构。

现代超高层建筑大多采用幕墙立面，并且以玻璃面板居多。美国纽约的曼哈顿是世界上现代建筑最密集的区域，大量的现代建筑都采用了幕墙作为建筑立面。中国上海的外滩作为区域发展的后起之秀，也传承了这种现代大都会的特色，如图1-1所示。

图1-1

（a）纽约曼哈顿建筑群；
（b）上海外滩建筑群（下页图）

1.1 构件式玻璃幕墙基本构成形式介绍

幕墙由面板和支撑结构体系构成，最常见的面板为玻璃材料，也可以是其他材料，例如：石材、铝板等；最常见的支撑体系结构为铝合金支撑骨架。为了集中内容，本书只讨论以玻璃面板为主的建筑幕墙——玻璃幕墙。

图1.1-1 典型的超高层玻璃幕墙

幕墙有很多分类方式，最常用的是根据不同构造体系分为：构件式幕墙（Stick Curtain Wall）和单元式幕墙（Unitized Curtain Wall）。构件式幕墙是幕墙的基础形态，骨架材料和面板材料直接在施工现场安装；单元式幕墙是幕墙进化的高级形态，面板和骨架材料在工厂预制组装成单元板块，将其运到施工现场后只需简单吊运拼接，为提高生产效率创造了条件。目前的工程实践中，构件式幕墙主要用在层数较少的建筑或者裙房建筑中；高层、超高层建筑普遍采用单元式幕墙体系，如图1.1-1所示。本书内容据此分为两篇：第一篇构件式玻璃幕墙设计；第二篇单元式玻璃幕墙设计。玻璃幕墙给建筑带来了华丽的外观，也为建筑用户提供了舒适的居住或办公环境。通过建筑师对幕墙材料的精心挑选组合，加上丰富的几何形体创意，再通过幕墙工程师们的工程实践，共同为现代都会带来了一道道靓丽的建筑风景，如图1.1-2所示。

图1.1-2　新加坡金沙酒店

1.2 构件式玻璃幕墙的建筑功能原理

1. 建筑美学效果

相对于其他外墙形式，玻璃幕墙最基本的特征是视觉上的通透效果，这也是人们喜欢玻璃幕墙的重要原因之一。正是对通透效果的追求，催生了很多大跨度、纤巧结构支撑形式的新颖玻璃幕墙设计。建筑的基本分层结构导致每层楼板和可能的楼板边部支撑梁（通常是混凝土结构）需要用非透明的分格遮挡住，这直接决定了玻璃幕墙典型的竖向分格设计，图1.2-1所示为典型的幕墙构造示意图。与此同时，玻璃幕墙还需具有室内外环境隔断的功能（遮风挡雨、御寒遮阳）。环境隔断功能具体体现在玻璃幕墙的“抗雨水渗透性能”“抗空气泄漏性能”“遮阳性能”与“保温性能”。“抗雨水渗透性能”（简称水密性能）是幕墙大量细节构造设计的重要考虑因素。

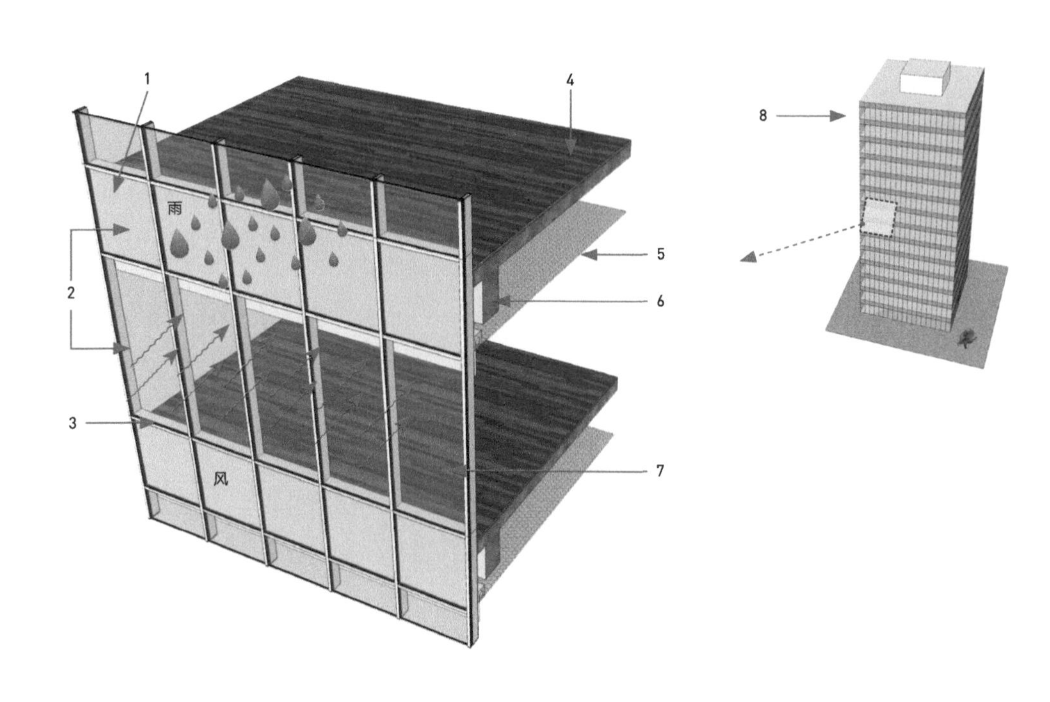

图1.2-1 典型的幕墙构造示意图（1个标准层高5个水平分格）

1-层间竖向分格，不透光，用作楼板结构遮挡；2-典型的2个竖向分格/层；3-横梁上的通气孔；4-建筑室内完成地面；5-室内吊顶；6-混凝土边梁；7-透明可视分格，采光透视区域；8-典型简洁几何玻璃幕墙建筑示意图

2. 适应建筑变形能力

幕墙依附于建筑主体结构之上（通常为混凝土或者钢结构），玻璃幕墙需要具备适应建筑结构变形的能力。设计中需要考虑的主体结构变形主要有以下几方面：

（1）建筑层间水平位移（分为建筑活荷载位移和地震位移），如图1.2-2所示。

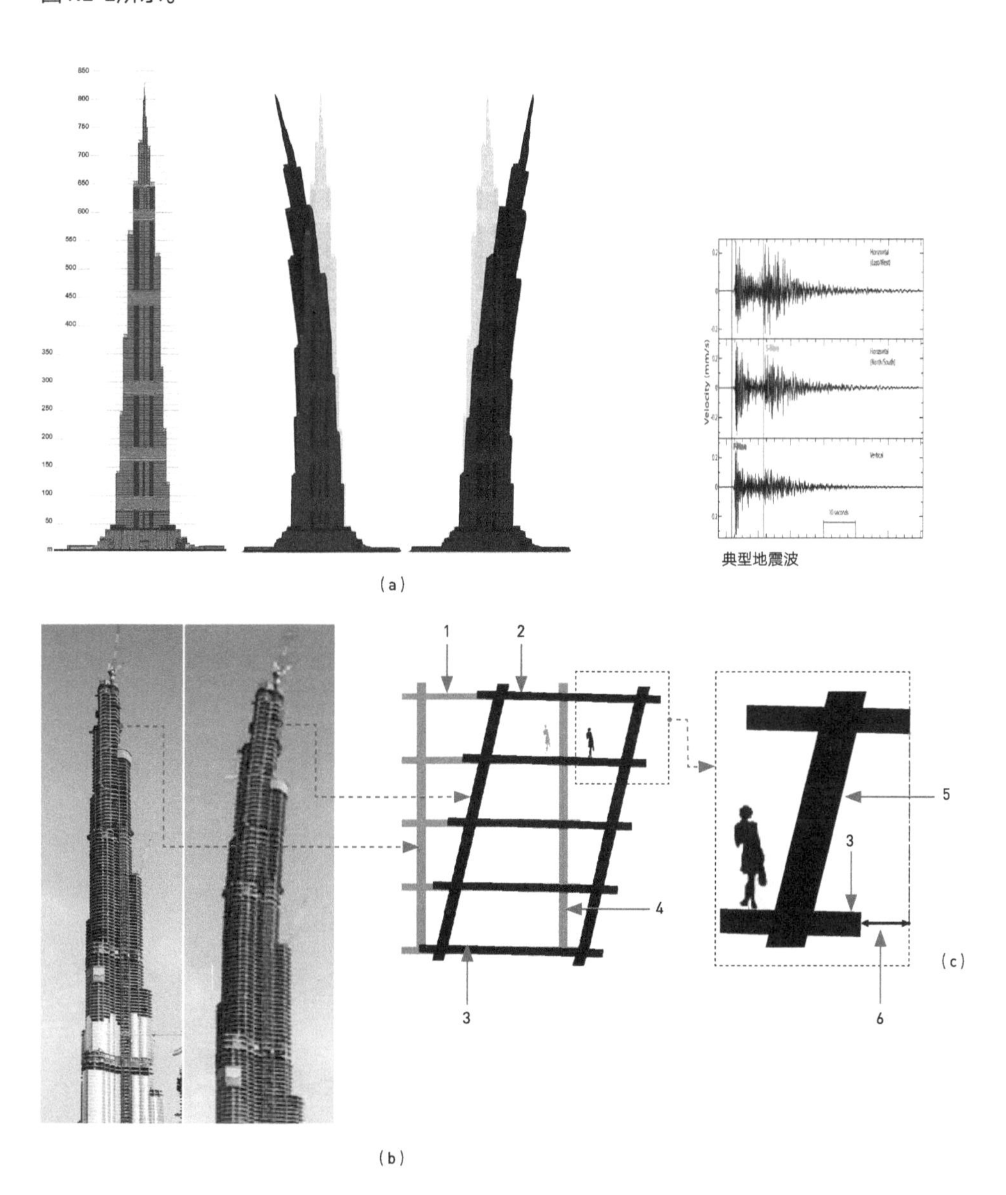

图1.2-2　建筑层间水平位移示意图

（a）地震作用下，建筑变形示意图（变形比例经放大处理）；（b）艺术夸张的主体结构变形示意图；（c）层间水平相对位移示意图（变形比例经放大处理）
1-主体结构无相对水平位移状态；2-混凝土楼板；3-主体结构水平变形状态；4-主结构柱；5-主结构柱（水平变形状态）；6-层间相对水平位移

(2) 建筑层间楼板竖直位移

层间竖向位移包括结构柱恒载轴向弹性收缩、结构柱子混凝土长期徐变预计位移、楼板混凝土徐变预计位移+楼板板边活荷载最大位移。

对幕墙设计有影响的结构柱的恒载和徐变变形很小(通常考虑1/1000柱长),变形方式为轴向收缩,楼板的混凝土徐变变形量小,并且考虑到层与层变形条件统一,所以层间相对值可以忽略。图1.2-3重点讲解活荷载变形,这个是楼层间竖向楼板板边相对位移的主导因素(通常考虑1/500~1/400支撑柱距)。一般柱子间距8~10m,所以需要考虑的变形量高达25mm级别,这对构件式玻璃幕墙设计是很大的挑战。

图1.2-3为主体结构示意图,楼面活荷载导致结构楼板边的垂直位移。实际结构承受活荷载的时候往往玻璃幕墙已经安装上墙,板边垂直位移导致了幕墙的垂直方向的移动,这就是为什么幕墙设计需要考虑层间楼板板边变形适应能力。

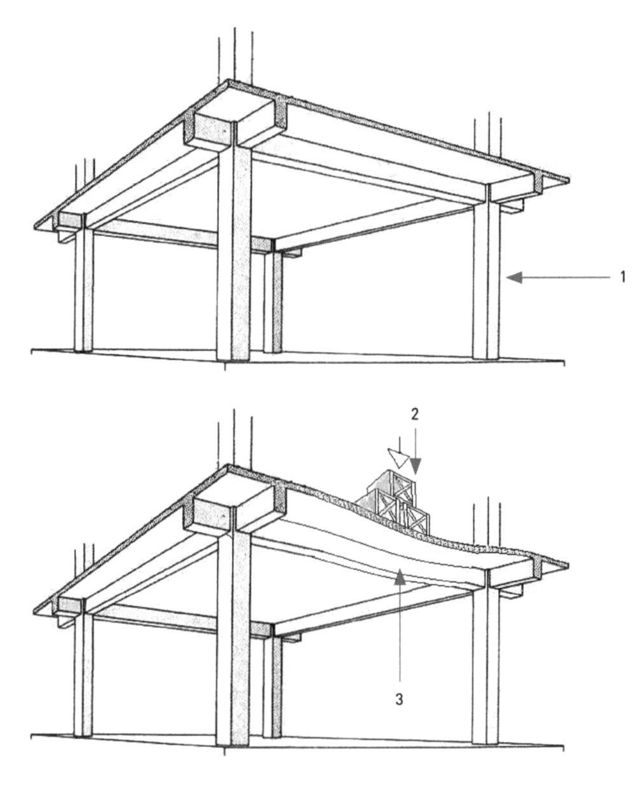

图1.2-3　建筑层间楼板板边活荷载变形

1-典型框架混凝土结构(柱+梁+楼板);2-活荷载;3-活荷载下楼板板边弹性变形

（3）建筑伸缩缝（如果幕墙跨过建筑伸缩缝，需要设计幕墙伸缩构造）

最常见的和玻璃幕墙设计相关的伸缩缝会出现在裙楼-塔楼交接部位，或者平面尺寸超过40m量级的建筑中，如图1.2-4～图1.2-6所示。

当伸缩缝穿过玻璃幕墙表面的时候，玻璃幕墙就需要设计伸缩构造缝。幕墙市场上现成的建筑伸缩缝系统一般都不能直接用于玻璃幕墙，需要在已有通用产品的基础上作适当的二次设计，具体见本书2.5节，集中讲解了玻璃幕墙伸缩缝的设计原理和常用节点构造。

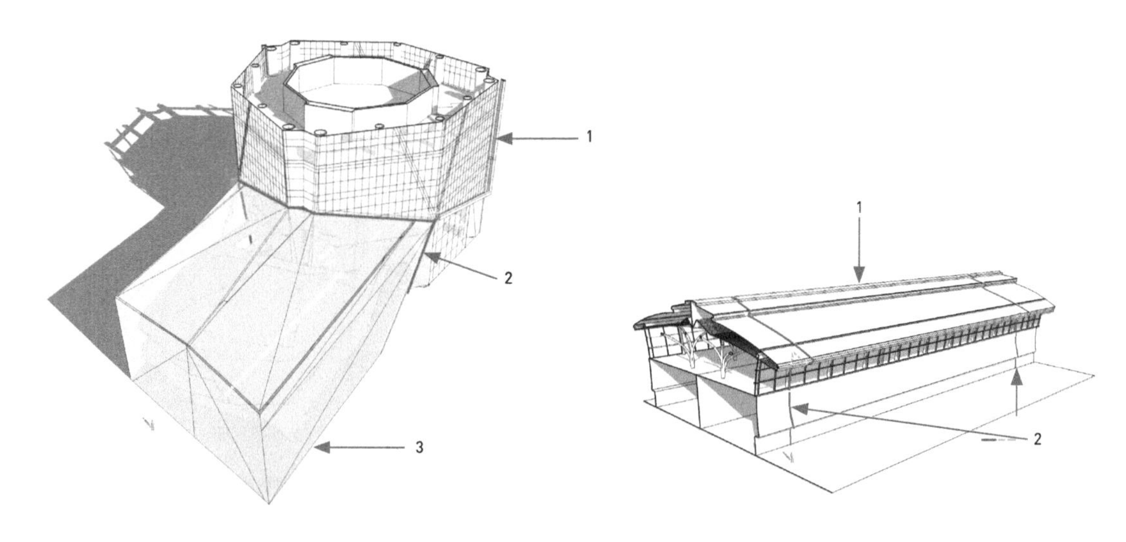

图1.2-4　典型裙楼-塔楼交接伸缩缝布置

1-建筑塔楼部分（塔楼上部已省略）；2-建筑伸缩缝；3-建筑裙楼

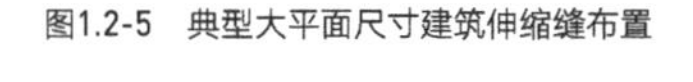

图1.2-5　典型大平面尺寸建筑伸缩缝布置

1-典型长条形建筑——机场候机厅；2-建筑伸缩缝

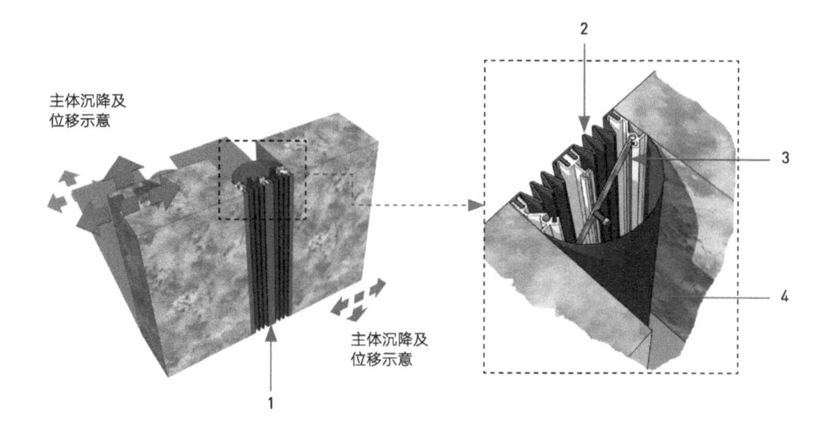

图1.2-6　典型建筑伸缩缝构造

1-伸缩缝；2-室外侧胶皮；3-胶皮支撑零件（金属）；4-室内侧二次密封胶皮

3．幕墙和楼板边缝隙的楼层之间隔火、 隔烟要求

楼层间的隔火、隔烟甚至隔声设计严格意义上讲不是幕墙的功能，但是实际工程中幕墙和楼板边缘间隙的填塞设计是重要的功能节点设计，也是很多幕墙设计人员思路比较混乱的地方。

如图1.2-7所示，幕墙设计要尽量延缓火灾危害（烟和火两个方面）的层间扩散。

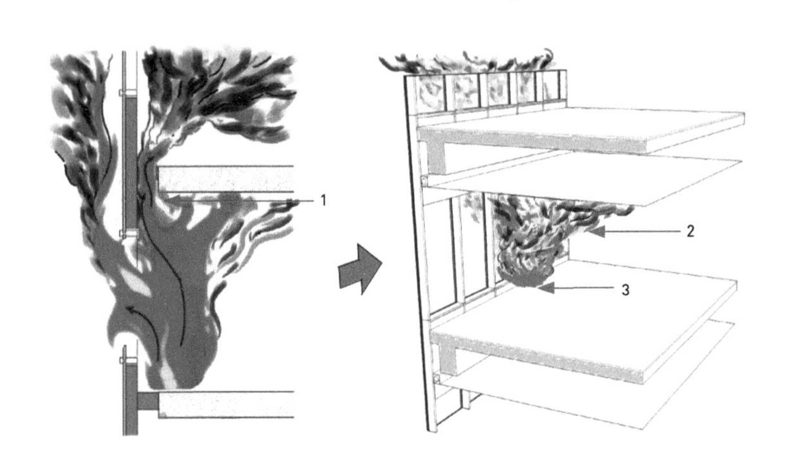

图1.2-7　典型火灾楼层层间烟、火扩散示意

1-玻璃幕墙设计要尽量延缓墙隙火灾扩散；2-火源产生的浓烟是造成人身伤亡的重要因素；3-火源位置示意

4．幕墙构件自身的温度变形

玻璃幕墙外表面暴露于大气环境，内表面暴露于室内环境，其构件的温度会随室内外环境变化而变化。幕墙构件的温度变化范围较大，各个构件、各种不同材料（热膨胀系数不同）之间也会由于隔热设计而产生较大温差，如何协调这些温度变形，避免其对幕墙产生潜在功能破坏是幕墙设计要考虑的因素之一。

图1.2-8所示是温度应力导致铁路路轨严重变形。幕墙构件的热胀冷缩现象虽然没有图中例子那么严重，但诸多工程实践表明，温度应力是幕墙设计中不可忽略的一个因素。

以上4个方面是和幕墙具体设计构造节点最直接相关的因素，也是在设计中相对耗费时间的要点，所以做了重点介绍，也是第一个功能设计层次。把抗风压性能、保温性能、隔声性能、耐撞击性能，都归于第二个功能设计层次，并不是说它们不重要，而是因为这些功能更多地和材料性能联系在一起，对具体构造节点设计的影响相对较小。实际设计中更多体现在对材料配置的影响，而不是构造设计的影响，本书的前半部分重点说明了构造设计原理。

图1.2-8　金属铁轨热膨胀扭曲变形

2 构件式玻璃幕墙设计实务

THE DESIGN PRACTICE OF STICK GLASS CURTAIN WALL

我一直苦恼该如何向大家介绍构件式玻璃幕墙设计。按常规套路就是，先讲一大堆让人昏昏欲睡的设计理论，再罗列一堆基本材料介绍。但是这次我想采用一种更利于有效阅读的方式——直接上题，以最终设计构造为导向，直接拿出目前主流的设计构造，通过比较分析，讲解设计意图以及当中的设计原理。不管你是入门级别的读者，还是拥有一定经验的幕墙设计人员，都可以通过通读本书内容，整合前后文相关知识点，将整个知识面融会贯通。图2.1-1中我会将幕墙系统结构逐层分解，在此基础上安排后面的章节，图2.1-1（a）和2.1-1（b）会出现在每个专题的前面章节，2.1-1（c）包含了大量的离散细节知识，我把他们后置。这样的目的是保证本书包含足够的知识广度，同时避免大家在阅读时陷于只见树木不见森林的状态。

2.1 构件式玻璃幕墙基本构成形式

中文的构件式玻璃幕墙来源于英文Stick Glass Curtain Wall。Stick有树枝的意思，这个翻译很传神地概括了构件式幕墙的核心特点，即结构骨架像树枝一样，一根根地散件拼装。

构件式幕墙的结构布置和先安装骨架再安装玻璃的安装顺序是一个很自然的思路，也是最早的幕墙形式，主要特点就是承载玻璃面板的骨架在工程现场逐个安装，或者在工厂做有限的拼装，玻璃在骨架安装完后再逐块吊装嵌入已经安装就位的骨架中。

（a）

图2.1-1 构件式幕墙基本安装过程

（a）典型建筑主结构完成状态；（b）幕墙框架安装完成状态；（c）玻璃嵌入安装完成状态

(c)

(b)

图2.1-2中采用的是最简单、典型的构件式幕墙形式，宏观几何形状是最常规的“盒子”建筑，竖向玻璃分格是最常见的2格/层的设计，玻璃固定方式也是最简单的压板+扣盖明框系统。本着“先典型后特殊”的原则，本篇前半部分将会从典型简单系统讲起，后半部分则重点讲解非典型设计的原理和要点。

典型的构件式玻璃幕墙主要由4部分组成：

①铝合金龙骨；
②玻璃板块（内嵌于龙骨）；
③层间区域背板构造；
④幕墙和主体结构的连接。

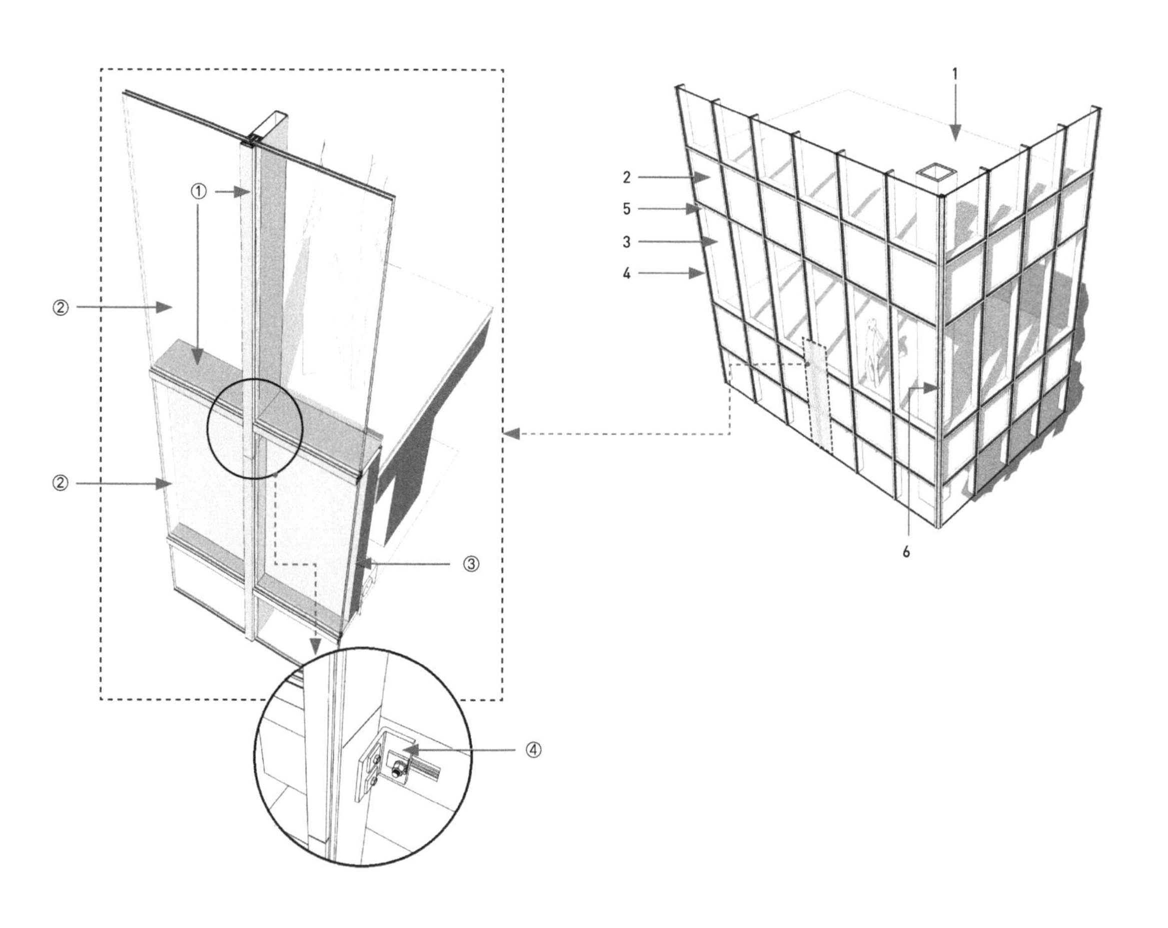

图2.1-2　典型构件式玻璃幕墙（两平面区+90°转角）

1-室内地面完成面；2-层间遮蔽区（单层玻璃+铝背板+保温岩棉）；3-可视区玻璃（中空玻璃）；4-挤出成型铝合金竖向龙骨（立柱）；5-挤出成型铝合金横向龙骨（横梁）；6-转角区竖向龙骨

接下来将针对这4部分分别进行讲解。

在每部分讲解的开头部分我会再提出讲解的主题与目标，也会适时穿插一些引导性的小问题启发大家的思考，希望这种形式能提高大家的阅读效率。

如图2.1-3～图2.1-5所示，每层立柱上端悬挂于混凝土楼板边，立柱和楼板间通过连接件形成结构铰接连接，下层立柱和上层立柱间通过插芯构造插接，留出伸缩缝适应层间竖向变形和立柱本身的温度变形。

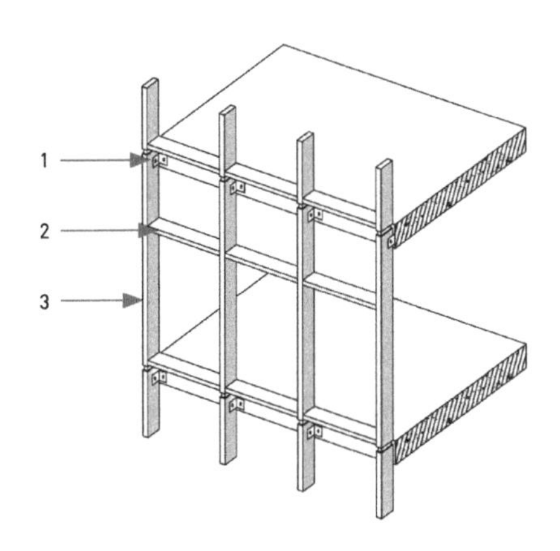

图2.1-3　幕墙框架的结构布置原理图
1-连接结构；2-横向龙骨；3-竖向龙骨

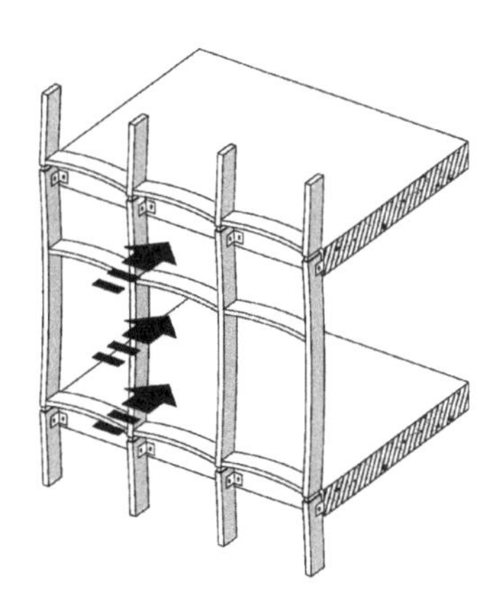

图2.1-4　正向风压下的框架变形示意图

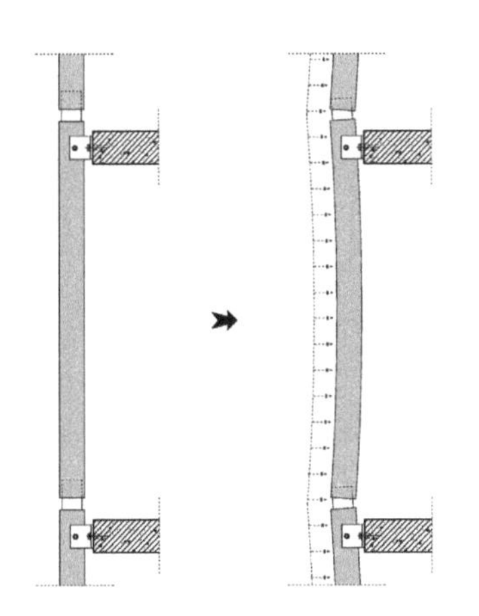

图2.1-5　立柱的结构布置及受力变形示意图

2.1.1 构件式玻璃幕墙铝合金龙骨

下面我们开始讲解构件式幕墙铝合金龙骨（龙骨虽然有其他材料的，但铝合金是主流，所以先讲铝合金龙骨），本部分的学习目标是：弄清楚立柱截面形状的设计原则，通过欧美成熟设计风格之间的对比分析理解龙骨框架的设计考虑要素。一般构件式玻璃幕墙龙骨采用压板+扣盖构造，下面用图2.1-6说明。

图2.1-6（a）、（b）展示了用压板夹住玻璃的原始思路之由来，在解决结构固定问题后，图2.1-6（c）进一步完善玻璃夹持部位和螺钉穿孔的密封工作，但是由于螺钉头外露于幕墙外表面影响美观，所以进化到了图2.1-6（d），用弹性扣盖解决钉头外露问题后压板扣盖体系成型。图2.1-6只是原理性的压板+扣盖体系的骨架截面图，幕墙实际工程中的压板+扣盖体系已经高度进化，下面我们看看工程实践中的主流做法。

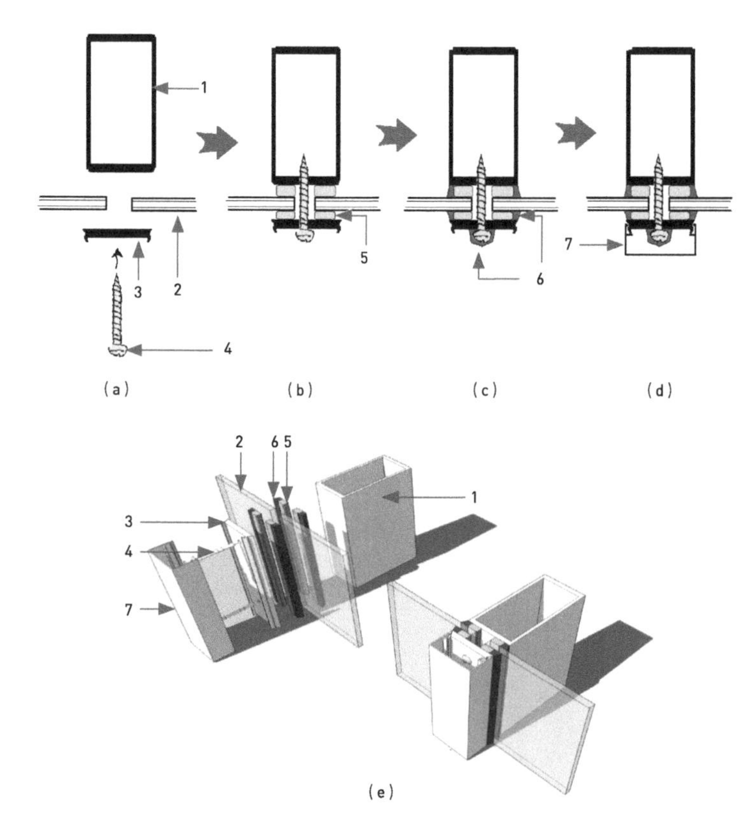

图2.1-6 最简化模型示意图

1-矩形空腔截面管是良好的结构骨架形状，同时也很美观；2-玻璃板块示意；3-金属压板（压住玻璃）；4-固定压板的自攻螺钉；5-玻璃和金属压板间的弹性缓冲材料；6-密封胶；7-弹性扣盖（仅装饰无须螺钉固定）

图2.1-7所示为欧美厂家代表性立柱截面设计。

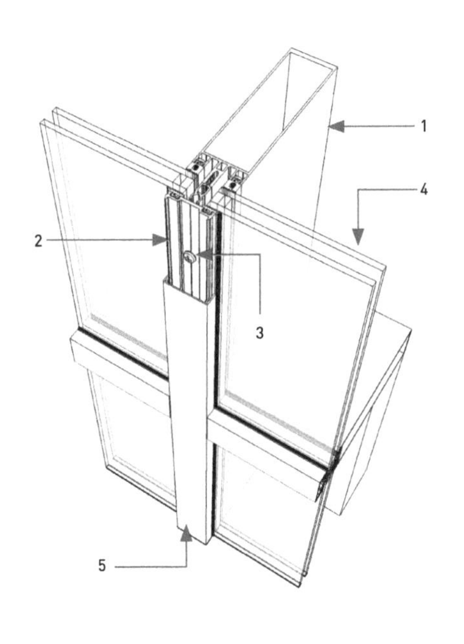

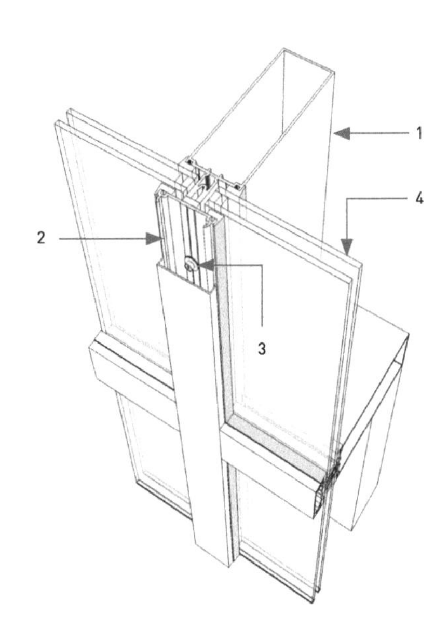

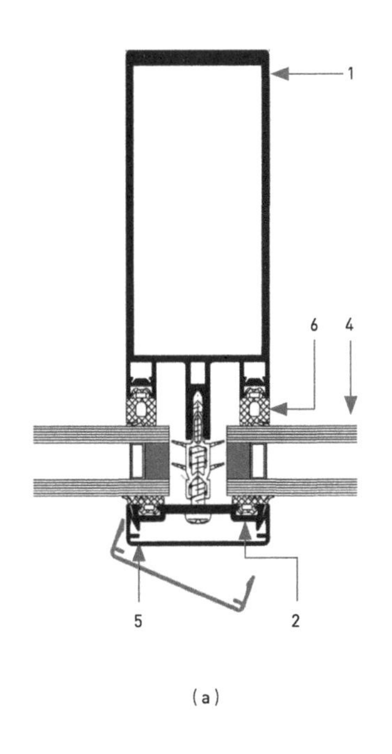

（a）

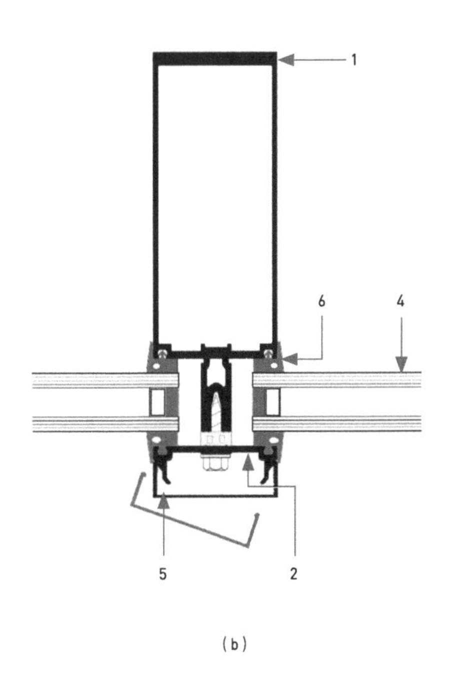

（b）

图2.1-7　欧美厂家代表性立柱截面设计

（a）欧洲厂家；（b）美国厂家

1-铝合金结构立柱；2-铝合金压板；3-固定螺钉；4-中空玻璃；5-铝合金装饰扣盖；6-密封胶条

大家可能注意到了，欧洲和美国的设计思路非常相似，都是在“最简化模型”的基础上细化发展而来，但是我们也看到了细节上有明显的不同。这些不同琢磨起来还是很有趣的，下面我们通过对比来分析一下不同之处。

（1）密封胶条设计。欧洲的风格以空腔设计居多，造型“复杂”；美国的设计相对简单直接。欧式设计室内侧、室外侧胶条厚度一般有很大差别，图2.1-8中欧式设计立柱内侧密封胶条厚度13mm，外侧只有3.5mm；美式设计则内外都是6mm。欧式设计内侧胶条尺寸为什么这么大呢，这个问题在本节后半部分讲解横梁立柱连接设计的时候我们会找到答案。

图2.1-9特别选取了其他欧洲厂家的几种玻璃内侧密封胶条设计，大家可以看到，欧洲设计师对胶条截面形状的设计是非常讲究的，这个微小截面背后是工程师们大量的基础试验和工程应用经验的总结，值得我们中国厂家学习。

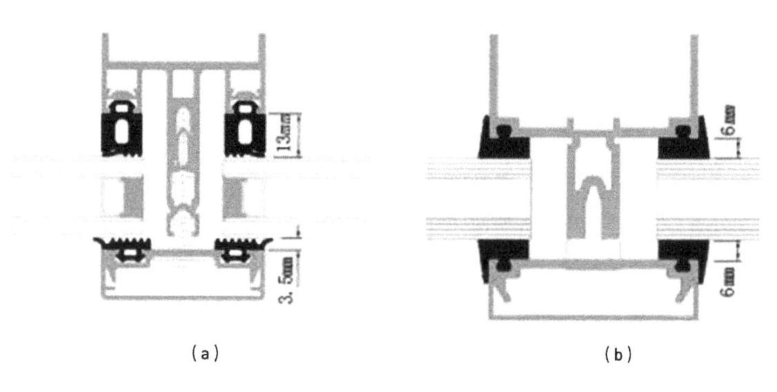

（a）　　（b）

图2.1-8　密封胶条欧式设计与美式设计对比示意图

（a）欧式设计；（b）美式设计

图2.1-9　欧洲厂家玻璃内侧密封胶条

（2）玻璃槽口尺寸方面也比较有趣。GANA（Glass Association of North America，北美玻璃协会）设计手册，玻璃入槽尺寸（Bite）要求不小于12.7mm，槽底间隙要求不小于6.4mm，典型的欧洲和美式设计都符合这个要求（表2.1-1、图2.1-10）。但是中国现行规范《玻璃幕墙工程技术规范》JGJ 102—2003要求的入槽尺寸不小于17mm，槽底间隙尺寸不小于5mm，这导致典型的欧式系统（50mm宽立柱）不符合中国规范，需要加宽到60mm（表2.1-2）。还有一点要注意：典型欧式系统的室外侧胶条厚度3.5mm也小于GANA要求的最小4.8mm。很难评价各个地区的规范的优劣，大家只要了解各个规范对构造尺寸的要求，了解主流规范对龙骨最小宽度设计的限制即可，没有太多道理可说。

表2.1-1为GANA（Glass Association of North America，北美玻璃协会）手册规定的玻璃槽口各方向间隙尺寸要求。

表2.1-2为中国《玻璃幕墙工程技术规范》JGJ 102—2003对玻璃槽口间隙要求手册规定的玻璃槽口各方向间隙尺寸要求。

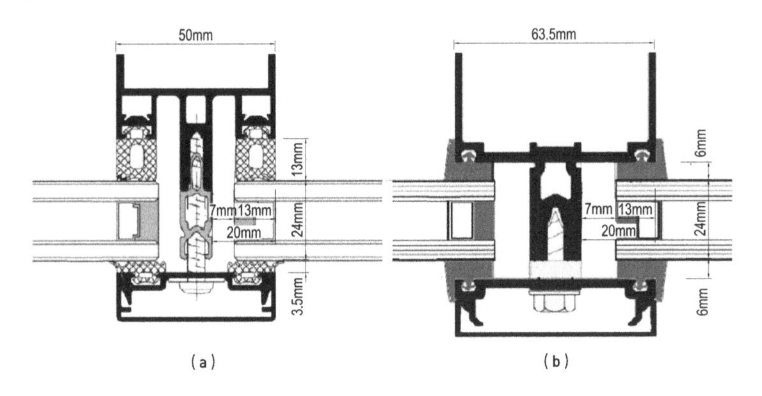

图2.1-10　玻璃槽口尺寸示意图

（a）欧式设计；（b）美式设计

表2.1-1

玻璃与槽口配合尺寸							
玻璃厚度		最小尺寸					
		A=Face		B=Edge		C=Bite	
单层玻璃							
inches	mm	inches	mm	inches	mm	inches	mm
S.S.	2.5	1/16	1.6	1/8	3.2	1/4	6.4
1/8-D.S.[1]	3	1/8	3.2	1/8	3.2	1/4	6.4
1/8-D.S.[2]	3	1/8	3.2	1/4	6.4	3/8	9.5
3/16[1]	5	1/8	3.2	3/16	4.8	5/16	7.9
3/16[2]	5	1/8	3.2	1/4	6.4	3/8	9.5
1/4	6	1/8	3.2	1/4	6.4	3/8	9.5
5/16	8	3/16	4.8	5/16	7.9	7/16	11.1
3/8	10	3/16	4.8	5/16	7.9	7/16	11.1
1/2	12	1/4	6.4	3/8	9.5	7/16	11.1
5/8	15	1/4	6.4	3/8	9.5	1/2	12.7
3/4	19	1/4	6.4	1/2	12.7	5/8	15.9
7/8	22	1/4	6.4	1/2	12.7	3/4	19.0
中空玻璃							
1/2	12	1/8	3.2	1/8	3.2	1/2	12.7
5/8	15	1/8	3.2	1/8	3.2	1/2	12.7
3/4	19	3/16	4.8	1/4	6.4	1/2	12.7
1	25	3/16	4.8	1/4	6.4	1/2	12.7
适用于退火玻璃						适用于钢化玻璃	

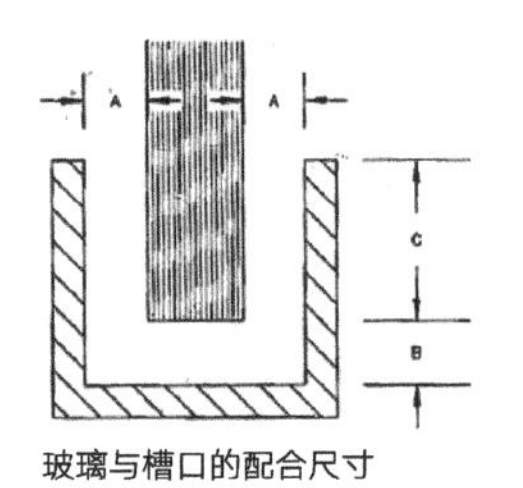

玻璃与槽口的配合尺寸

以上尺寸可能会因为不同的制造商而有所不同。具体情况根据玻璃厂家、加工厂或者建筑胶供应商的专业建议而定。

GANA 玻璃手册-37

表2.1-2

中空玻璃与槽口的配合尺寸（mm）					
中空玻璃厚度（mm）	a	b	c		
			下边	上边	侧边
$6+d_a+6$	≥5	≥17	≥7	≥5	≥5
$8+d_a+8$ 及以上	≥6	≥18	≥7	≥5	≥5
注：d_a为空气层厚度，不应小于9mm。					

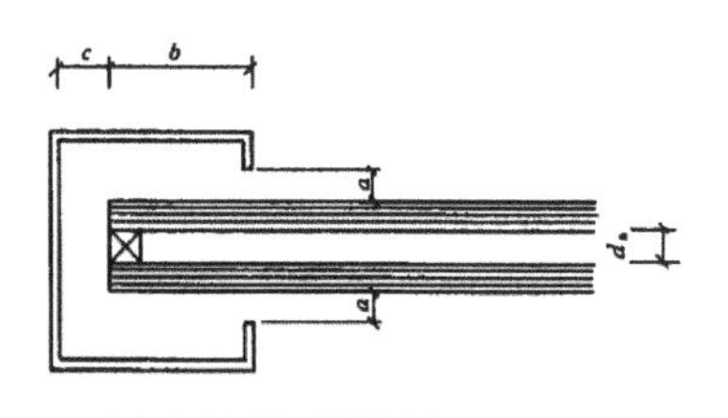

中空玻璃与槽口配合尺寸

玻璃幕墙工程技术规范JGJ 102—2003

（3）图2.1-11中红色虚线是内侧胶条的后端，欧式设计胶条槽口和立柱前壁会刻意拉出一个小的空槽，而美式设计则是直接做平，没有空槽。美式设计是比较直接的思路，立柱前壁越靠前，立柱截面属性越有利，结构利用率越高。

欧式设计为什么在这儿要牺牲结构利用率，并且多付出铝材用量呢？这是个很有趣的问题。欧洲幕墙工程师考虑内设空槽作为加强的排水通道，竖直幕墙和采光顶采用同一套系统，并且申请了专利保护。美式设计则没有把竖直幕墙和采光顶统一成一套系统，所以在他们的构件式幕墙立柱里没有带排水槽，但是框架的采光顶则和欧洲的设计类似。很难说到底是大家独立想到了共同的方向还是一方模仿了另一方的设计，总之最后的结果是大家的基本设计很类似。

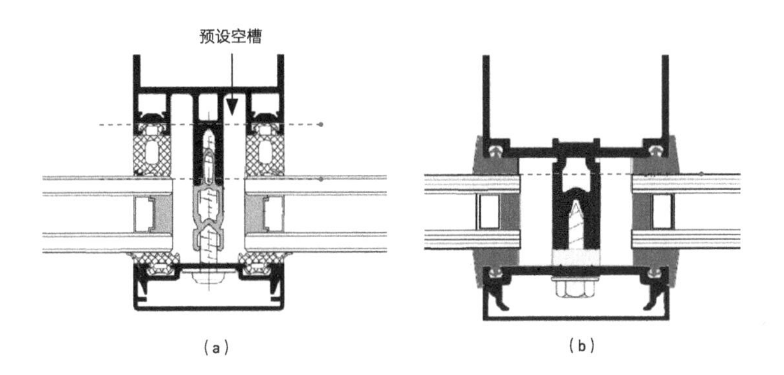

图2.1-11　欧美胶条设计对比示意图

（a）欧式设计；（b）美式设计

（4）欧式系统和美式系统的横梁和立柱连接策略不同。美式设计再次体现了简单实用的风格，横梁和立柱的胶条和玻璃“吃入”槽口部分设计是一致的，横梁就像是把立柱横放，再加上必要的连接设计，横梁立柱内侧胶条的槽口前端在同一个平面，如图2.1-12所示。

美式设计简洁明快，横梁的端头一次直切，加工相对简单，如图2.1-12（a）中的横梁是闭口截面。美式设计更多的是开口截面；而欧洲的横梁基本只有闭口设计，这是风格上的很大不同。

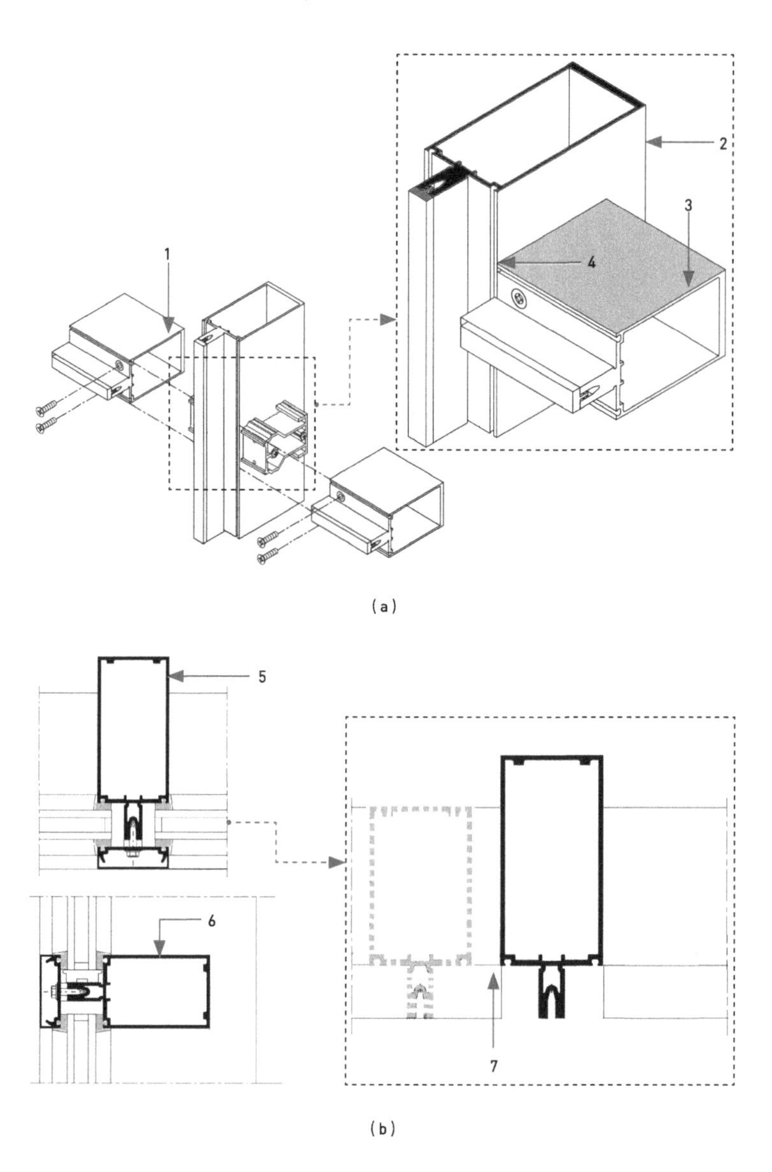

图2.1-12　美式设计的立柱横梁连接策略

（a）美式设计横梁立柱拼接大样；（b）美式设计横梁立柱截面
1-端头平切；2-立柱；3-横梁；4-立柱横梁前端平齐、共面；5-立柱截面；6-横梁截面；7-立柱横梁前端共面

欧式设计选择了比较复杂的横梁立柱连接策略，横梁立柱内侧胶条槽口前端不在同一平面，横梁要突出立柱，横梁端头铣切出凸台，和立柱形成一定尺寸的“搭接”，搭接处打自攻螺钉连接，如图2.1-13所示。

欧式设计横梁的胶条槽口突出立柱的胶条槽口，横梁立柱连接时，横梁搭接在立柱上，这种设计横梁的伸缩容易实现。由于有搭接密封，1mm量级横梁的可能热伸缩变得不敏感。同时欧式设计将采光顶和立面构件式幕墙系统考虑，这种构造在采光顶部位具备潜在排水功能（需明确一点，这里所说的排水是系统防水的后备措施，旨在提高系统的防水可靠性。防水系统依然是以防为主，以排为辅）。美式设计的采光顶也采用了类似构造，可见在水密考验严格的屋顶部位，这种附加排水构造的横梁立柱连接方式成了设计师的共同选择（需要特别说明，在非标准化产品的“定制”市场，采光顶的排水设计往往因为复杂度太高而难以实现，设计策略会有很大不同）。

再回头来看一个美式采光顶的主次龙骨连接策略，和欧洲产品很类似（图2.1-14）。

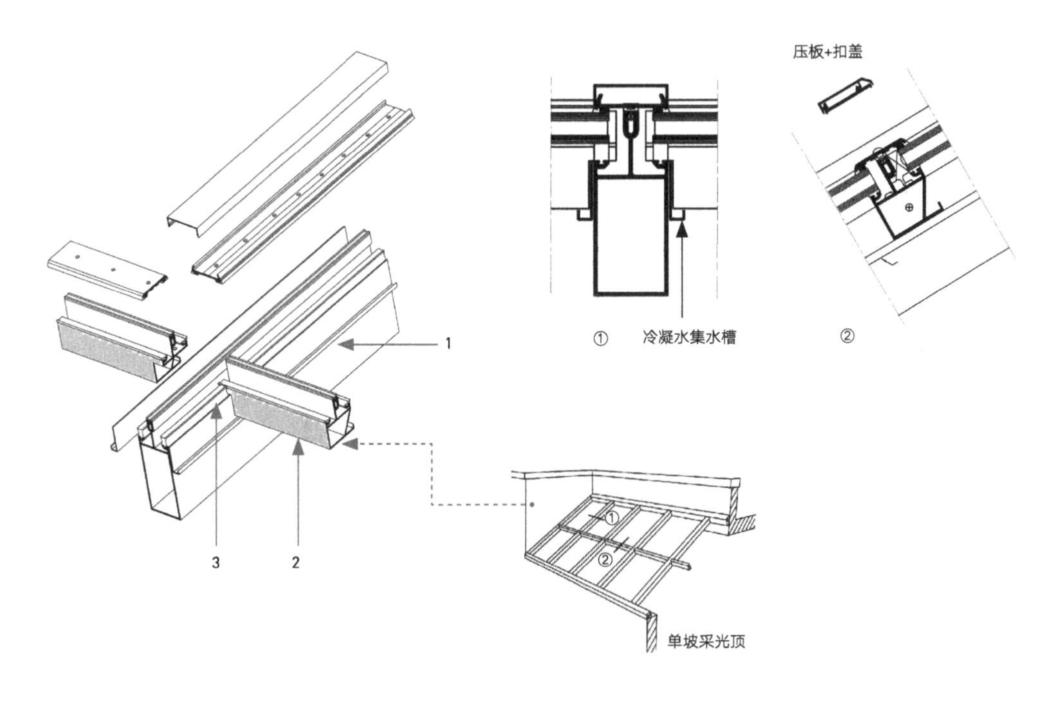

图2.1-14　美式采光顶的主次龙骨连接策略

1-主龙骨；2-次龙骨；3-主次龙骨搭接

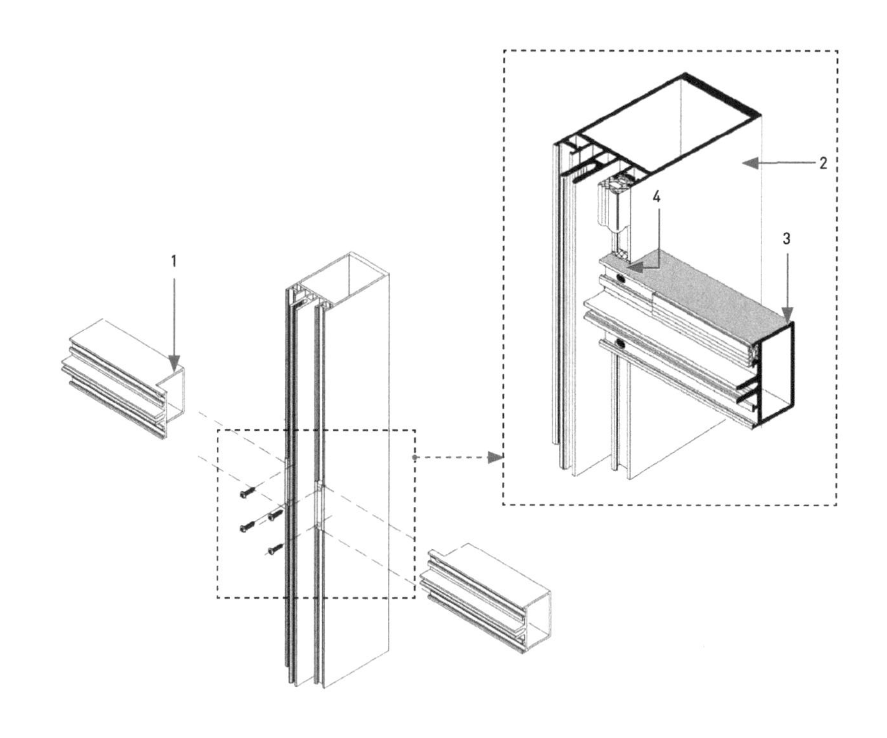

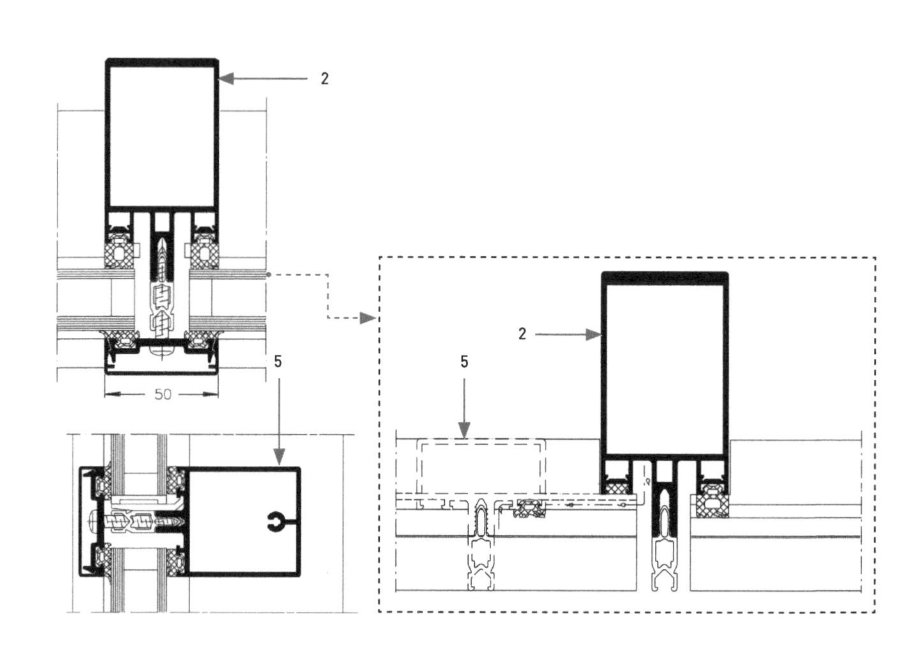

图2.1-13　欧式设计的立柱横梁连接策略

1-端头需要铣切；2-立柱；3-横梁；4-立柱横梁前端不共面；5-横梁截面

（5）上面讲解了美式、欧式明框构件式幕墙的构成特征，其共同点是：它们都采用了“压板+扣盖”设计，并且压板的固定也都不约而同地采用了U形带齿槽口+固定螺钉设计，如图2.1-15所示。

最大的不同点是：美式设计立柱横梁的玻璃内侧密封胶条布置在同一平面，胶条的截面也是统一的。欧式设计则采用相对复杂的立柱横梁交接策略，即横梁搭接于立柱之上，胶条槽口不共面，这就造成立柱的胶条比横梁的胶条厚很多。欧式设计通过这个搭接以及在立柱上附加排水槽，组成一个贯通的排水路径，并且实践证明这种设计即使在防水考验严格的屋顶部位也能保证玻璃幕墙体系的水密可靠度。有趣的是，虽然美式竖直幕墙的横梁-立柱连接策略和欧式不一致，但是在采光顶的系统设计中采用了和欧式相同的排水策略。

如何认识欧美设计的异同呢，我想可以这么来理解，欧式策略具备很强的排水备份深度，能用于采光顶，并且直接系统化地统一了立面（竖直）和采光顶的系统设计，简化了系统材料种类。美式设计则在立面（竖直）幕墙上用了相对简单的设计，使竖直系统简单经济，只在采光顶采用了和欧式类似的附加排水设计。

总结一下：欧式设计统一了立面、屋面设计策略，标准化高，但是立面（竖直）系统相对复杂，不经济；美式设计立面、屋面两种设计策略，降低了标准化程度，但是换取了立面设计的简单、经济。取舍之间各有利弊，不能简单地判定孰优孰劣。

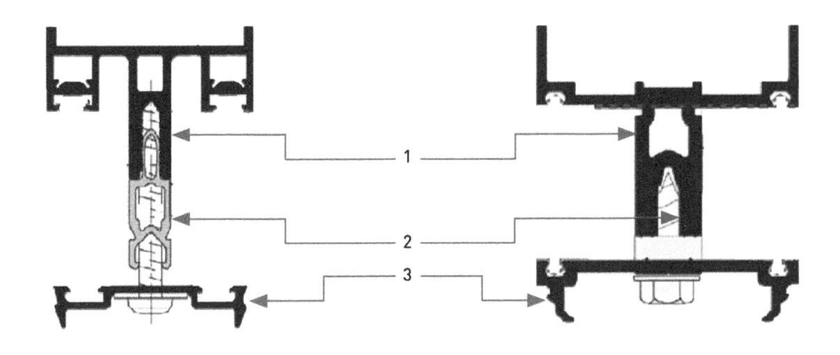

图2.1-15　相同的压板固定策略

1-U形带齿槽口；2-自攻螺钉；3-压板

（6）前面对立柱-横梁的结构连接介绍侧重于排水构造的考虑，下面我们来看看欧美设计是如何考虑结构因素的。首先来看看横梁的主要荷载形式。

通常横梁的结构受力主要考虑两个方面：一方面是玻璃的自重，这个是恒载，竖直向下，对端头的连接形成偏心；另一方面是玻璃的风吸力会通过横梁最终传导到横梁的端头连接面，这个荷载是活载，但是量级上一般比自重大很多。通常的欧式系统横梁采用对称的闭口截面，立柱横梁直接会有3个连接点（参见图2.1-16中*A*、*B*、*C*），*C*点是主连接点用于对抗风吸力（计算时还得组合地震荷载），*A*点和*B*点的位置距离玻璃槽底非常近，能很好地抵抗玻璃的自重荷载，防止横梁被玻璃重量压得“掉头”。图2.1-16是欧洲厂家的两个连接设计实例，只表现了两种连接选择，事实上欧洲厂家提供了大量的连接方式可供选择。图2.1-17选取了一些闭口横梁的连接的例子，欧洲的设计师们多年来积累了种类繁多的连接方式，但是要注意不同连接方式对应的框架安装顺序是不同的，且图中自攻螺钉连接只能用于工厂的框架组装。

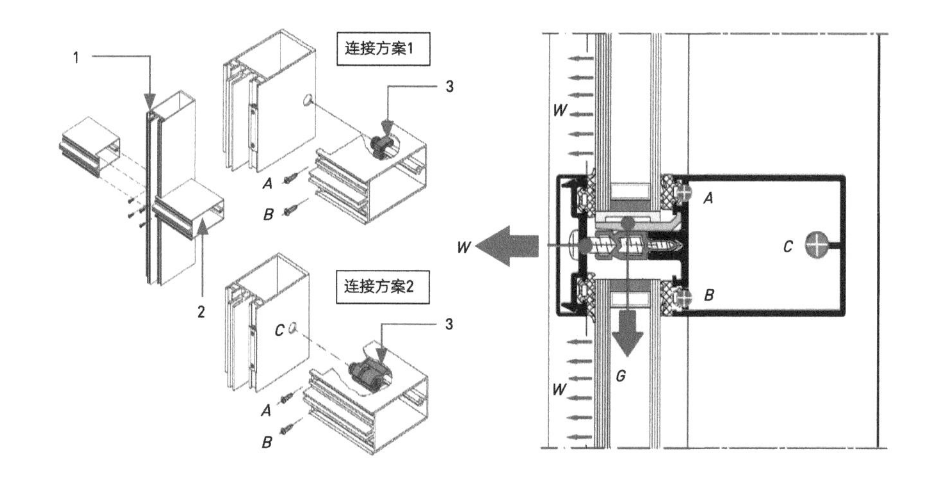

图2.1-16　横梁的主要荷载形式

1-立柱；2-横梁；3-连接件；*W*-风荷载或风荷载作用力；*G*-重力或重力荷载

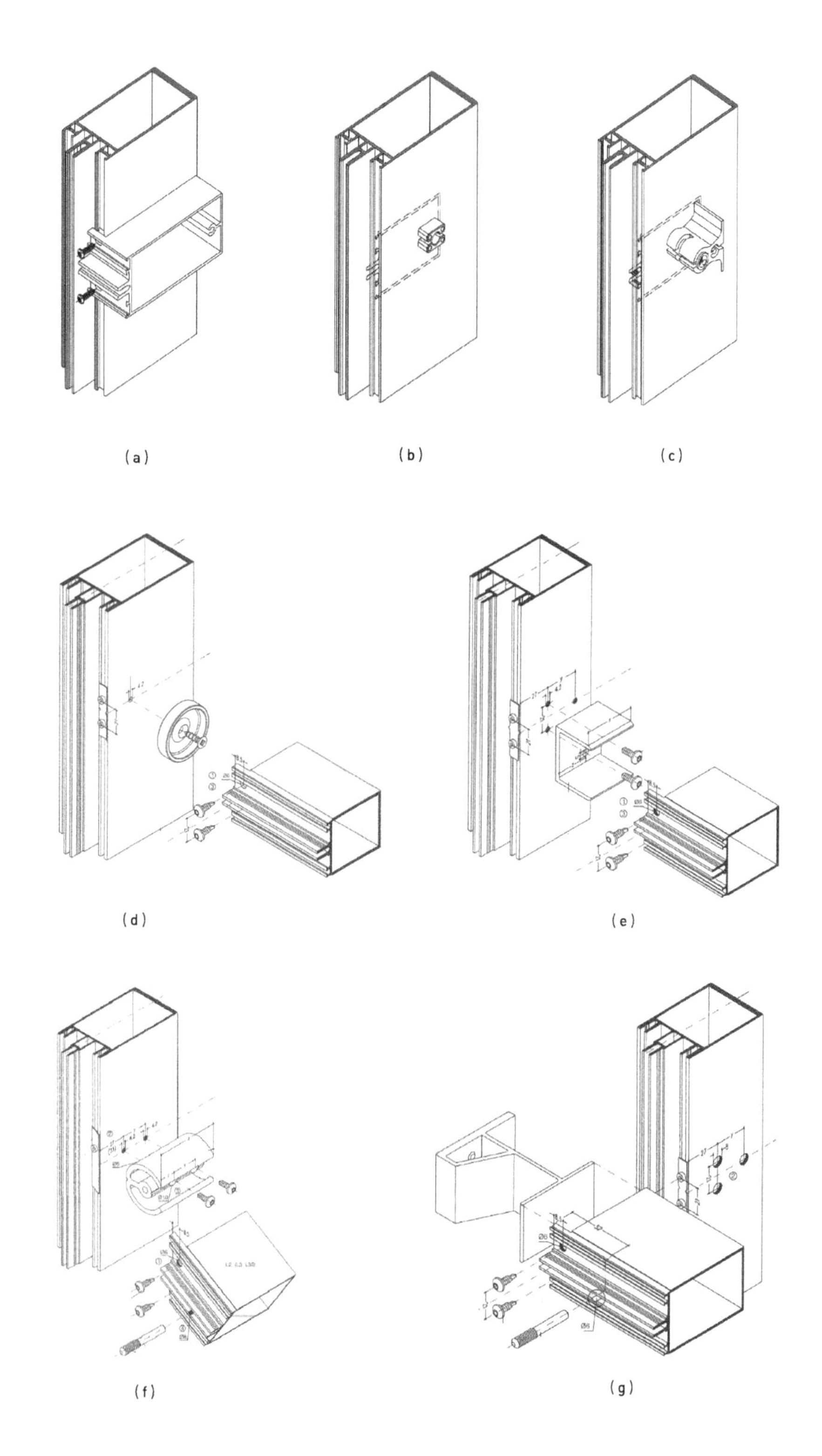

图2.1-17　欧洲厂家各种连接方式示意图

（a）直接自攻螺钉连接，只能由工厂装配（工厂框架拼装）；（b）专门的连接件连接（刚性连接件，必须立柱-横梁逐榀安装）；（c）专门的连接件连接（“弹簧销”连接，可乱序安装立柱）；（d）专门的连接件连接（刚性连接件，必须立柱-横梁逐榀安装）；（e）铝角码连接（刚性连接件，立柱-横梁须逐榀安装）；（f）铝角码连接，“万向”角度连接；（g）铝角码连接（伸缩性连接，可乱序安装立柱）

美式横梁一般采用开口设计（非闭合腔），开口设计削弱了横梁抗自重的能力，铝型材用量上升，但是换来了立柱横梁连接设计的简化，参见图2.1-18（美式设计也提供了闭口横梁供选择，但开口型材是他们的通用设计）。

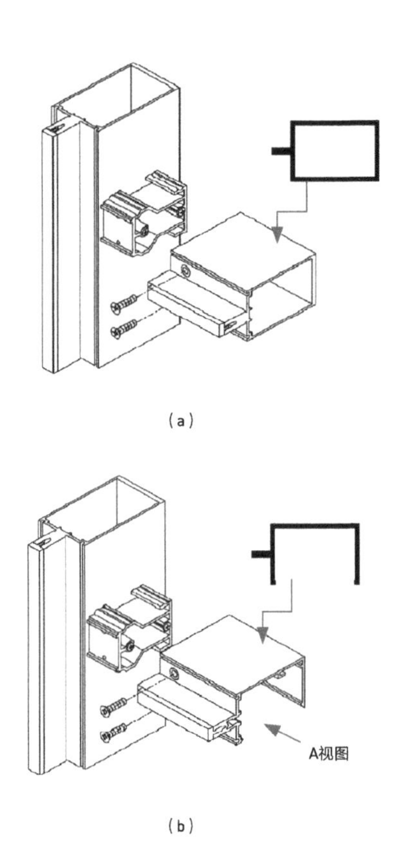

（a）

（b）

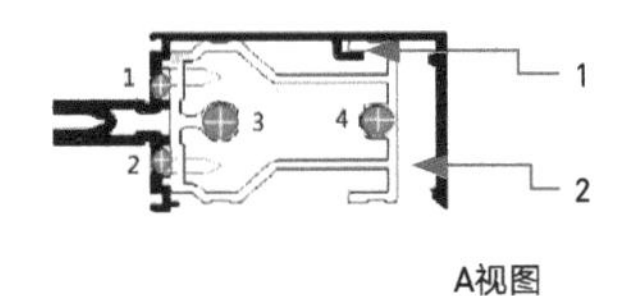

A视图

点1、点2连接只发生在横梁和剪力块之间，这个和欧式设计不同

点3、点4连接是剪力块和立柱之间的连接，承载玻璃自重和风力

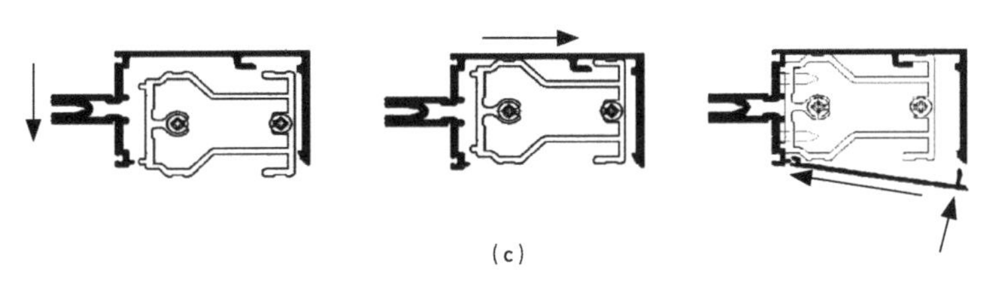

（c）

图2.1-18　开口型材设计安装图例

（a）闭口型材设计（统一的剪力块连接，立柱-横梁须逐榀安装）；（b）开口型材设计（立柱可先统一安装完毕，再单独安装横梁）；（c）开孔横梁安装步骤示意图
1-U形带齿槽口；2-剪力块

美式设计立柱横梁的连接安装方式相对简单，也不需要订制特殊连接件，剪力块直接由挤压铝型材切割而成。横梁的端头切割为平切，没有铣切，加工相对简单。连接受力上也相应地有所不同，图2.1-18（c）中1号、2号螺钉需要承受风力，3号、4号螺钉需要承受风力和玻璃的重力。立柱横梁交接处的密封策略，如图2.1-19所示。

现场打密封胶的设计我们称作“湿”密封。无现场打胶的密封设计为“干”密封（通常为胶条密封）。

欧式的搭接设计能减少现场的打胶密封操作，实现了相对高的安装效率和相对简单的质量控制；美式设计再一次体现了简洁直接的思路，选择了现场打胶，牺牲了现场效率，换来了零配件的简化（没有用到特制背衬密封胶条，也不需要特制的连接件、立柱、横梁）。

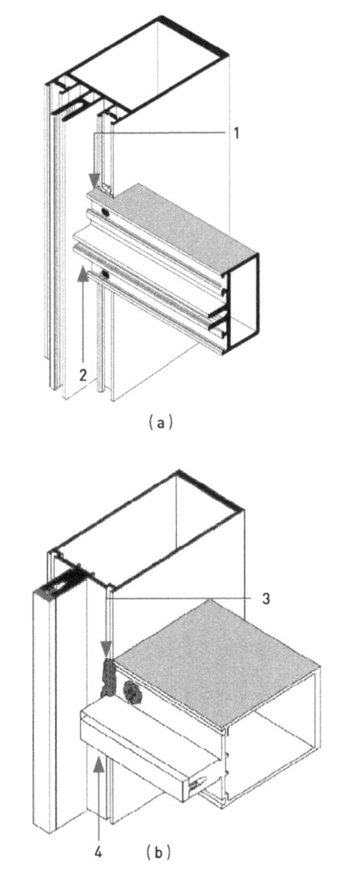

图2.1-19　横梁交接处密封策略

（a）欧式设计；（b）美式设计
1-特制背衬密封胶条；2-欧式搭接设计，为“干”密封创造了条件；3-现场打胶密封；4-美式直碰设计，只能用硅胶“湿”密封

2.1.2 幕墙玻璃板块常用配置及层间区域背板的构造设计

关于玻璃，会涉及以下两大方面的知识点。一方面是节能绿色建筑范畴的光学、热工、隔声、结露点等；另一方面是系统构造范畴的玻璃板块配置及固定方式等。在这一节我将会从系统构造入手，为大家讲解常用的玻璃板块配置和层间区域背板的构造设计。玻璃幕墙一般使用中空玻璃，层间分格采用单层玻璃，玻璃钢化或者半钢化。幕墙玻璃原片基本都是浮法工艺生产，厚度一般大于5mm（中国规范下限6mm），世界范围内对幕墙节能要求越来越高，为了进一步提高中空玻璃的热工性能，Low-E镀膜已经广泛应用。

图2.1-20是中空玻璃的边部截面图，铝制间隔条，中间填充干燥剂，间隔条两侧是丁基密封（主密封层丁基密封胶具有很好的空气分子密封性能）。最外侧的聚硫密封胶用于2道密封，作用是保护丁基密封胶和保持中空玻璃整体性。聚硫密封胶的抗紫外线能力较弱不能直接暴露于阳光直射环境和极端高温环境中，所以有些地区需要采用硅酮密封胶替代聚硫密封胶作为2道密封。

玻璃和阴影盒装饰背板+保温岩棉集成在一起，简化了安装，隔热性能也更好，如图2.1-21所示。

美式风格的设计再次体现了简单实用的特点，整体设计给人感觉没有欧式设计精细，层间的连接设计还直接用了焊接垫片（现场焊接），现场焊接在欧式设计中极少出现。

上面列举了欧美典型框架层间剖面，玻璃类型的布置是一致的，可视分格一般使用节能性能好的中空玻璃，无采光要求的层间玻璃分格出于节约成本考虑一般用单层玻璃。层间玻璃也有采用和可视部分同样配置中空玻璃的设计，层间采用中空玻璃时，层间和可视区玻璃的视觉效果更加统一，避免了单层到中空部位隔热构造处理较为复杂的问题，层间“阴影盒”需要做“等压排水”设计（图2.1-22中的排水路径都是通过切掉部分内侧胶条这种方便的办法实现的），以提高这个地方的防水可靠性，也防止环境随季节变化可能造成的“阴影盒”结露问题。层间构造设计还应考虑两个方面：楼板的竖向层间位移差的吸收；楼板板边缝隙的防火灾快速扩散设计。

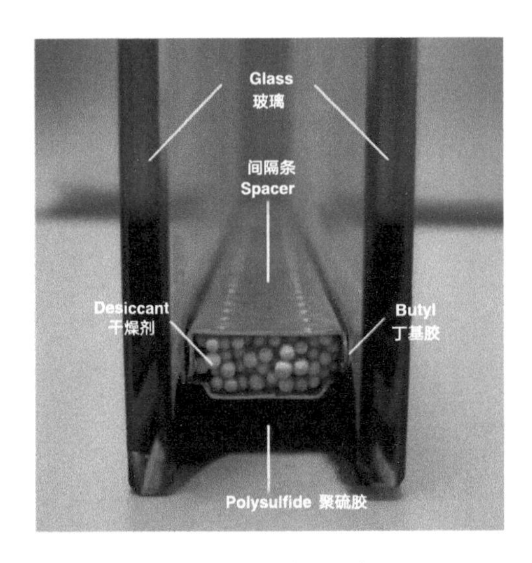

图2.1-20　中空玻璃构造示意图

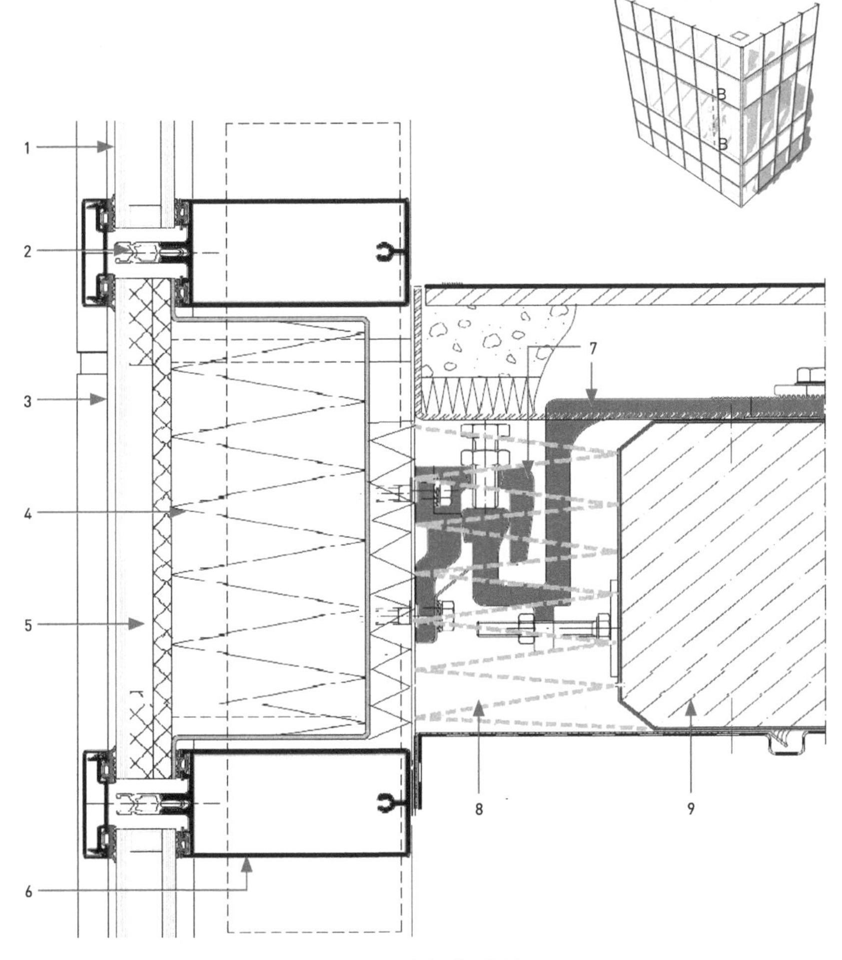

图2.1-21　欧式风格层间剖面

1-可视中空玻璃；2-高分子隔热转接件；3-层间玻璃；4-保温岩棉；5-阴影盒装饰背板（可选配置）；6-铝合金横梁；7-铝合金连接件；8-防火岩棉；9-混凝土楼板

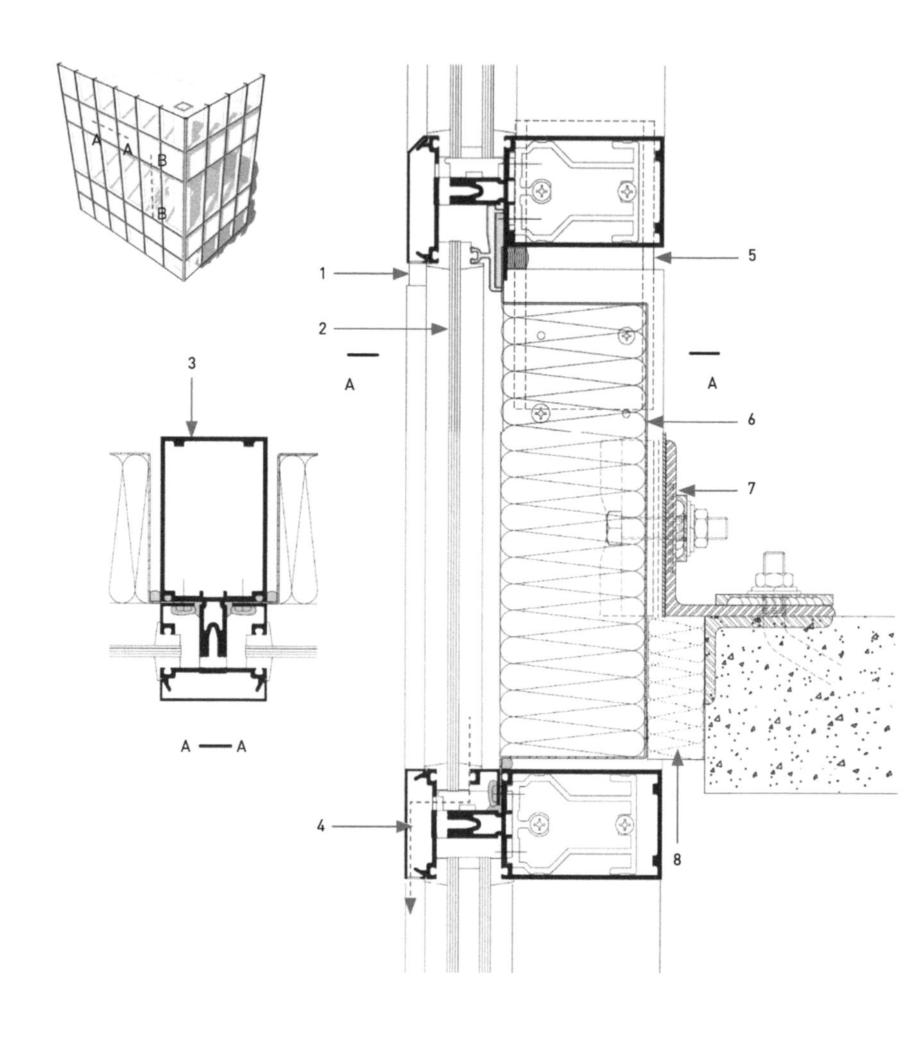

图2.1-22　美式风格层间剖面

1-室外侧伸缩构造；2-层间分格单层玻璃，保温由后面的岩棉保证；3-立柱；4-排水路径（断开部分内侧胶条）；5-室内侧伸缩构造；6-背板设计便于从室外侧安装；7-幕墙和楼板间结构连接件（使用了焊接垫片）；8-防火岩棉

2.1.3　构件式幕墙和主体结构的连接设计

这部分的设计多种多样，体现了不同的工程设计思路，很难简单地评价孰优孰劣，我先对我收集的各种设计作逐个介绍（由于这部分很难绝对区分所谓美式、欧式设计风格，所以不再作风格比较，只针对系统设计特点作说明），并尽量讲解各种设计的限制因素，便于大家在设计工作中根据工程具体情况进行取舍。

图2.1-23中的两种连接设计都是楼板侧面连接，连接件采用铝合金型材设计，加工精度高，也避免了双金属腐蚀问题（《玻璃幕墙工程技术规范》JGJ 102对双金属腐蚀的解释如下：由不同的金属或其他电子导体作为电极而形成的电偶腐蚀）。图2.1-23（b）相对于（a）增加了竖向位置调节，安装更方便，铝连接件和混凝土接触面一般要采取防接触腐蚀措施（通常为沥青基的绝缘涂料或者聚乙烯塑料膜）。

有一点要特别指出，也是很常见的设计错误：这种构造一定要在横穿立柱的螺栓上设计套筒，防止铝型材在螺母拧紧过程中被压扁，保证带齿垫片和连接件之间可靠咬合。

螺栓套筒是十分必要的设计，这很容易被忽略，细节详见图2.1-24、图2.1-25。

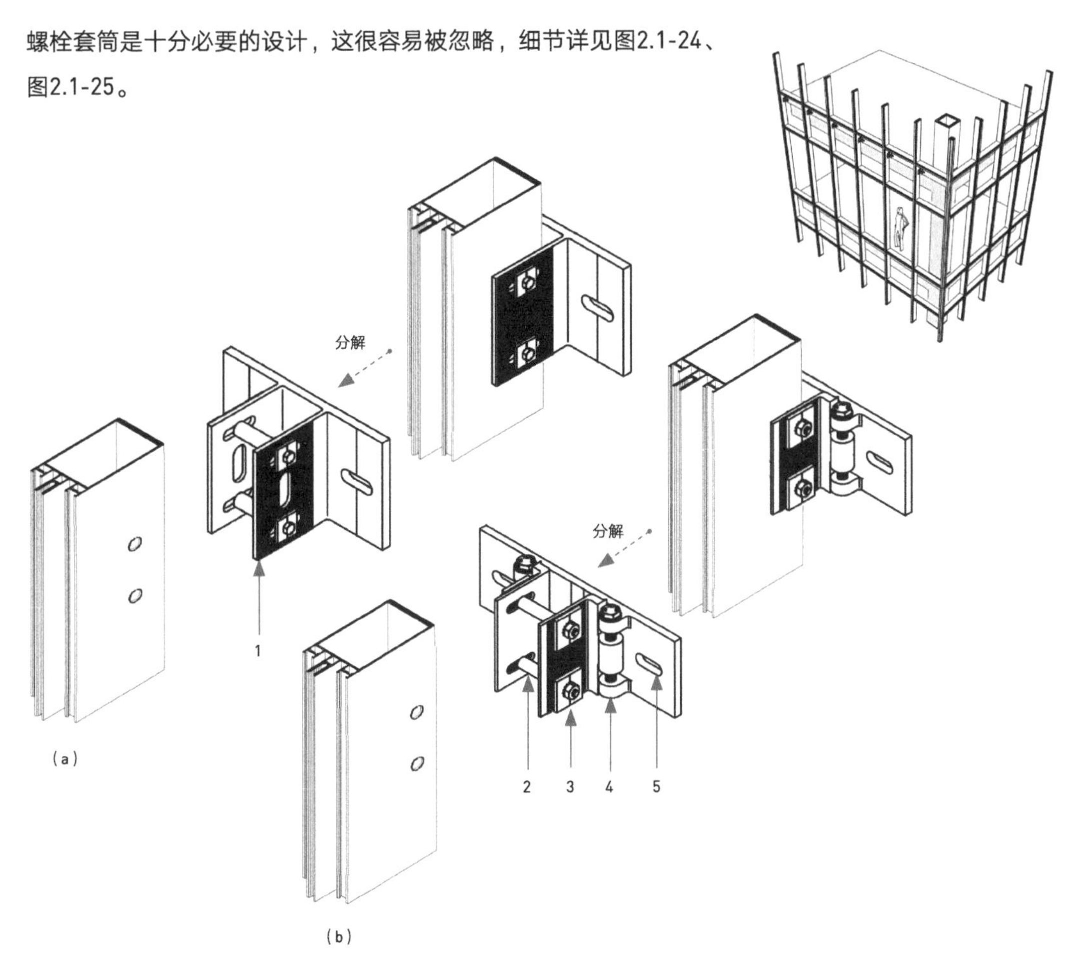

图2.1-23　楼板侧面连接设计

（a）楼板侧面连接；（b）增加了竖向调节的楼板侧面连接
1-带齿铝材，位置调节构造；2-套筒；3-带齿铝垫片；4-螺栓构造，上下调节用；5-左右调节用长条孔（如果是槽式预埋件可直接用圆孔）

图2.1-24是一个厂家的展会样品，从图中我们能清晰地看到，套筒直接保证着铝合金齿的可靠咬合。不少国内设计人员忽略了这个地方。

图2.1-25详细表现了套筒的布置，铝合金连接件和图2.1-24不是一个类型，恰好说明了套筒对各种连接件形式都是必要的。

图2.1-26所示为另一种连接设计，这种连接设计由于不依赖于铝合金型材上齿的咬合去承力，所以没有图2.1-25中的套筒设计。这种连接设计需要安装就位后现场焊接垫片，现场工作量较大。

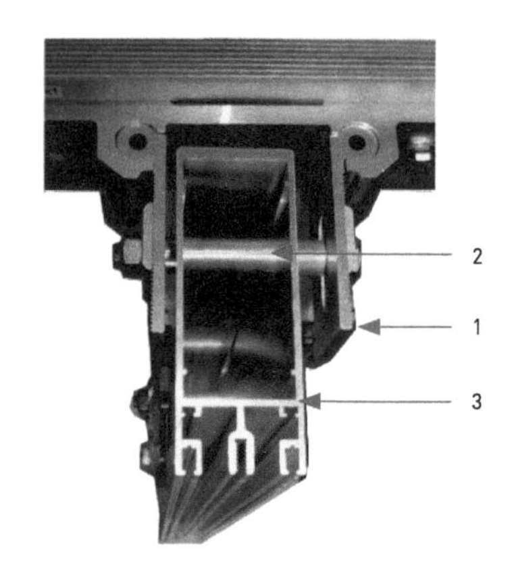

图2.1-24　螺栓套筒

1-带齿铝合金垫片和带齿铝合金连接件的咬合保证整个连接构造的抗风能力；2-套筒的直径大于螺栓，也要大于长孔直径，撑住带齿铝型材板的内壁；3-铝合金立柱

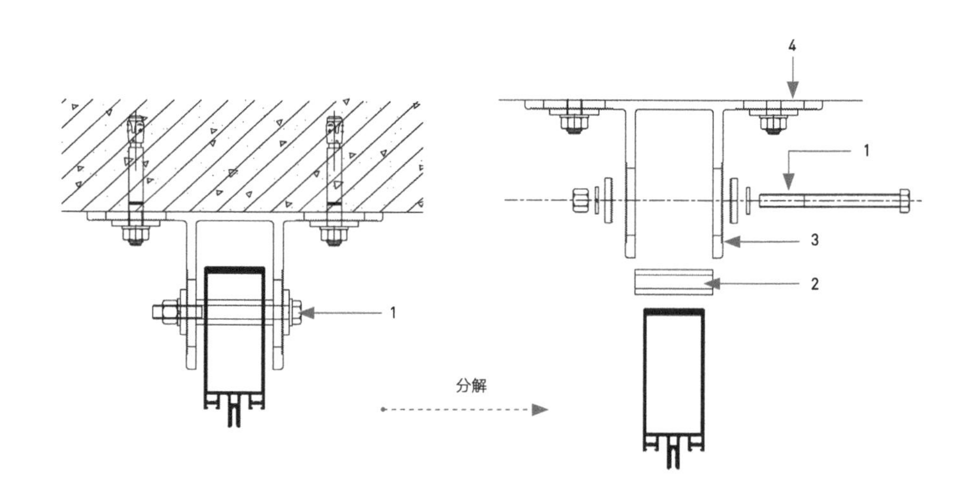

图2.1-25　套筒布置示意图

1-连接螺栓；2-钢制套筒；3-铝合金连接件；4-如需横向约束，可在此位置设计带齿型材

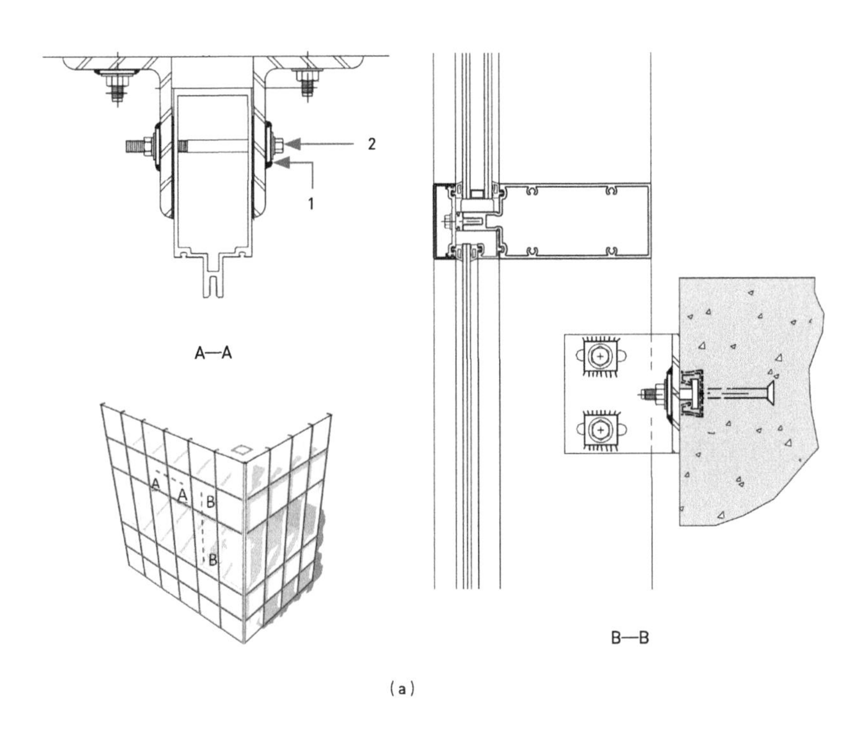

（a）

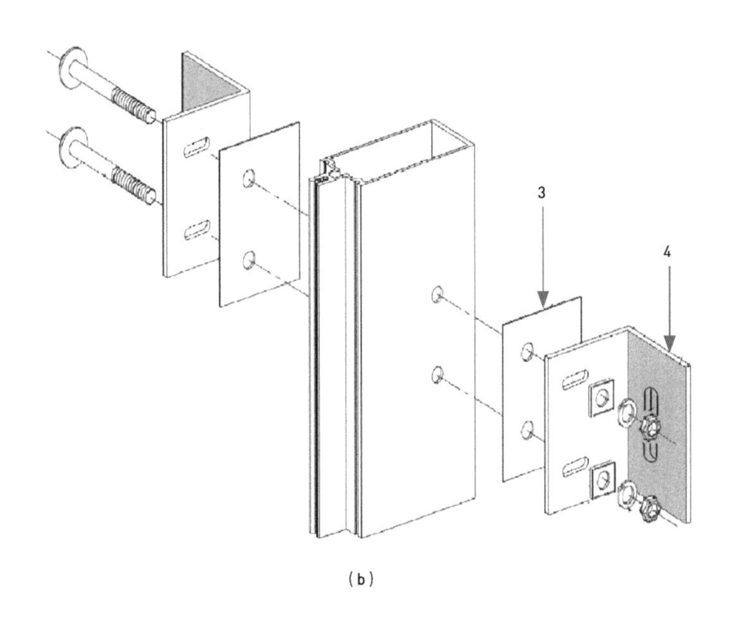

（b）

图2.1-26 钢连接件示意图

（a）幕墙连接节点；（b）连接码分解图
1-焊接；2-连接螺栓；3-绝缘垫片，减轻双金属腐蚀；4-L形钢连接件上面介绍的是楼板侧面的连接设计方案，侧面连接是构件式幕墙最常见的连接方式。下面简要介绍楼板顶部的连接设计方案，这种连接方式在构件式幕墙设计中较少用到，但是在单元式幕墙设计中非常常用，大家先看看这种设计，以后可以和单元式幕墙的连接设计做个比较。

图2.1-27是一个现场无焊接施工的构件式幕墙楼板顶部连接设计（用带齿铝合金型材做，构造上三维可调节，非常便于现场施工，并且没有任何构件布置于幕墙立柱和楼板之间，对楼板的间隙要求很低，考虑楼板浇筑误差即可）。板顶连接优点还有：楼板侧空间规整，防火岩棉的填塞作业很方便；同时相对于楼板侧面连接的缺点是板顶空间占用很大，需要一定尺寸的窗台板和建筑地面隐藏连接构件，实际工程中很容易受限于建筑师对窗台和建筑地面的设计要求而不能采用，这也是顶部连接较少被采用的原因。

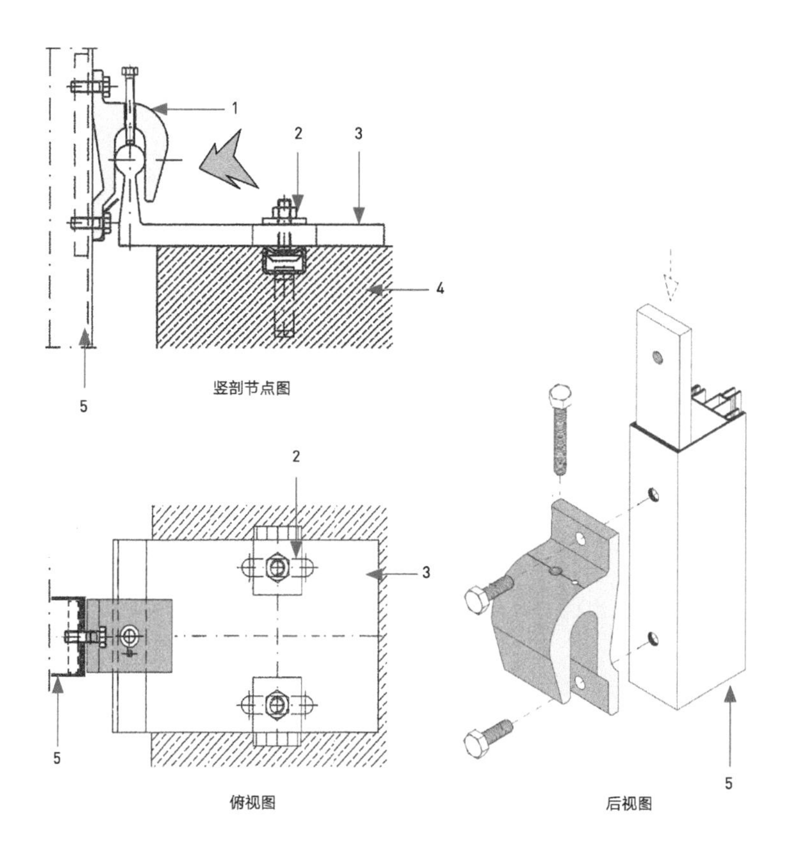

图2.1-27　楼板顶部连接设计方案示意图

1-铝合金连接码；2-铝合金带齿垫片；3-铝合金地台码；4-混凝土楼板；5-铝合金立柱

图2.1-28中列举了几种常用焊接的构件式幕墙顶部连接设计，特征是采用钢材制作连接件，连接件上开长条孔用作现场位置调节，位置就位后，焊死钢垫片完成结构连接。优缺点和顶部连接基本一致，唯一不同是需要现场焊接作业。

再次说明，框架的顶部连接在工程中不是太常见，而单元式幕墙的连接反而板顶连接是主流设计，板侧连接较少，理解这些设计“惯例”的成因能提高我们对各种设计的认识和运用能力。

2.1节讲了明框构件式幕墙的4个主要组成部分，系统地介绍了构件式玻璃幕墙的常规设计。我列举的设计实例大部分都是欧美厂家的典型设计，没有列举国内常规设计的原因有几点：第一是大家对国内的设计都较为熟悉，而很少有机会接触国外的设计；第二是目前国内的设计还很不系统，设计经验非常离散，在本篇最后一节我会重点讲解设计中容易发生的典型“不良构造设计”，很多都是国内的习惯做法，供大家参考。

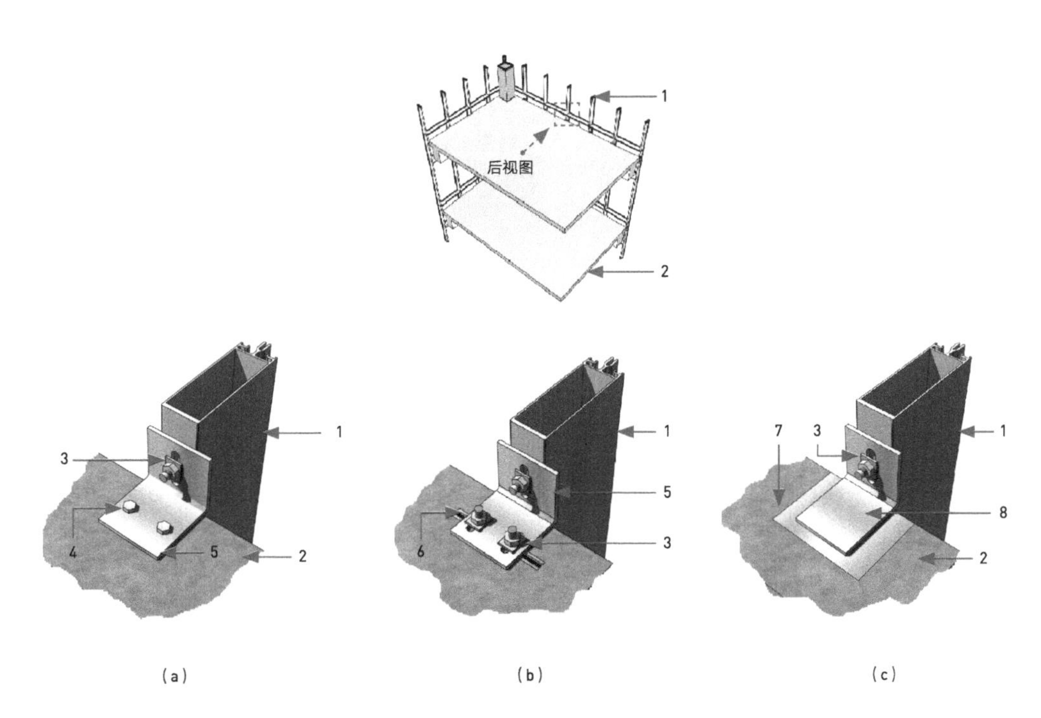

图2.1-28　有焊接的构件式幕墙顶部连接设计

(a) 连接方案1；(b) 连接方案2；(c) 连接方案3
1-铝合金立柱；2-混凝土楼板；3-焊接垫片；4-膨胀螺栓；5-钢制连接件；6-预埋钢槽；7-预埋钢板；8-钢制连接件，焊接到预埋钢板上

2.2 隐框玻璃幕墙基本构成形式

上一节我们讲了“构件式玻璃幕墙基本形式”，但其实并没有按“明框”“隐框”分两类介绍，而是系统地梳理了一遍“压板+扣盖”这个最通用的“明框”体系。其中的原因是，“明框”“隐框”的特征区别只在于有没有室外可见的“扣盖”，其他大部分设计元素基本相同，所以我只想补充一个章节说明“隐框”设计的不同点，这样避免内容重复以及概念的混乱。

2.2.1 扁担扣（Toggle）设计

欧美典型“隐框”设计和典型的“明框”设计之主要区别在于玻璃的固定方式：明框采用的是非常自然的“压板+扣盖”思路；隐框的玻璃固定一般采用扁担扣固定，扁担扣固定能使隐框系统采用与明框同样的铝框架截面，简化工程材料种类，见图2.2-1所示。

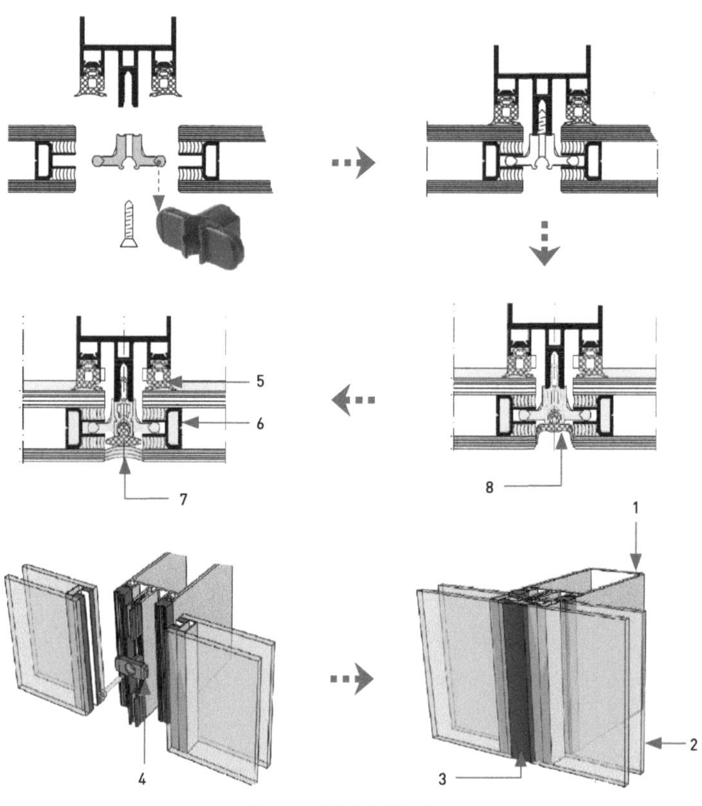

图2.2-1 扁担扣设计示意图

1-铝框架，和明框一致；2-中空玻璃；3-密封胶封20mm宽；4-扁担扣连接件；5-内侧密封胶条；6-集成槽口的玻璃间隔条；7-湿法密封胶密封；8-干塞胶条密封

图2.2-1中的干塞胶条胶缝处理方法和国内的设计很不一样。

还有一种扁担扣设计策略，没有采用特殊截面的玻璃间隔条，是直接把扁担扣压在中空玻璃的内片玻璃上。这种策略简化了间隔条，但是玻璃边不透明宽度由于结构胶的外推而变得更宽，具体截面如图2.2-2所示。

2.2.2 “附框”设计

另外一种主要的隐框形式通常叫作“玻璃附框设计”，基本设计如图2.2-3所示。

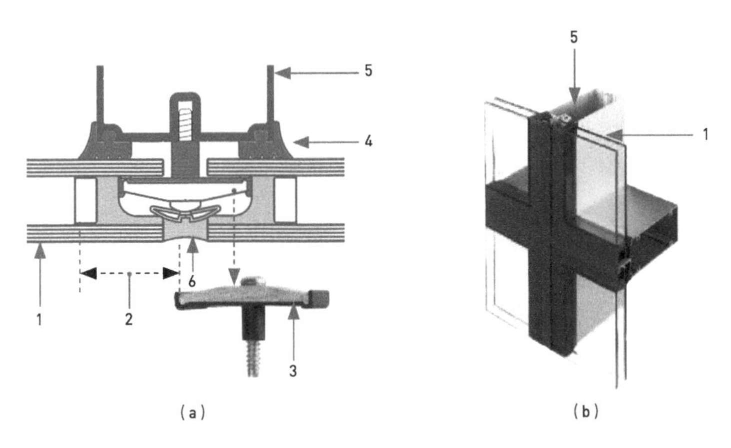

图2.2-2　扁担扣设计策略示意图

(a) 平剖节点；(b) 系统三维视图
1-中空玻璃；2-由于结构胶“挖掉”了一块，导致玻璃边的不透明区宽度增加；3-扁担扣；4-内侧密封胶条；5-铝框架；6-密封胶

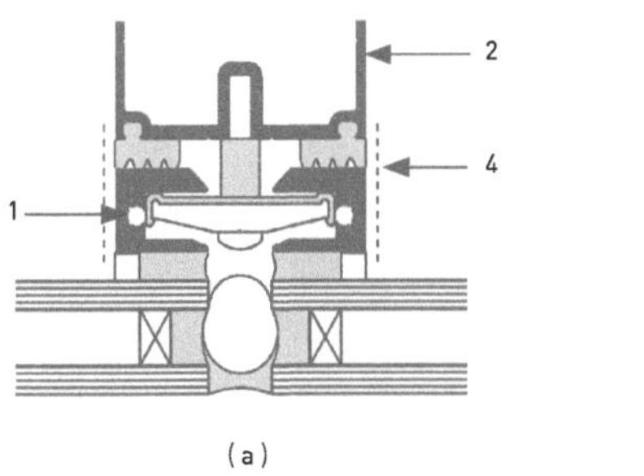

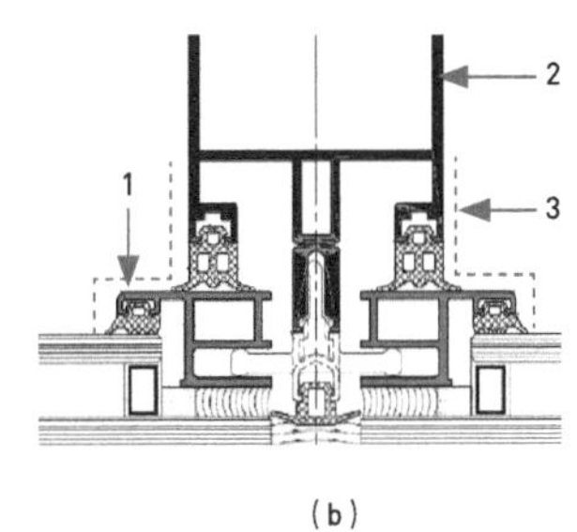

图2.2-3　玻璃附框设计图

(a) 美国厂家风格；(b) 欧洲厂家风格
1-铝附框；2-铝框架；3-附框边和框架不对齐；4-附框边与框架对齐

2.3 等压原理在构件式幕墙设计上的实践

理解构件式玻璃幕墙设计中的等压原理的运用，需要设计师用一点逻辑思维克服自己的“直觉经验”。下面用一个实体墙板接缝这种最简化的构造来说明这个原理，如图2.3-1所示。

很容易理解楼板接缝设计成一定角度的坡度，能增大水经过接缝进入室内的难度，所以我们就以图2.3-1（c）中墙缝带坡度的墙板设计为基础构造继续讨论如何设计接缝的密封。我们来比较图2.3-2中两种实际的选择。

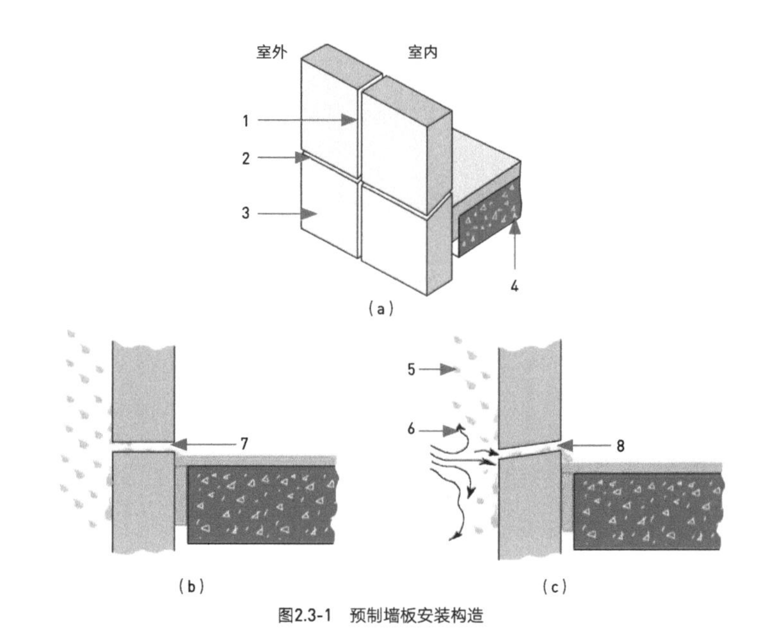

图2.3-1 预制墙板安装构造

（a）预制板墙轴侧图；（b）预制板墙剖面图-板缝无坡度；（c）预制板墙剖面图-板缝带坡度
1-竖向墙板接缝（不讨论）；2-横向墙板接缝；3-预制墙板；4-混凝土楼板；5-雨水；6-风压；7-板缝无坡度，雨水很容易通过；8-板缝带坡度，雨水通过难度增加

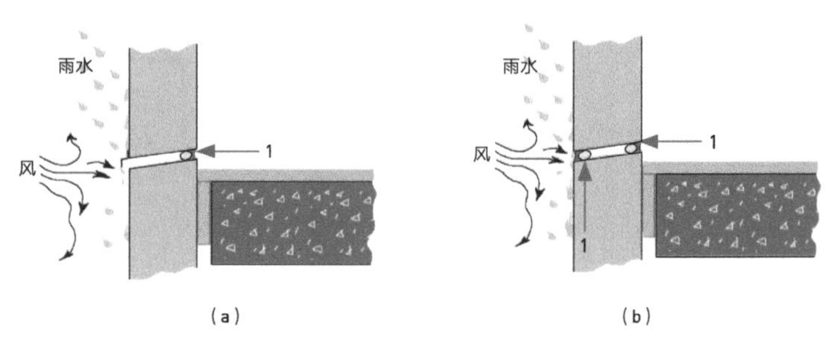

图2.3-2 墙板接缝密封设计方案对比示意图

（a）密封方案A；（b）密封方案B
1-密封胶

要实现防止雨水进入室内这个最核心功能需求，哪个设计更合理呢？直觉上大部分人选方案B，为什么呢？因为最简单的直觉经验告诉我们“两道密封当然应该比一道密封要好”。但实际上，方案A是防水可靠度更高的设计。下面我们用一点“逻辑思维”来说明这个问题。

首先，雨水要从室外进到室内，需要几个方面的条件：

（1）先要有持续风压克服缝隙坡度。

（2）接缝密封胶要出现缺陷（局部细微孔洞），否则水无法进入室内。请注意，毛细效应也可能导致水进入室内，但是目前这个构造，间隙都足够大，可忽略这个效应，如图2.3-3所示。

由于“墙面过雨面”侧“进气通道”远远大于常规密封胶缺陷造成的“进气通道”，空腔压力几乎和室外相等，雨水不会灌入空腔。

由于“墙面过雨面”侧密封胶孔洞“进气通道”和室内侧密封胶孔洞“进气通道”可能很接近，空腔和室外空间会持续有压差，流经外侧密封胶孔洞的雨水会被持续吸入空腔，直到空腔内的雨水积累到内侧密封胶孔洞位置，雨水就漏进室内，如图2.3-4所示。

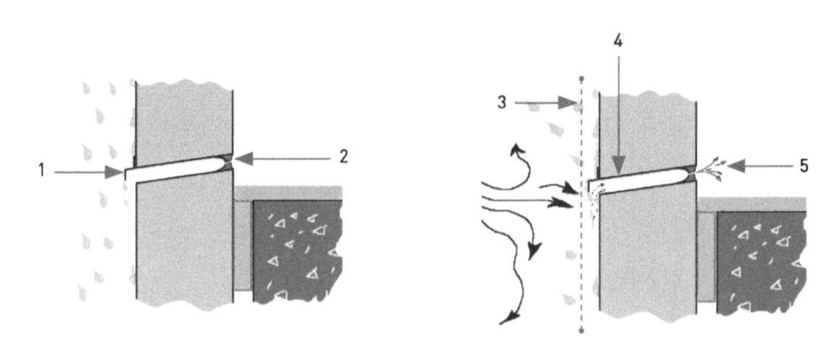

图2.3-3　墙板缝隙的等压设计原理示意图

1-披水板；2-密封胶缺陷假设；3-墙面过雨面；4-空腔和室外等压；5-密封胶缺陷最终导致少量空气穿入室内

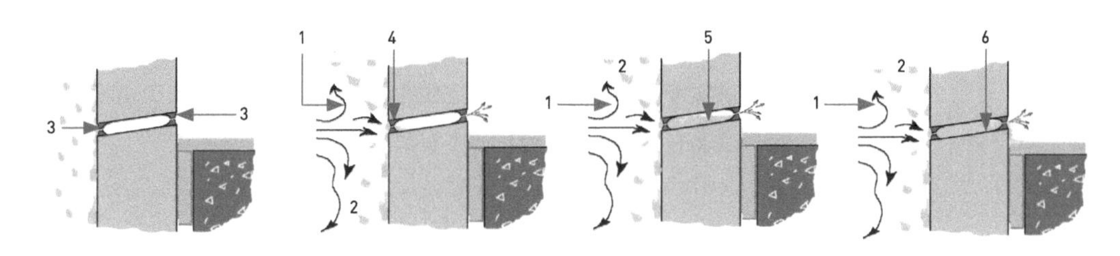

图2.3-4　墙板缝隙非等压状态下风险分析示意图

1-风；2-雨水；3-密封胶缺陷假设；4-雨水流经密封胶细小孔洞被持续吸入空腔；5-空腔内雨水持续累计；6-空腔灌满水后，水会经内侧密封胶细小空洞吸入室内

好了，上面我用图2.3-3、图2.3-4解释了墙板缝隙的等压设计原理，下面我列出一些常见的疑问，通过对这些问题的解答帮助大家加深对等压设计原则的理解。

问题1．为什么不加大空腔排水坡度，用水的压力平衡气压差防止雨水进入室内？

答：原理上是可以的，但是我们的设计水密压力通常要1000Pa量级，需要100mm的水头压力去平衡，实际设计时很难有这么大的空间，特别是玻璃幕墙的框架构造（本节我们介绍构件式玻璃幕墙设计的等压原理的运用时会看到）。中国的水密测试压力高的时候能到1500Pa级别，需要更大的空间设计水头通道，如图2.3-5所示。

问题2．密封胶为什么不能完全密封？

答：实践证明，即使精心施工，密封胶也会出现细小孔洞缺陷，幕墙测试中如果系统设计是依靠单道外露的密封胶密封，常常需要反复诊断密封胶细小孔洞位置再作修补才能通过水密测试（非等压设计的密封胶只要有针尖大小的孔洞都可能导致试验漏水）。考虑到测试样板的安装作业条件好且安装面小，实际工程的缺陷数量会很可观的。

问题3．为什么不讨论更多道密封胶的情况？

答：实际工程中，内外操作各打1道密封线是一般实际操作的极限，超过2道极少采用，所以不讨论。

问题4．图2.3-2中的方案B没有任何优点吗？

答：事情没有绝对，从水密性能的容错能力（对材料缺陷的容忍能力）方面考量，方案B没有用等压原理，所以水密可靠性差很多（和方案A比更容易漏水），但是方案B也有优点，比如双道密封胶气密性能要比单道好（虽然大多数情况下单道密封胶已能保证足够好的气密性能）；双道密封胶的热工性能也要好一些（这个优点实际是我们非常需要的，所以我们可以对方案进行改造，让其既实现等压，也保留好的热工性能，如图2.3-6所示）。

图2.3-6用最简模型说明了等压原理在接缝设计上的应用，下面讲解在构件式玻璃幕墙上具体是怎么设计的。先来看看明框构件式玻璃幕墙设计上哪些地方需要解决雨水密封问题。

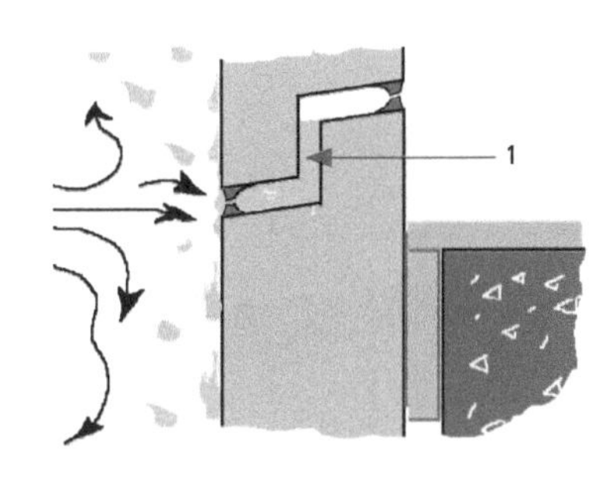

图2.3-5　水压平衡气压分析示意图

1-水头压力平衡内外压差，阻止水继续进入

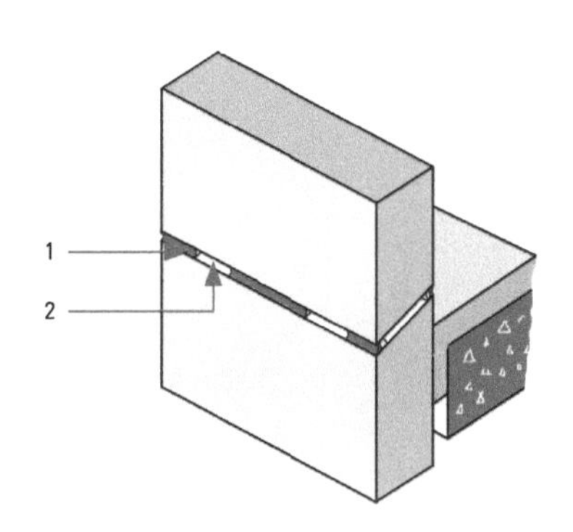

图2.3-6　方案B的等压原理修正

1-在外侧雨水流经的密封胶上开面积足够的进气通道，降低水密性能对密封胶缺陷的敏感度，提高设计的水密容错性；2-通气孔

如图2.3-7所示，共有3个位置需要解决雨水密封问题。位置1：水平框架和玻璃的接缝部位（图2.3-7中1）；位置2：竖向框架和玻璃的接缝部位（图2.3-7中2）；位置3：层间阴影盒部位（图2.3-7中3）。

图2.3-8是几种常见主流的横梁的通气孔设计。图2.3-9中是一捆加工完的铝合金扣盖，清晰地显示了通气孔的布置。

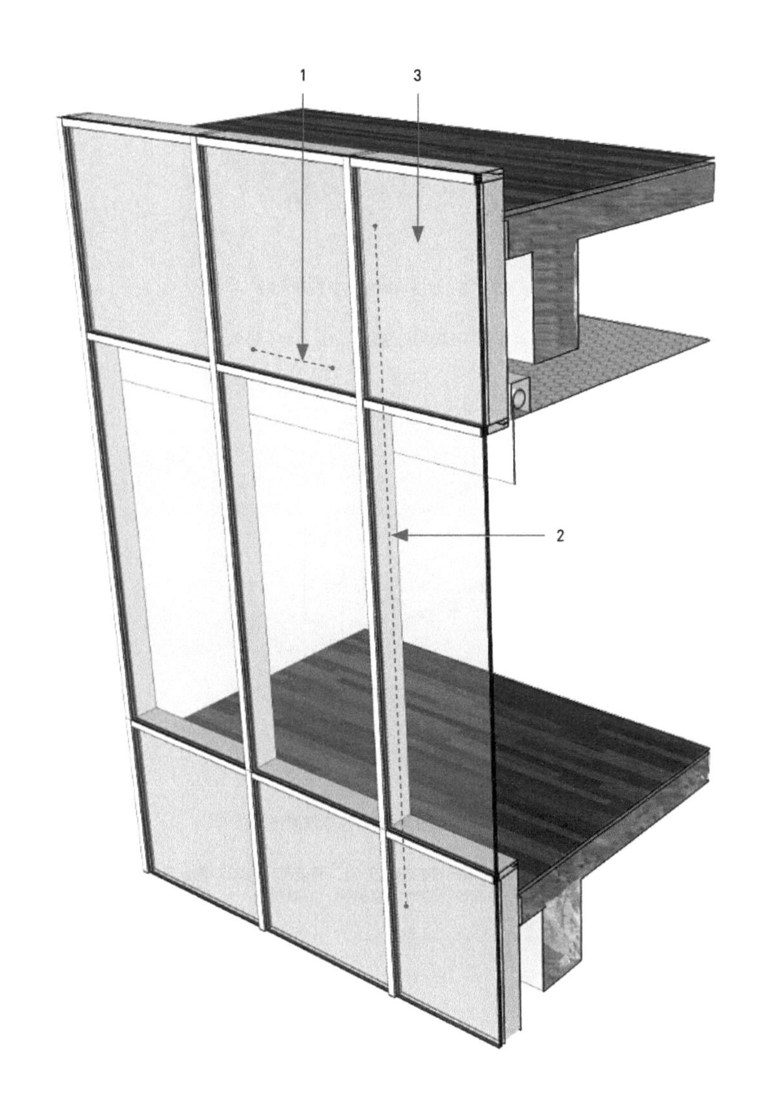

图2.3-7　明框构件式玻璃幕墙

1-位置1的水平框架和玻璃的接缝等压设计；2-位置2的竖向框架和玻璃的接缝等压设计；3-位置3的“层间阴影盒”的等压设计

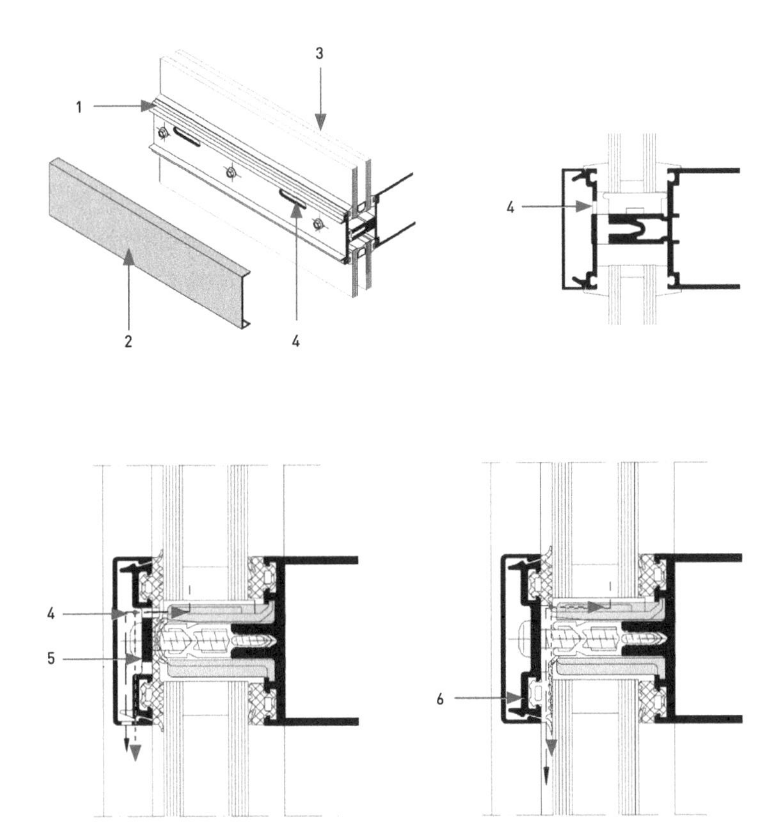

图2.3-8　水平框架和玻璃的接缝水密设计（位置1）

1-铝合金压板；2-铝合金扣盖；3-中空玻璃；4-通气、排水孔；5-通气孔；6-胶条局部间断用于通气孔排水

图2.3-9　铝合金扣盖

1-铝合金压板；2-密封胶条；3-铝合金压板开通气、排水孔；4-压板上开通气孔

图2.3-10（a）为美式风格的设计，竖向立柱不设通气孔，直接用横梁压板的通气孔实现等压。

图2.3-10（b）的典型欧式立柱等压设计和美式稍有区别。欧式设计细腻，需要专门开发一些专用幕墙“零部件”来实现所谓的立柱排水、通气构造，而美式设计简洁实用，他们的核心思想是一致的。

请注意，欧式风格的设计，竖向立柱也开通气孔，同时配置特制塑料排水槽。

图2.3-11中（a）和（b）是两种不同的层间阴影盒子的等压设计方法，本质上一致，不同的是通气、排水孔的设计细节有区别。

请注意，等压腔底部的通气孔同时设计成排水功能（尽管排水在实际工程中是个小概率事件），底部以上有可能设计附加通气孔提高通气能力，增强容错性。

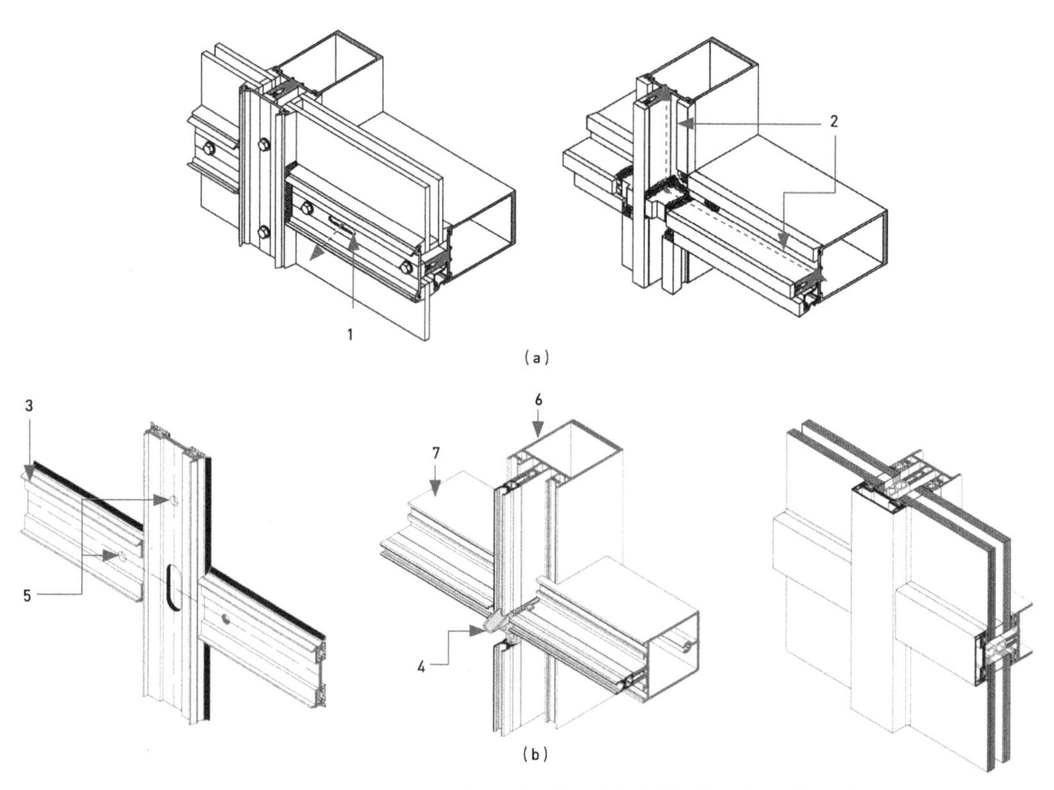

图2.3-10　竖向框架和玻璃的接缝等压设计（位置2）

（a）美式设计；（b）欧式设计
1-压板上开通气、排水孔；2-横竖空腔连为一个整体；3-压板；4-塑料排水槽；5-横竖框压板都有通气孔方案；6-铝合金立柱；7-铝合金横梁

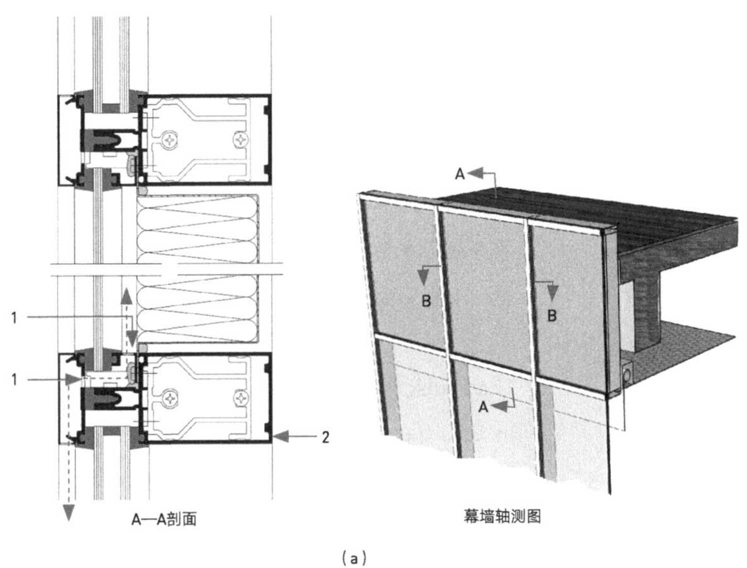

（a）

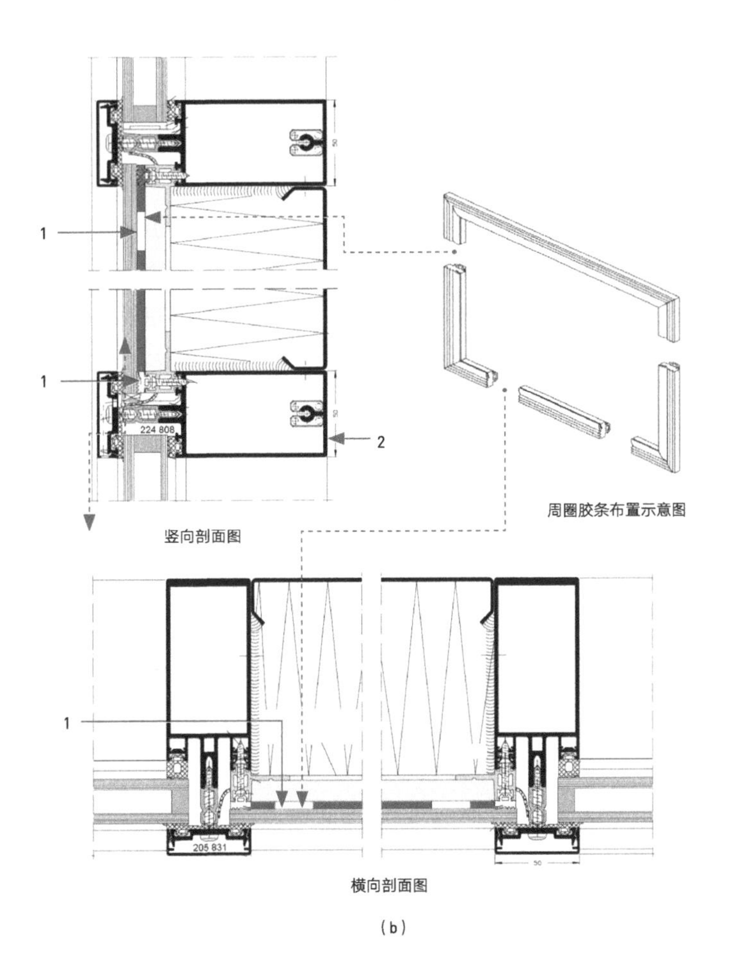

（b）

图2.3-11 层间阴影盒的等压设计（位置3）

（a）方案A；（b）方案B
1-通气、排水孔；2-幕墙横梁

常用的等压构造特征讲完了，下面对以上内容作个回顾和总结，同时补充一下我们经常听到的“雨幕原理”(英文Rain Screen Principle的直译)。

我们讲了等压构造不同部位的实际构造设计，等压是“雨幕原理”的最核心部分，但不是全部内容。我们先来说说“雨幕原理”的历史，下面是我检索到的英文原文节选：

The rainscreen principle was formalized by Birkeland in 1962 and by G.K. Garden in 1963. Birkeland, a Norwegian, “ suggested that venting the cavity behind the a screen would equalize the pressure on either side of the screen and essentially eliminate air pressure differences as a rainwater penetration force.” Birkeland was looking back at the open cladding walls used on old Norwegian barns. Garden, working in Canada, coined the terms ‘rain screen’ and the ‘open rain screen principle’ ......

译文：雨幕原理由Birkeland 和 G.K.Garden这两个人分别在1962年、1963年归纳完成。Birkeland，挪威人，“建议让雨幕的内侧腔体通气，能使雨幕的内外侧压力相等进而从根本上消除导致雨水穿透的压力差。”Birkeland 回顾了挪威农舍上开放式外墙在使用。Garden，在加拿大工作，他首创了“雨幕”这个术语……

The Architectural Aluminum Manufacturers Association (AAMA) published the first guide for pressure equalizing designs in 1971......

译文：美国建筑铝材料制造商协会于1971年第一次出版了等压设计指导……

对上面这些历史感兴趣的设计师可以直接用引文内容搜索相关文献资料，我这里不再过多考据“雨幕原理”的发展过程，但是从上面的历史可以看出“雨幕原理”是从外建筑外墙的历史经验中总结出来的。经过多年发展，国外作了很多定量的研究，下面我们来看看加拿大的国家住房属（CMHC）给出的外墙接缝设计的“雨幕”设计

指导（我列出了节选的原文便于想深入了解的设计师到网上搜索完整的原文）:

下面用图2.3-12说明雨幕的构造。

Joints are typically the most vulnerable point of water entry in all kinds of wall construction, due to differential movement, sealant deterioration, etc. Rain screen principles can be applied to joints whether the wall is itself a rain screen, or a face -sealed assembly, such as EIFS or precast panels.

译文：在所有类型的墙体构造上，由于变形差异、胶的老化等原因，使接缝成为典型的最薄弱的进水点，雨幕原理可以被用到接缝上，不论腔体本身就是雨幕或者表面密封的构造，如外保温系统或者预制板。

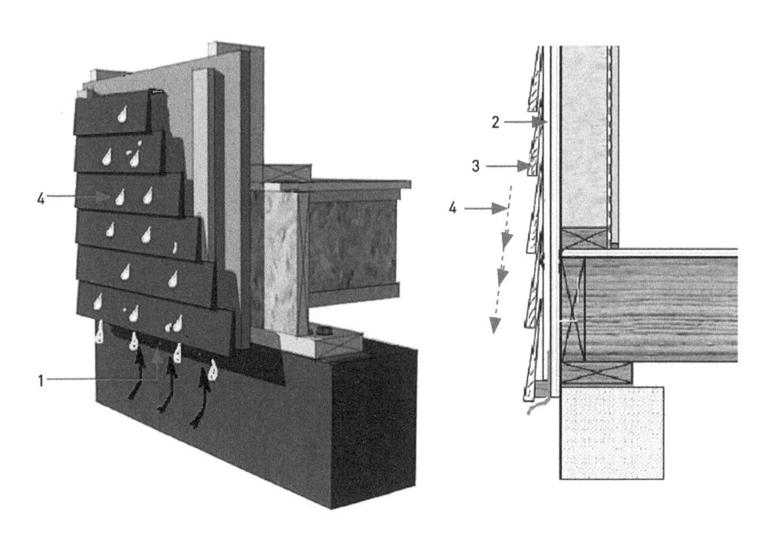

图2.3-12　雨幕的原型工程实现

1-足够大的通气面积，消除内外压差；2-等压腔体；3-开放的雨幕；4-雨水从表面流过

A rain screen joint incorporates the same elements as a rain screen wall:

1. A cavity which is drained and vented to the outside.

2. An outer weather seal.

3. An inner seal which is the primary air seal (the air barrier).

And the same considerations apply to detailing the rain screen joint: The inner seal should be water-resistant to provide a second line of defense against moisture. The outer seal should have a vent area equal to at least five times the leakage area of the inner air seal. The cavity should be compartmentalized, especially near edges of the building.

译文：一个“雨幕”接缝包含和“雨幕”外墙一样的要素：1. 一个朝外排水通气的空腔。2. 一个外层耐候密封。3. 一个内层空气密封层（气密边界）。同时同样的细节设计需要考虑雨幕接缝上：内层密封应该是防水的，以提供第二层水气防护。外层密封应该包含最低5倍于内层空气渗漏的等量通气面积。孔腔应该被“区隔”化，特别是建筑边部。

A ratio of 5:1 or 10:1 between vent area and air seal leakage should be adequate to achieve pressure equalization even during gusting winds, as the cavity volume of most joints is small. A 1995 CMHC study of EIFS panel joints (Measured Pressure Equalized Performance of Two Precast Concrete Panels, Performance of Pressure Equalized Rain screen Walls) showed that rain screen joints performed much better than face-sealed and recessed joint designs in preventing moisture penetration.

译文：即使是在阵风条件下，由于大部分接缝的空腔体积较小，所以通风口面积和气密层的漏气量之比只要达到5:1或者10:1就足够实现“等压”。CMHC（加拿大国家房屋署）1995年的一个针对外墙保温系统的板间接缝的研究显示，雨幕的接缝阻止水汽性能远比表面密封和凹缝设计好。

对于空腔体积和通气孔面积的关系，CMHC也根据相关研究给出了建议值，下面是原文节选：

In determining maximum cavity volume, tests carried out by the National Research Council of Canada [INSERT REFERENCE] showed that the ratio of cavity volume to vent area should be less than 50 m^3 to 1 m^2 for a PER wall with rigid components (the wall tested was a precast concrete panel system).

译文：对于最大空腔体积的确定，根据加拿大国家研究委员会的测试，对于刚性材料的等压雨幕外墙，空腔体积和通气孔面积比要小于50m^3：1m^2（测试的外墙是混凝土预制板系统）。

图2.3-13为典型等压设计示意图。

这一部分终于讲完了，等压雨幕是幕墙设计的基础原理，对指导设计非常重要，所以我才不厌其烦地反复举例说明，希望大家能融会贯通，深刻理解这个最基本的设计原理。

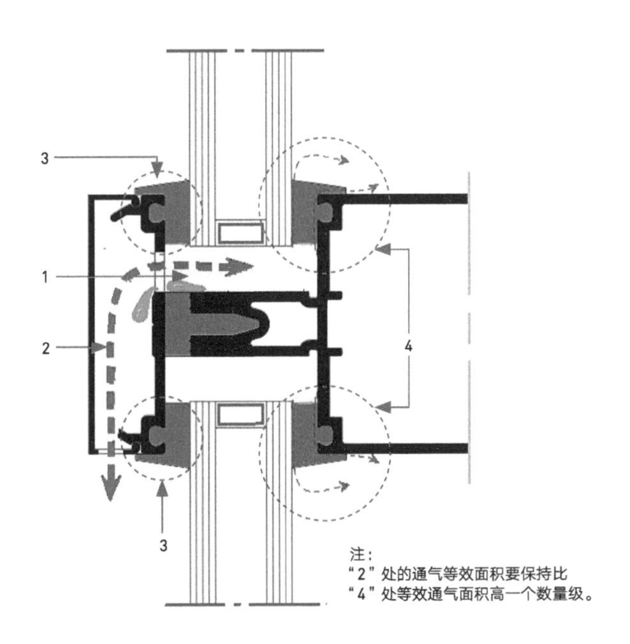

图2.3-13　典型等压设计示意图（此示意图为笔者绘）

1-朝外排水通气的空腔；2-空腔与室外的通气路径；3-外层耐候密封；4-内层气密边界，绝大部分内外压差由气密边界承受

2.4 构件式玻璃幕墙的层间防火设计原理

图2.4-1所示为一个典型的高层建筑火灾场景，火势沿幕墙一直向上蔓延。火灾发生在高楼层位置，消防工作的开展十分困难。

图2.4-2所示为火灾后的场景。因火势向上扩散速度十分迅速，楼层消防喷淋系统没有起到太大作用。直到烧透顶层后火势才渐渐熄灭，火灾发生楼层以上全部烧毁。

普通幕墙的玻璃一般为非防火要求的普通钢化或者半钢化玻璃，图2.4-3显示了火灾发生楼层的玻璃在火灾发生后很短的时间内会因高温爆裂坠落（统计资料显示一般为15min），铝合金框架也很快在高温下不同程度熔化脱落。当火灾沿幕墙向上扩散，幕墙的层间防火设计（层间防火岩棉板+楼板边防火防烟封堵），要尽量延缓烟和火的扩散给人员逃生争取宝贵时间。

图2.4-1 高层建筑火灾现场

图2.4-2 建筑物火灾后场景

《建筑设计防火规范》GB 50016-2014（2018年修订版）中规定，耐火等级为一级的建筑物楼板耐火时间为1.5h，耐火等级为二级的建筑物楼板耐火时间为1.0h，幕墙的板边构造耐火时间也是参照这个规范要求。

数据显示：火灾中67%的人员死亡是由浓烟造成的，所以要防止浓烟和火焰过快的由楼板和幕墙间缝隙扩散到上面层，如图2.4-4所示。

中国目前还没有针对幕墙层间构造防火性能的测试规范（相关协会正在起草对应的测试规范），美国有针对性测试标准ASTM E2307, Standard Test Method for Determining Fire Resistance of Perimeter Fire Barriers Using Intermediate-scale, Multi-story Test Apparatus。

我们通过图2.4-5～图2.4-9的测试示例来看看幕墙层间构造在防火测试条件下的特性。

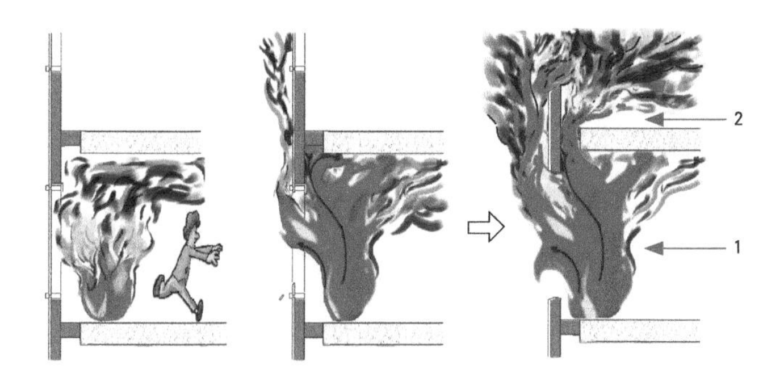

图2.4-3 火灾沿楼层间向上扩散

1-火险发生层；2-火险相邻上层

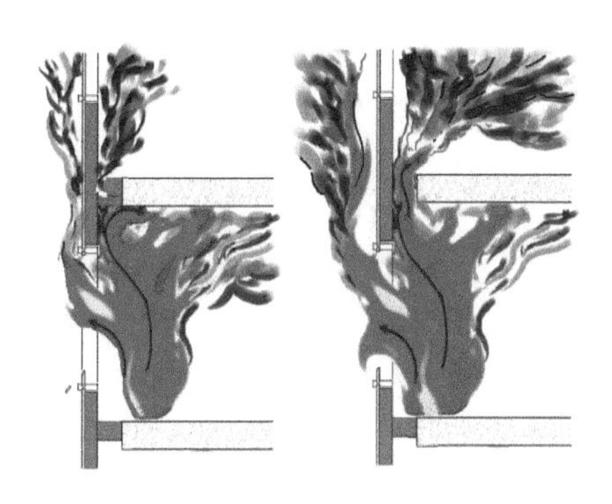

图2.4-4 浓烟和火焰扩散示意图

图2.4-5　ASTM E2307 测试箱体（白色的板为箱体校准板）

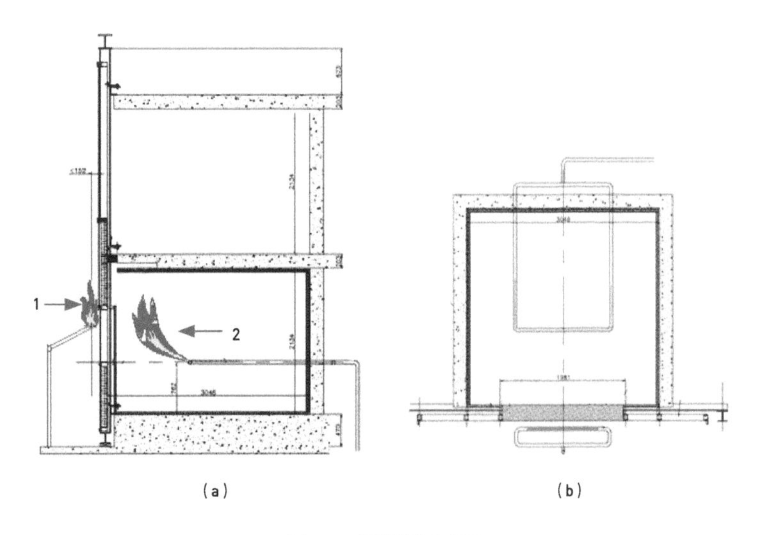

图2.4-6　测试箱体示意图

（a）测试箱体测剖面；（b）测试箱体平面图
1-室外侧喷火器；2-室内侧喷火器

图2.4-7　箱体校正过程

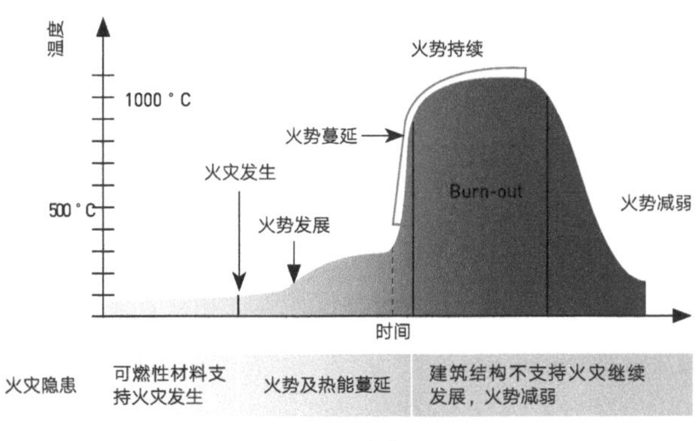

（a）

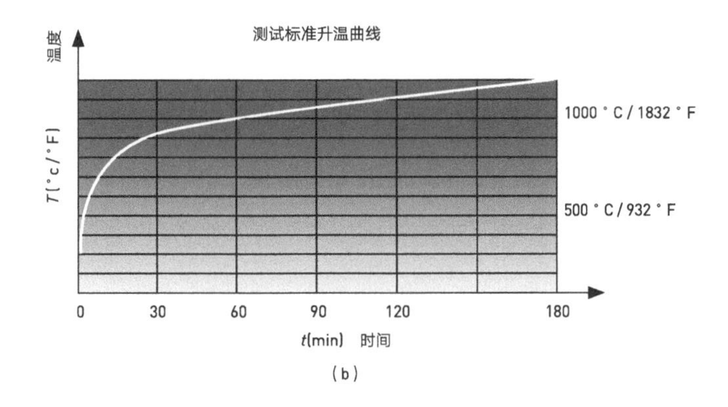

（b）

图2.4-8 实际与测试中的火灾升温曲线

（a）实际火灾升温曲线；（b）测试标准升温曲线

图2.4-9 一个构件式幕墙工程防火试验

试验结果评定分两个指标：F指标和T指标。

F指标代表火焰开始穿透幕墙构造进入上面层时间（类似于材料防火测试的“整体性”指标）。

图2.4-10中上面层可视玻璃碎裂（内外片都碎），或者火焰穿透楼板板边填塞或者层间防火棉进入上面层都是判别F指标的标准，目前通常的构造文档显示是能达到2h。

T指标代表上层温度相对上升180℃的时间，及温度升高到足以引燃上层易燃物的时间（类似于材料防火测试的“隔热”指标）。

这个指标由上层布置的热电偶温度传感器测得，目前的常用构造这个指标一般都能达到0.5h，如图2.4-11所示。

ASTM E2307较好地解决了幕墙层间防火的“定量”评估问题，能切实提高防火设计可靠性，值得国内借鉴。（截至2021年6月本书出版之际，由中国建筑科学研究院有限公司负责制定的推荐性国家标准《建筑幕墙防火性能分级及试验方法》已处于专家审查阶段）

图2.4-12中有以下两点需要注意的：第一点是防烟密封喷涂厚度需保证3mm以上；第二点是防火岩棉应严格按照厂家推荐的方法进行安装，安装时预压缩20%（不同品牌的防火岩棉压缩要求会有所不同）。

图2.4-10　一个构件式幕墙工程防火试验（2h后）

1-可视玻璃炸裂

图2.4-11　上面层室内侧照片（试验开始前状态）

1-热电偶

防火岩棉预压缩，一方面可以保证岩棉能覆盖所有由建筑结构完成面误差所造成的缝隙，另一方面则可以通过压缩回弹来吸收由高温造成的幕墙变形，从而隔断高温和火焰，同时也保护上面的防烟胶，以保证达到防火时间要求。关于防火岩棉压缩，大家可通过图2.4-13得到更直观的理解。

目前国内幕墙层间防火板边密封较多采用镀锌钢板，在钢板两侧和幕墙、楼板交接位置再用防火密封胶密封，这个构造的问题是整个构造无法吸收构件可能产生的变形，容易在火灾发生时封堵失效，无法阻止有毒浓烟的层间扩散。借鉴国外工程的先进经验，2020年发布的《建筑防火封堵应用技术标准》GB/T 514-2020第4.0.3条对此做了明确规定，在矿物棉等背衬材料上面应覆盖具有弹性的防火封堵材料，这样便很好地解决了防火封堵因变形而失效的问题。

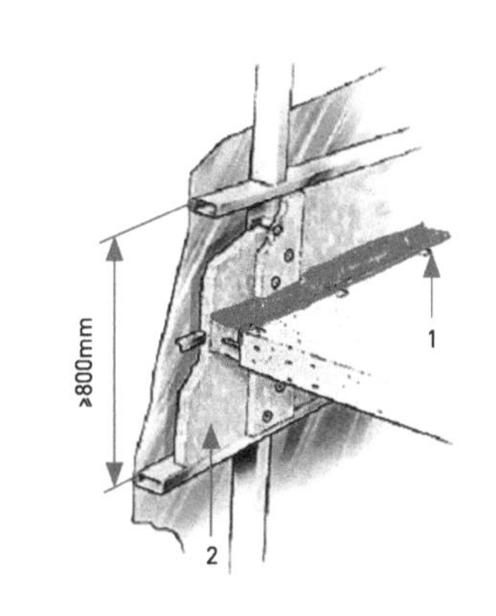

图2.4-12　国外广泛使用的层间防火填塞构造示意图

1-防烟密封喷涂；2-防火岩棉

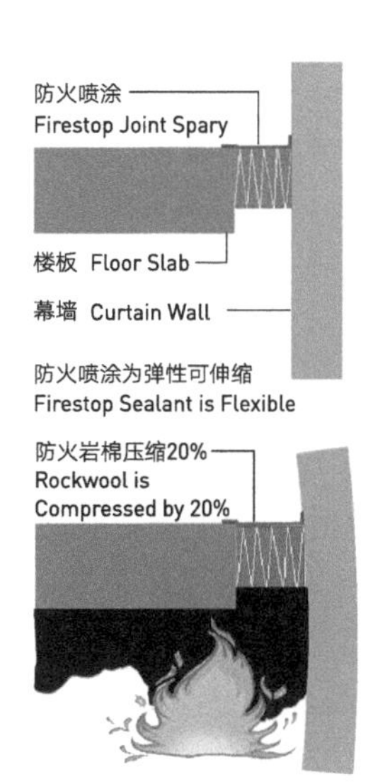

（a）

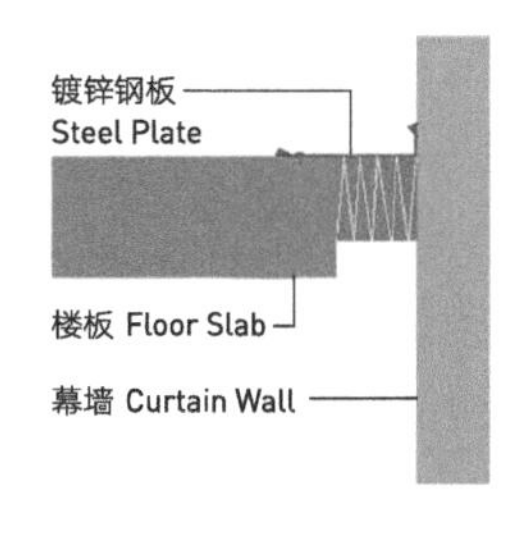

（b）

图2.4-13　两种防火隔断对比

（a）柔性防火喷涂体系；（b）镀锌钢板防火密封

下面是几个典型的工程实例：

1．哈利法塔（Burj Khalifa，829.8m），如图2.4-14所示。

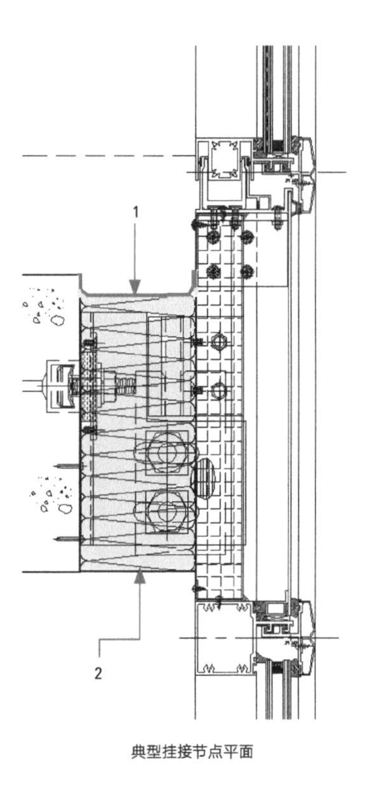

典型挂接节点平面

图2.4-14　哈利法塔的柔性防火喷涂方案

1-防火防烟密封喷涂系统，厚度3mm；2-防火岩棉

2．沙特王国塔（Kingdom Tower，1007m）

即便是用镀锌钢板作岩棉顶部防烟密封，遇到复杂挂件位置也需要用防烟喷涂作加强防火密封，以保证防烟层完整，显然镀锌钢板几乎无法在孔洞复杂的位置做成可靠防烟密封，如图2.4-15、图2.4-16所示。

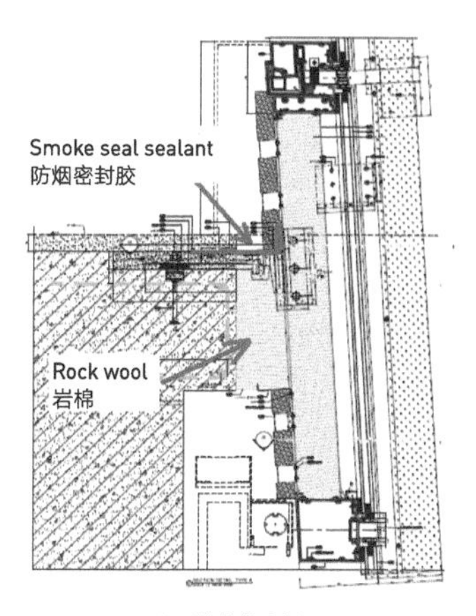

典型挂接节点剖面

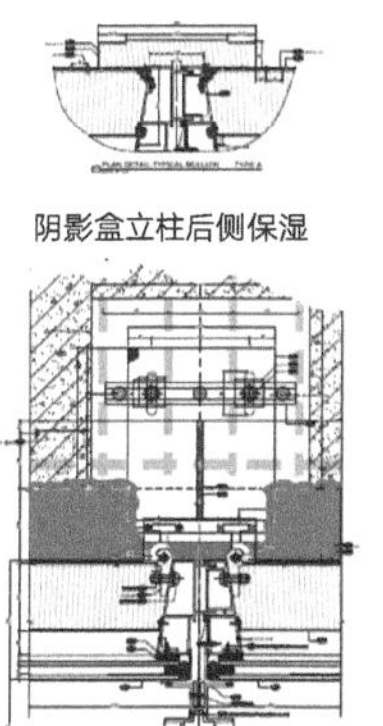

阴影盒立柱后侧保湿

典型挂接节点平面

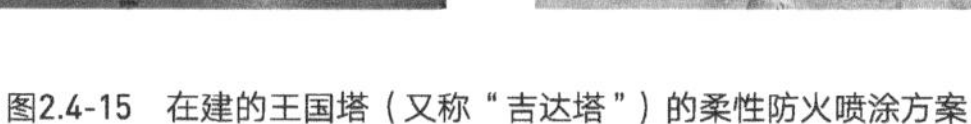

图2.4-15　在建的王国塔（又称“吉达塔”）的柔性防火喷涂方案

1-防火防烟密封喷涂系统，厚度3mm

注：由于到本书出版（2021年6月）为止，沙特王国塔尚未完工，本建筑立面效果图仅供参考。

图2.4-16　幕墙挂件位置的防火密封

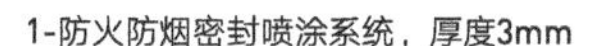

1-防火防烟密封喷涂系统，厚度3mm

2.5 构件式玻璃幕墙如何适应建筑变形

幕墙设计中考虑的结构变形，主要考虑图2.5-1的（b）、（c）、（d）三个方面。

1．楼板的层间侧向位移（Inter-story Building Structure Drift）。
位移设计值参见《玻璃幕墙工程技术规范》JGJ 102的规定（按建筑主体结构类型和抗震要求给出了不同的侧向位移设计值）。在美国幕墙测试标准里面，如果没有特别规定，设计要求结构侧向位移是1/100的层高。如果层高4m，则侧向位移正负40mm。

2．板边活荷载挠度（Slab Edge Live Load Deflection）。
一般需要建筑结构设计单位针对工程给出要求（需要耐心地和建筑结构工程沟通，他们需要做一点附加的计算），无梁楼板一般控制1/400的柱距（即梁跨）。如柱距10m，则板边竖向挠度为25mm。对于抗震地区的强柱弱梁结构，一般会控制在10mm以内。

3．结构柱轴向压缩变形（弹性压缩+混凝土徐变）。
结构柱的弹性压缩（Elastic Shrink）一般不考虑，因为大多数幕墙工程在安装时，建筑主体已基本完工，结构的弹性变形也已经基本完成。混凝土柱的长期徐变（Concrete Creep）一般可忽略不考虑。如果要考虑，通常为1/1000混凝土柱高，即4m高的结构柱考虑4mm的徐变量。

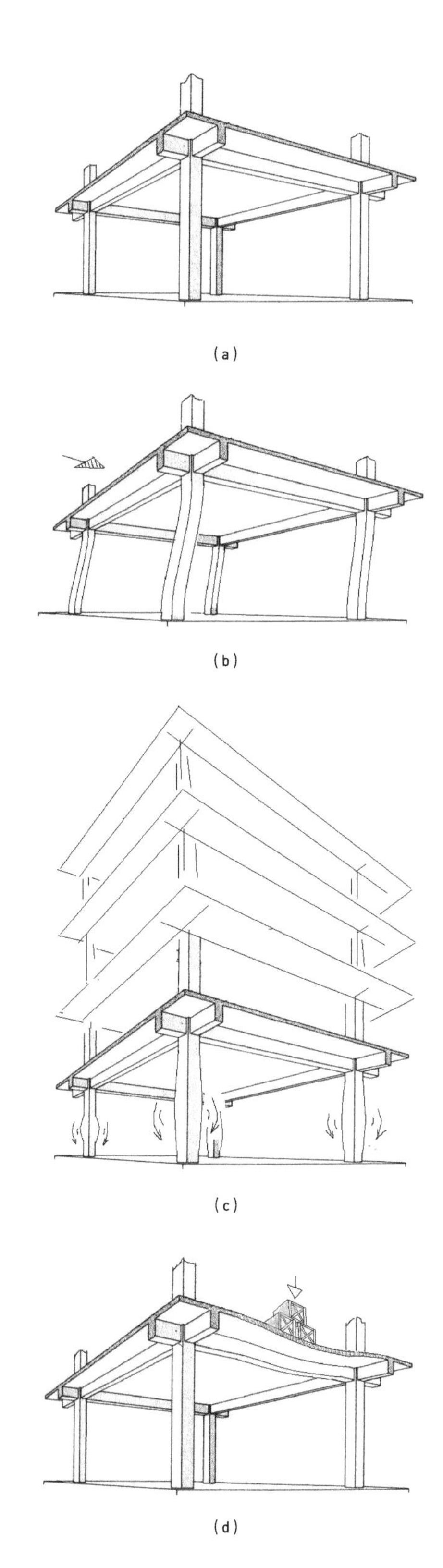

（a）

（b）

（c）

（d）

图2.5-1　建筑变形示意图

（a）建筑结构原始状态；（b）楼板的层间侧向位移变形；（c）结构柱轴向压缩变形（弹性压缩+混凝土徐变）；（d）板边活荷载挠度

2.5.1 楼板的层间侧向位移

框架式玻璃幕墙的铝合金结构骨架的连接都采用类铰接连接，如图2.5-2所示。在跟随楼板结构的层间错动位移过程中，不会产生大的附加内力，能很好地适应楼板的侧向位移。但内嵌在骨架内的玻璃板块是典型的脆性材料，玻璃边缘与骨架之间必须设计足够的间隙，不然玻璃就有被挤碎的危险，如图2.5-3、图2.5-4所示。

《玻璃幕墙工程技术规范》JGJ 102对玻璃槽口间隙的构造要求参见表2.1-2。一般情况下，满足此构造要求，玻璃板块即可承受1/100的框架角位移。但是如果遇到超高的玻璃，需做位移模拟，确保框架有足够的位移空间。

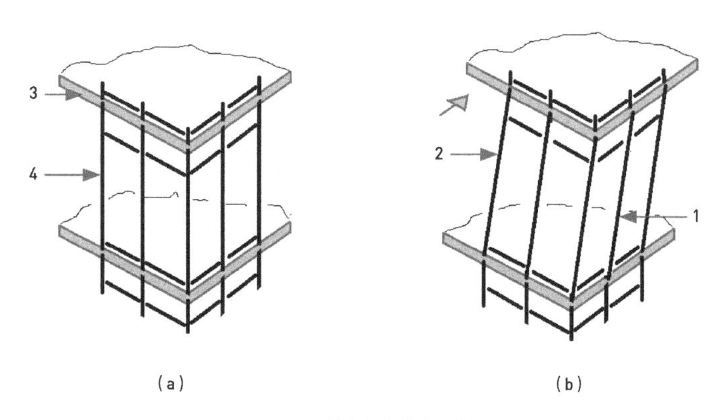

图2.5-2 楼板侧向位移示意图

（a）楼板错动前；（b）楼板错动后
1-平行四边运动；2-“倾倒”运动；3-混凝土楼板；4-幕墙铝合金骨架

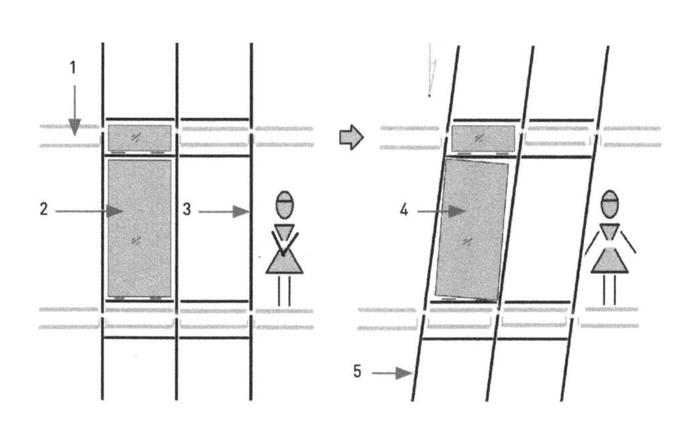

图2.5-3 骨架平行四边运动形态示意图

1-混凝土楼板；2-玻璃内嵌；3-幕墙铝合金骨架；4-玻璃板块可能被挤碎；5-骨架如细小“枝条”很好地适应变形

图2.5-5这种形态的铝合金骨架运动，骨架本身没有附加内力，玻璃和骨架之间也没有发生相对位移，整个体系对楼板的层间错动有很好的适应能力，所以这个形态的变形一般不用特别考虑。

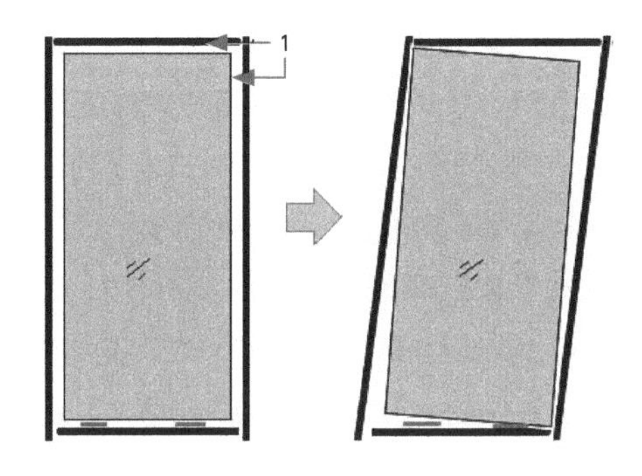

图2.5-4　幕墙玻璃适应框架位移示意图

1-最小间隙5mm

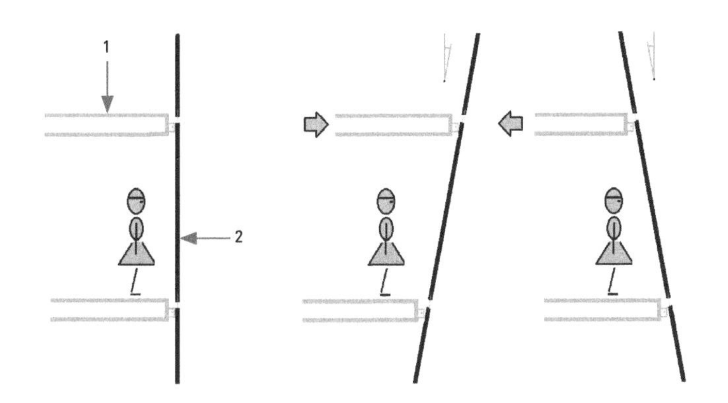

图2.5-5　铝合金骨架“倾倒”运动形态

1-混凝土楼板；2-幕墙铝合金骨架

2.5.2 板边活荷载挠度

图2.5-6～图2.5-8显示了构件式玻璃幕墙层阴影盒顶部横梁如何适应楼板竖向变形。由于通常横梁截面高度为60mm左右，如果变形值大于5mm一般需要加宽阴影盒顶部横梁去容纳图2.5-8的伸缩构造。请注意，虽然这个设计能解决构件式幕墙适应大的竖向结构位移的问题，但是现场会出现较为复杂的框架拼装，抹杀了构件式幕墙构造简易的优点，所以实际高层建筑较少采用这种设计，而倾向于直接采用单元式设计，在本书第二篇单元式玻璃幕墙设计中，大家会看到单元式幕墙的建筑变形设计条件和构件式幕墙一致，不同的是单元式幕墙在适应结构变形上有自己的特点，构造设计和框架区别很大。

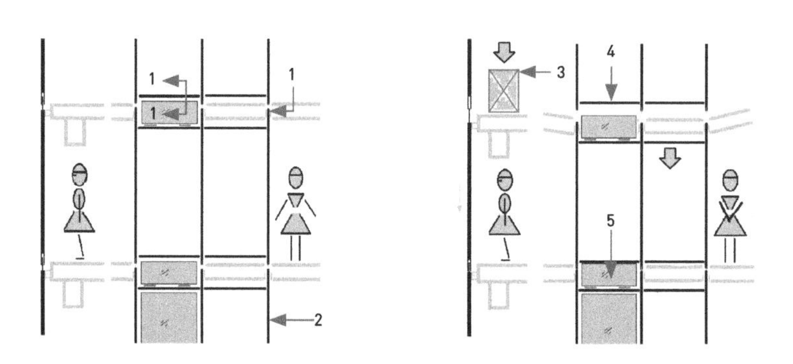

图2.5-6 板边活荷载挠度示意图

1-上下立柱插接，可滑动；2-幕墙铝合金骨架；3-活荷载施加；4-层间玻璃顶部密封构造也需要能承受双向相对变形；5-层间玻璃顶部空间要大于楼板下沉距离

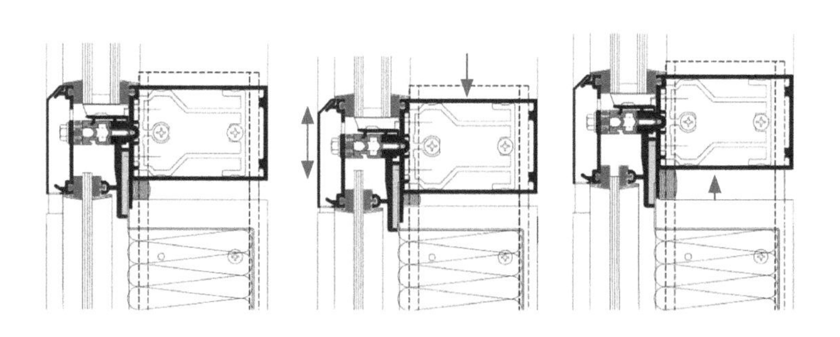

图2.5-7 明框幕墙竖向伸缩缝构造

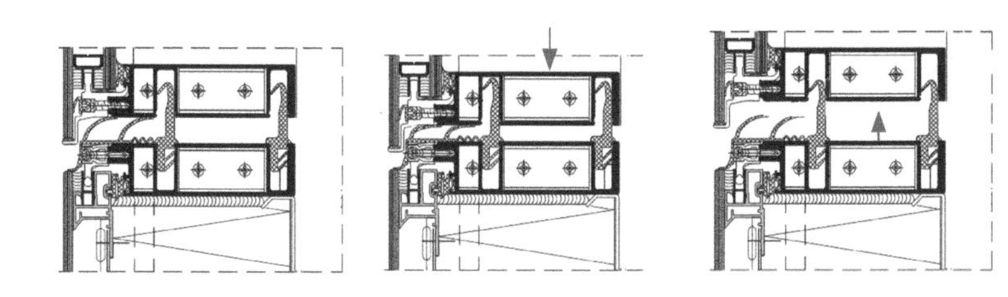

图2.5-8 隐框幕墙竖向伸缩缝构造（欧式风格）

图2.5-9是隐框伸缩构造的安装示意图，显示构造较为复杂。

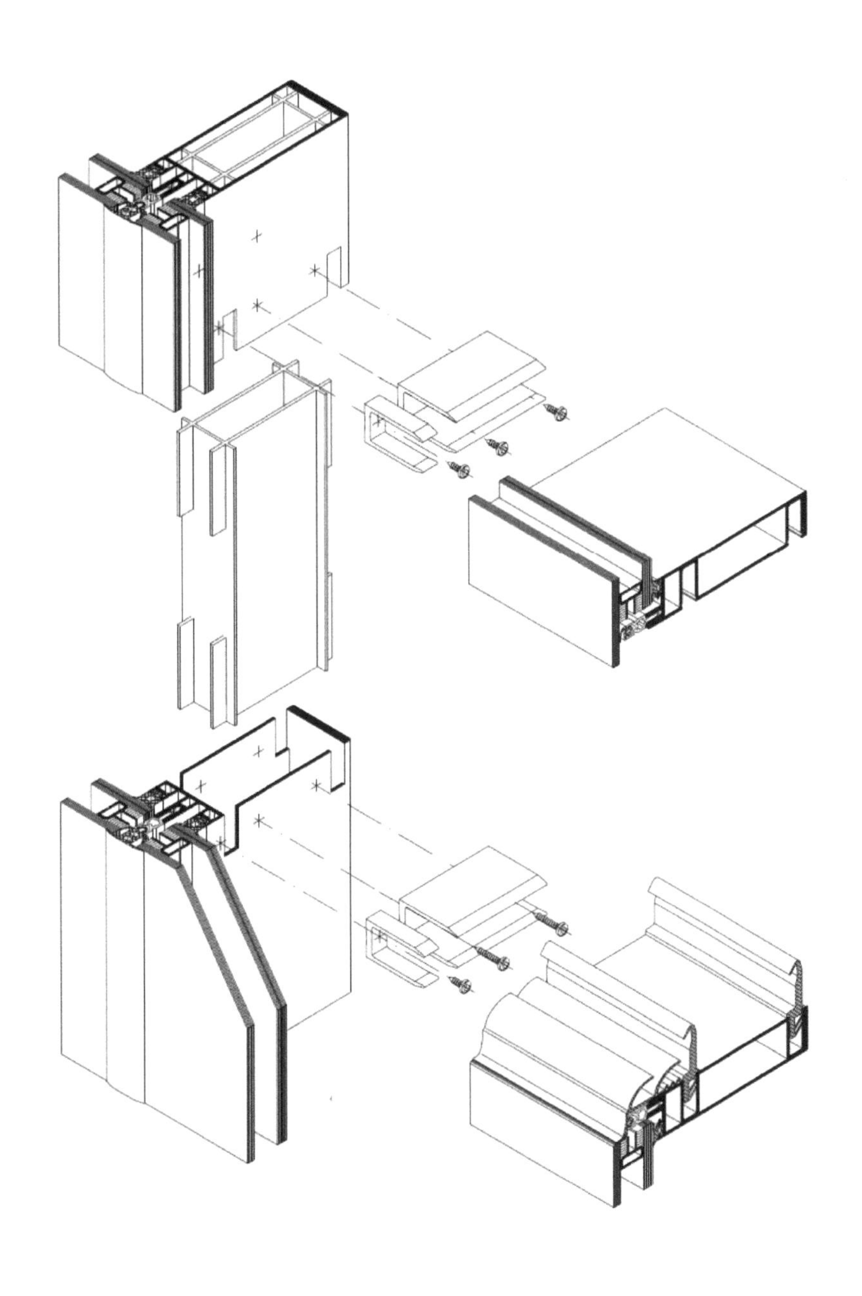

图2.5-9　隐框伸缩缝构造安装示意图

2.6 构件式玻璃幕墙如何适应自身热伸缩变形

幕墙构件的温度随环境变化而不停变化，温度升高，材料膨胀（龙骨伸长）；温度降低，材料收缩（龙骨缩短）。国家规范要求的室外构件设计温差最大是80℃。假设1根竖向铝龙骨的长度为4m，铝合金的热膨胀系数为23×10^{-6}/℃，则龙骨的热伸缩设计值为4000mm × 80℃ ×（23×10^{-6}/℃）=7.36mm，这个变形也需要通过2.5.1节所述的构造来吸收，所以在设计层间变形构造的变形设计值的时候需要把主体结构竖向位移和龙骨的热伸缩变形值进行累加。

例如，楼板活荷载变形值20mm，则幕墙层间变形构造需要承受的变形值为20mm+7.36mm=27mm。如果立柱的加工温度能控制在20℃以上，可以假设室内侧立柱的最大工作温度60℃，则立柱的设计热伸长量为4000mm ×（60－20）℃ ×（23×10^{-6}/℃）=3.68mm（立柱的热伸缩会积累到一端）。

竖向龙骨（立柱）的伸缩构造上节已经介绍了，下面我们来介绍一下横梁的伸缩构造。

图2.6-1中假设铝横梁宽度1.2m，则横梁端头热伸缩设计值为：
1200 ×（60－20）℃ ×（23×10^{-6}/℃）/2=0.5mm（横梁的伸缩为两端分担所以除以2）。

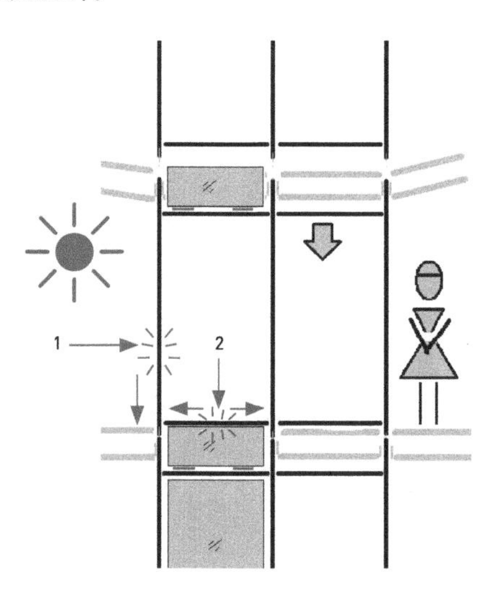

图2.6-1 立柱横梁受热膨胀示意图

1-立柱受热膨胀；2-横梁受热膨胀

0.5mm的设计间隙视觉上很美观，不会引人注意。如果横梁的长度超过2m，端头间隙需要增大到1mm以上时需要和建筑师确认一下外观效果是否可以接受，如果建筑师很介意这个小间隙，也可以推荐打胶修饰处理。图2.6-2所示为典型欧式网格的横梁立柱连接处变形构造。

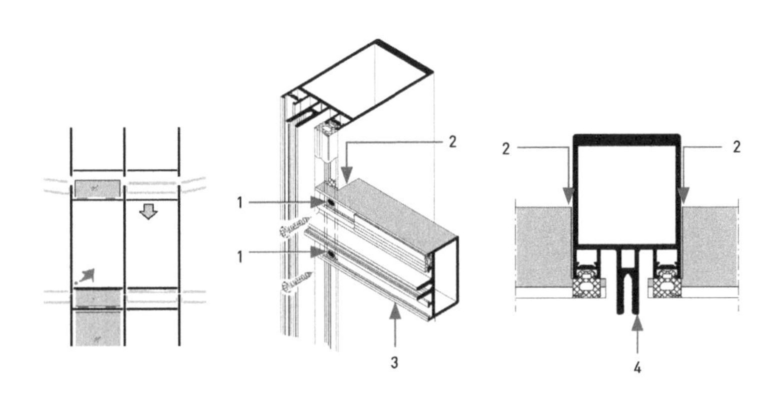

图2.6-2　典型欧式风格的横梁立柱连接处变形构造

1-长圆形螺钉孔释放热伸缩；2-平均端头间隙0.5mm；3-横梁；4-立柱

请注意，图2.6-3中立柱、压板、扣盖的伸缩位置都错开了一定的距离，原则上不把薄弱点（伸缩缝是质量控制的薄弱点）叠加在一处。伸缩缝的尺寸一般要取变形设计值的1/2，因为密封胶最大允许变形能力为50%。

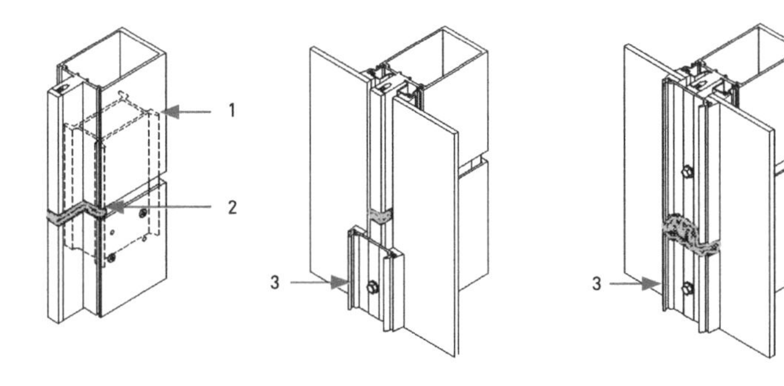

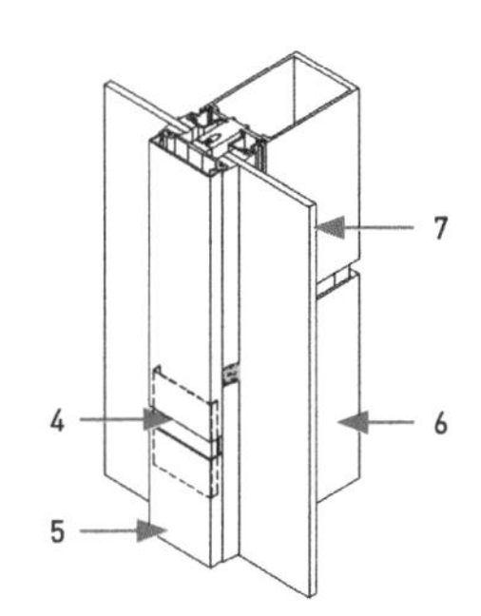

图2.6-3　立柱竖向伸缩构造的完整示意图

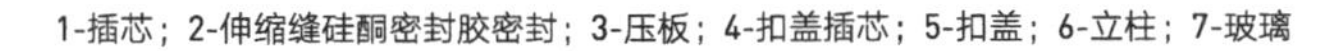
1-插芯；2-伸缩缝硅酮密封胶密封；3-压板；4-扣盖插芯；5-扣盖；6-立柱；7-玻璃

2.7 构件式玻璃幕墙框架的安装设计

2.7.1 框架的安装顺序

前面在讲横梁立柱连接设计的时候，不同的连接构造和不同的安装顺序对应，下面我们来说明什么是“顺序”“乱序”安装以及部分预组装的乱序安装。

1. 顺序安装（图2.7-1）

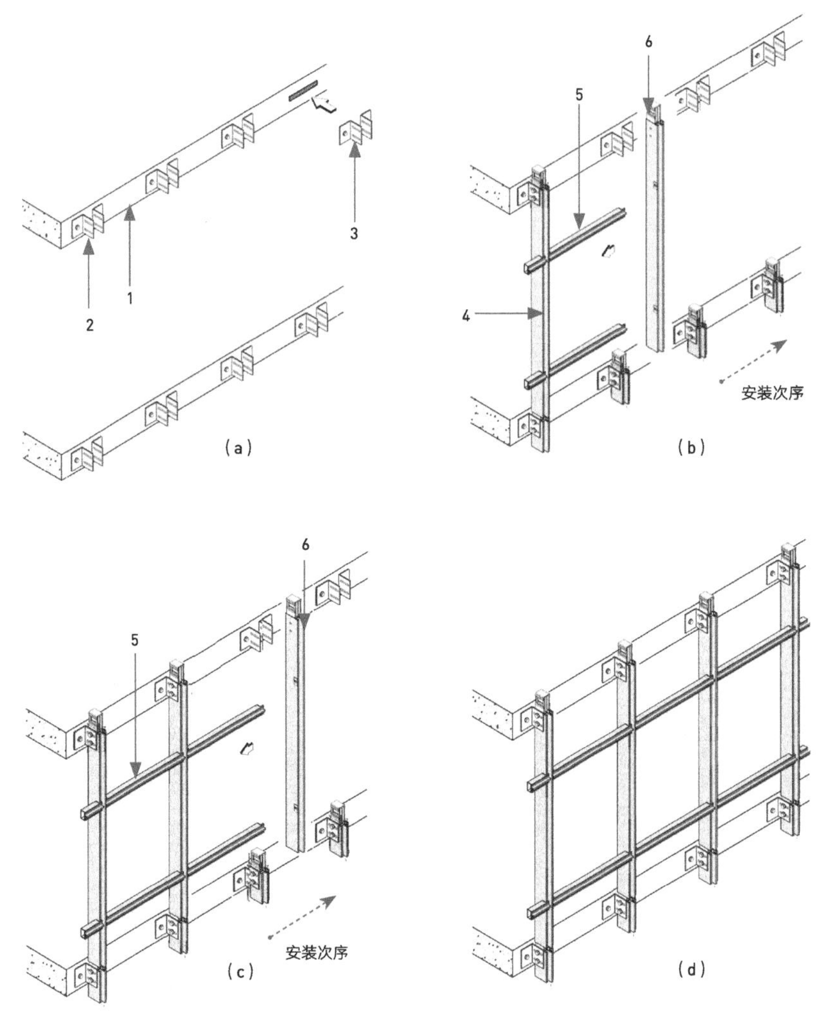

图2.7-1 顺序安装步骤

(a) 第一步，转接件的安装；(b) 第二步，立柱横梁严格按顺序安装；(c) 第三步，立柱横梁严格按顺序安装；(d) 第四步，横梁立柱依据同一方向逐个安装完成
1-楼板；2-连接件；3-安装前连接件；4-立柱；5-横梁；6-立柱要和一侧横梁同时安装

2. 乱序安装（图2.7-2）

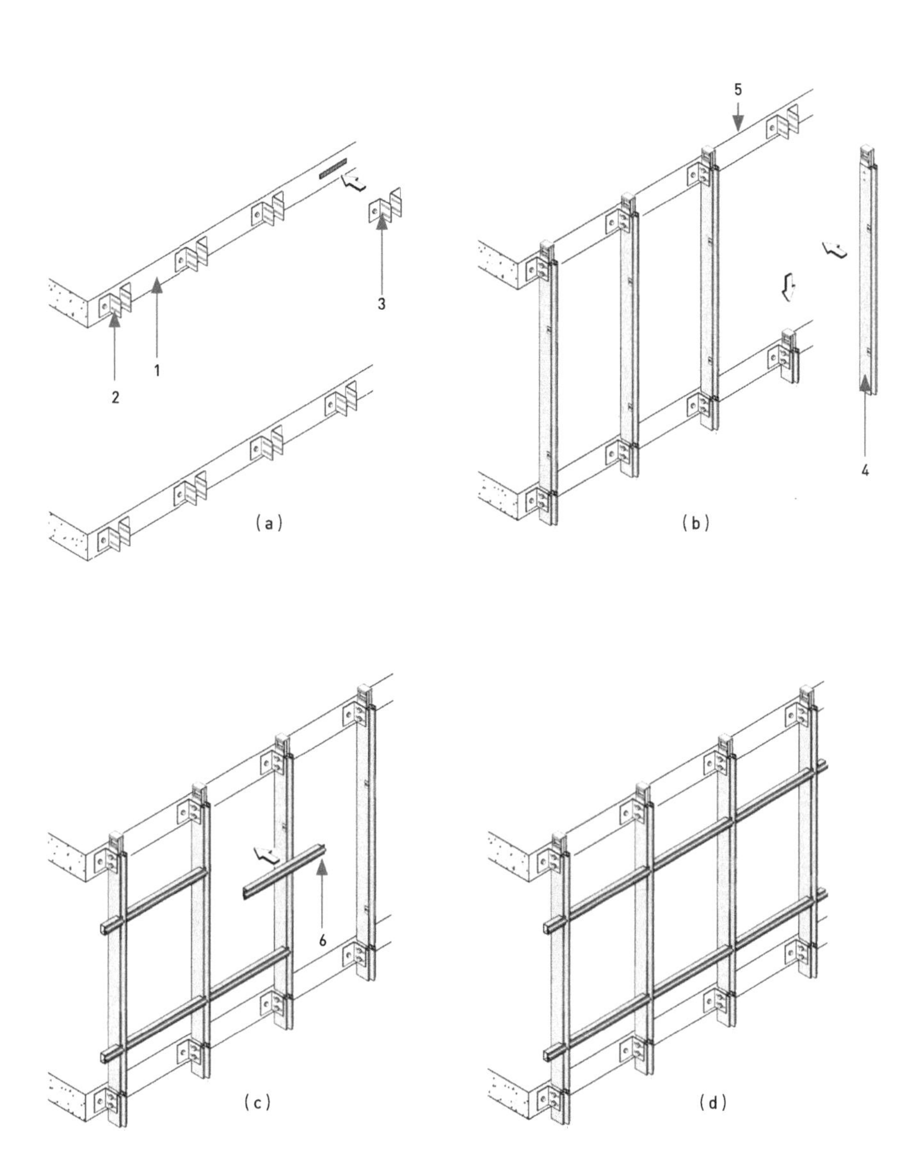

图2.7-2　乱序安装步骤

（a）第一步，转接件的安装；（b）第二步，同一层立柱的安装可乱序进行，没有先后顺序限制；（c）第三步，横梁可任意嵌入立柱之间；（d）第四步，完成安装状态
1-楼板；2-连接件；3-安装前连接件；4-安装前的立柱；5-立柱不需和横梁同时安装；6-横梁嵌入安装完的立柱

3. 部分预组装的乱序安装（图2.7-3）

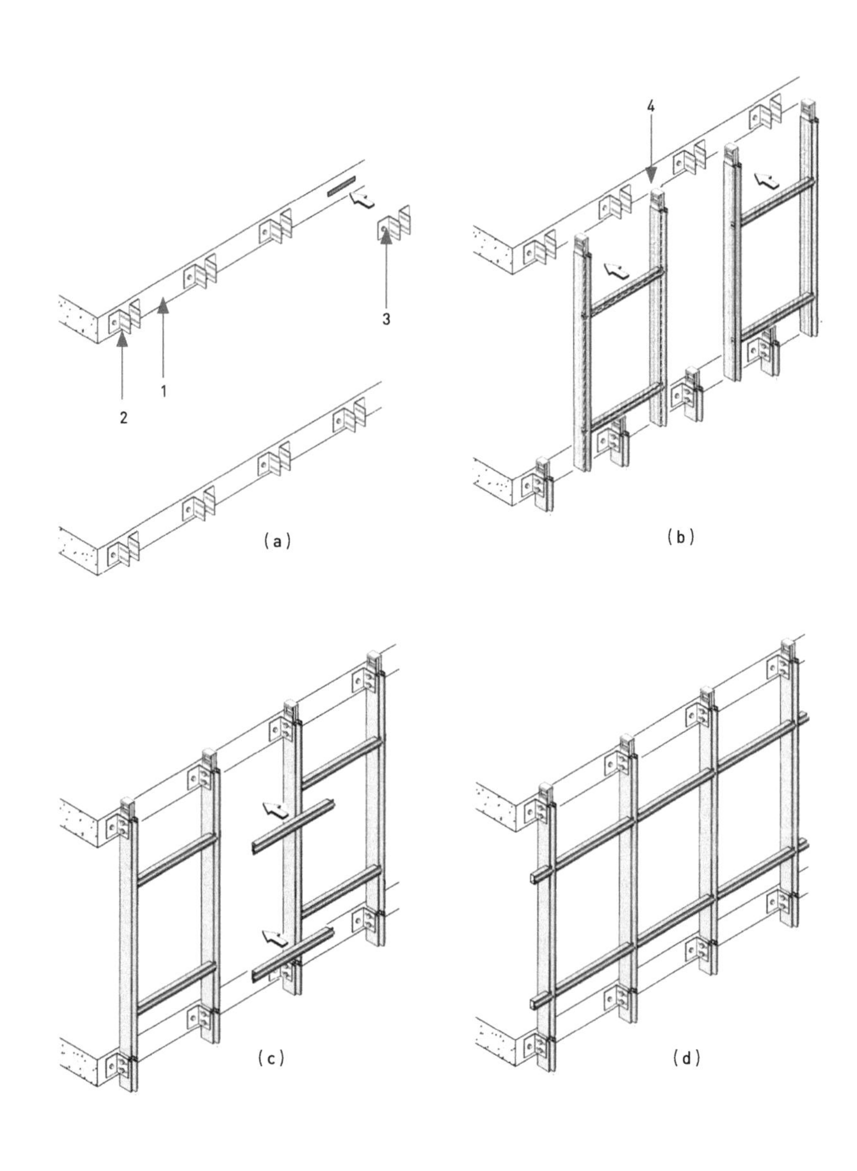

图2.7-3　部分预组装的乱序安装

（a）第一步，转接件的安装；（b）第二步，“梯子形”的横梁立柱组合预先工厂装配（减少了现场工作，安装效率有所提升）；（c）第三步，横梁可任意嵌入立柱之间；（d）第四步，完成安装状态
1-楼板；2-连接件；3-安装前连接件；4-梯子形组装

图2.7-2及图2.7-3中的乱序安装给安装工序更大的灵活性，便于材料组织，是设计时的首选。但是乱序安装需要比顺序安装需要更复杂的横梁-立柱连接构造设计，所以对面积较小的构件式幕墙、材料组织较为简单的时候，也可以用灵活性差，但是连接设计简单的"顺序"安装设计。带框架预拼装的乱序设计尽量减少了构件式幕墙现场的横梁立柱的连接安装，同时由于是乱序安装（也可设计成顺序安装）给材料组织提供了较大灵活性，所以是构件式幕墙比较好的安装顺序设计。

除了上面的常规安装方式，当遇到橱窗类型的幕墙，也有厂家将幕墙龙骨完全单元化，简化现场的幕墙龙骨安装。此种方式虽然较少采用但是大家还是可以参考一下，如图2.7-4所示。

（a）

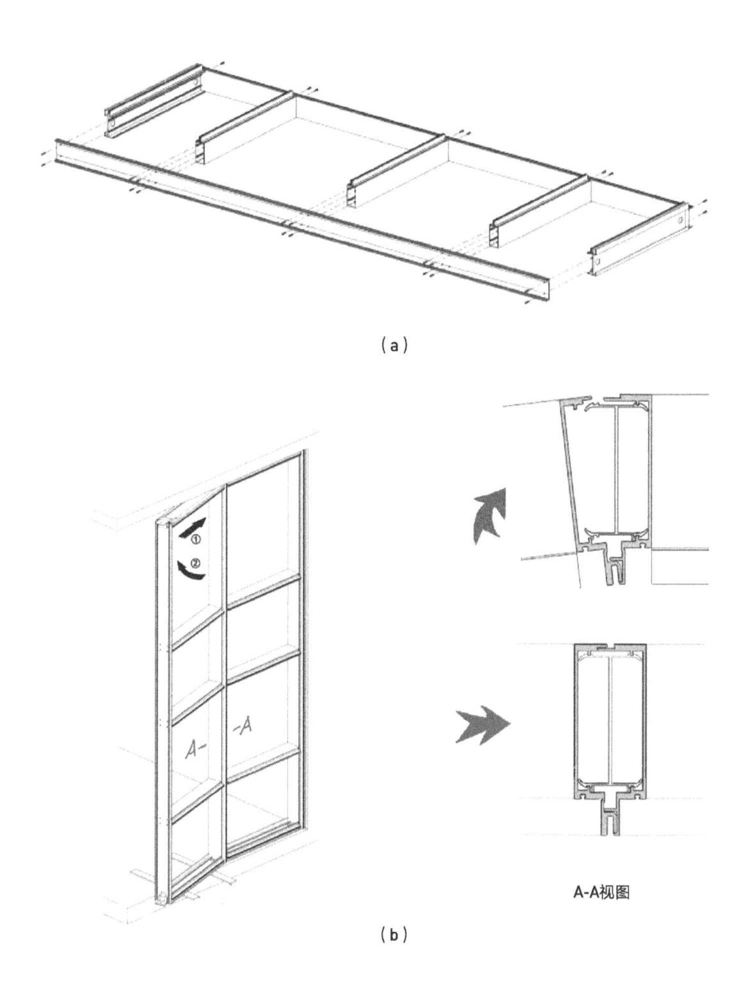

（b）

图2.7-4　龙骨单元化组装及现场安装示意图（图中箭头表示单元安装轨迹）

（a）工厂组装单元板块；（b）单元板块通过立柱自锁完成拼接

2.7.2 玻璃及其他面板的安装

框架安装完成后，接下来需要安装层间阴影盒的室内侧背板，再安装外侧面板玻璃，这个地方设计时要考虑背板的安装只能从外侧操作（内侧有梁、楼板），要保证构造便于从外侧安装，见图2.7-5、图2.7-6所示。

玻璃和层间阴影盒的外侧视觉背板可以组装成一个整体安装，注意做成整体后空腔要开通气孔贯彻等压原理设计。可视部分的玻璃板没有背板，安装起来比层间要简单，所以图里没有反映。注意一下压板只有两侧玻璃都装上后才能安装，所以现场施工时会采用一些长度很小的临时辅助压块（通常50mm左右即可）防止玻璃滑落。国内的工程一般都有视觉背板，层间所有的背板和玻璃的固定构造都需要考虑结构竖向位移的影响。如果位移值较大，如钢结构的建筑或者无梁楼盖的高层、超高层结构，通常就不建议采用构件式幕墙类型（很难适应大的竖向结构位移），而应采用单元式幕墙类型。国内很多高层、超高层建筑采用构件式幕墙时，没有考虑竖向变形问题，会给建筑安全留下隐患。

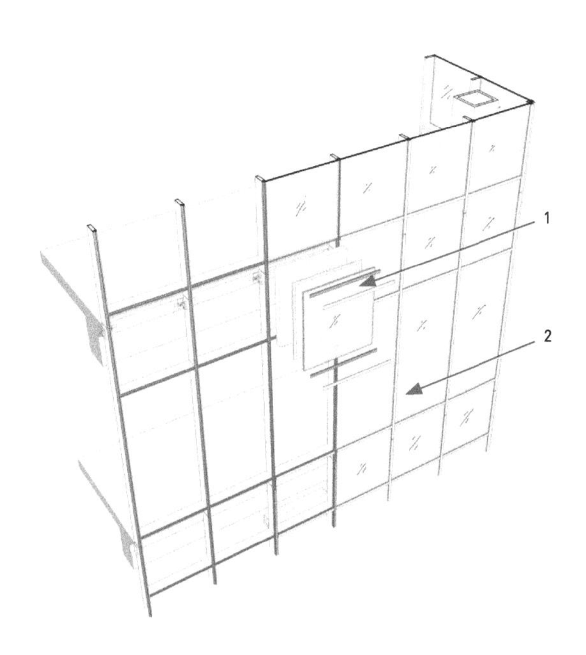

图2.7-5 室内背板及玻璃安装示意图（一）

1-正在安装的层间玻璃；2-已经安装完的玻璃

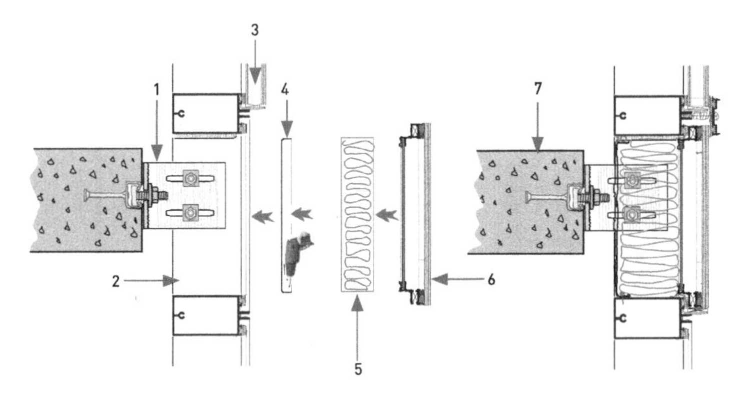

图2.7-6　室内背板及玻璃安装示意图（二）

1-连接挂件；2-铝合金立柱；3-可视中空玻璃；4-内侧背板；5-保温（防火）岩面板；6-层间单层玻璃和视觉背板做成整体；7-混凝土楼板

2.8　常用构造的设计经验总结

这一节将离散地列举一些平时设计中较常见到的设计构造，与前面内容讨论的国外主流设计对比分析，看看哪些是可取的，哪些是不良设计，举一反三、融会贯通。2.8.1节中几个立柱横梁截面设计都是我们经常看到的。

2.8.1　目前常见设计中的一些机械构造问题

比较一下图2.8-1中国内常见明框横梁立柱设计和前面介绍的国外常见设计最主要的区别：

1. 第一点是压板的固定方式

国内常见的是用“拉栓”构造（一定间距布置的小螺栓），这种设计的承载力可靠性比自攻螺钉高，安装上比图2.8-2中自攻螺钉的方式复杂。

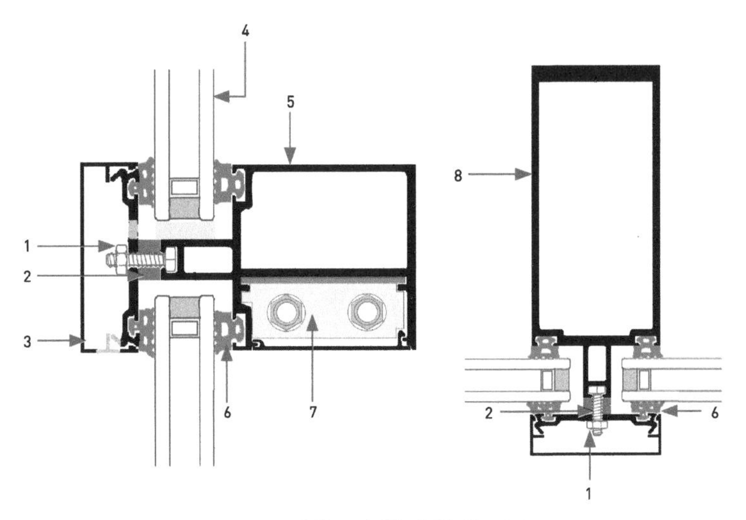

图2.8-1 国内常见明框横梁立柱设计示意图

1-一定间距布置的小螺栓；2-PVC隔热垫块；3-铝合金扣盖；4-中空玻璃；5-铝合金横梁；6-密封胶条；7-横梁-立柱连接角码；8-铝合金立柱

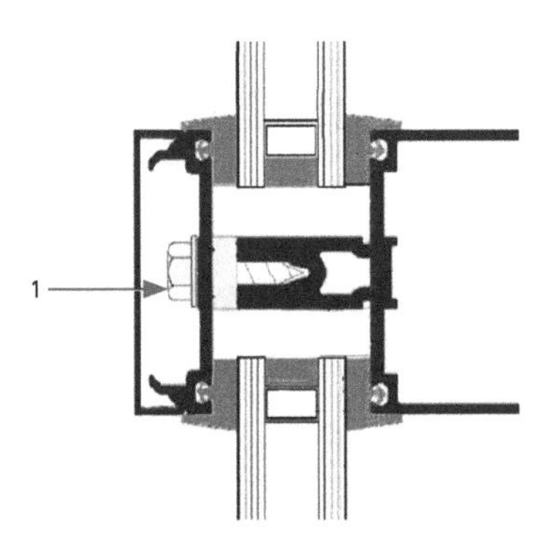

图2.8-2 自攻螺钉布置示意图

1-一定间距布置的自攻螺钉

2．第二点是横梁内侧底部设计扣板，横梁立柱的连接采用铝角码由于角码要卡到横梁的槽口里，所以角码的固定螺钉或者螺栓需要在横梁就位后紧固，这是非常糟糕的安装工艺设计，需要在很狭小的空间里紧固螺栓或者螺钉。

图2.8-3是一个横梁和人手的大概比例，可以想象工人用手去紧固横梁-立柱固定螺栓或者螺钉都是很困难的，我们要尽量避免这种工艺上的不良设计。螺栓连接另外的问题是需要增加支撑套筒，否则螺栓紧固时立柱会局部拉变形，如图2.8-4所示。

3．第三点是横梁的“耷头”问题（图2.8-5）

设计上如何把因玻璃自重造成的耷头现象控制在合理的水平呢？下面我们来看看这个是如何产生的，连接横梁立柱的螺栓穿过立柱和铝角码上的圆孔把横梁立柱连接在一起，螺栓和孔壁之间存在配合间隙；铝角码和横梁的连接常用机械槽口卡接，槽口和角码之间也需要留配合间隙，这些配合间隙在玻璃自重的作用下都会转化为横梁相对于立柱的旋转位移（假设构件的强度都没问题，连接构造没有塑性变形），下面我们来计算最不利情形时横梁的旋转位移。

假设螺栓孔的配合间隙0.5mm，由螺栓的配合间隙在扣盖外侧产生的下沉量约为d_1=0.5mm×c/a×2（由于螺栓穿过立柱和角码的2个孔所以要×2）。角码和铝合金横梁槽口间配合间隙假设0.3mm，则由槽口配合间隙产生的扣盖外侧下沉量约为d_2=0.3mm×c/b，取典型的a=12.5mm，b=30mm，c=85mm，d_1=6.8mm，d_2=0.9mm，总的下沉量$D=d_1+d_2$=7.7mm，7.7mm是不能接受的。最不利情况的下沉量要控制在2mm以内。办法有两个，一是尽量减少配合间隙，比如采用自攻螺钉代替螺栓减小间隙；二是减小c/a、c/b这两个比值，最直接的方法是增大螺栓连接点的间距。

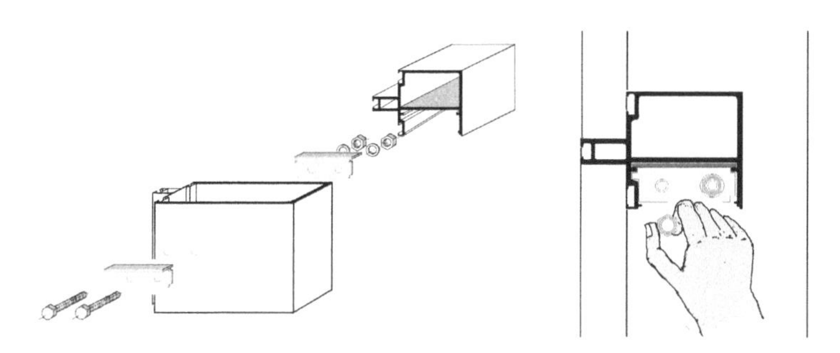

图2.8-3　螺栓连接示意图（用螺栓连接安装困难）

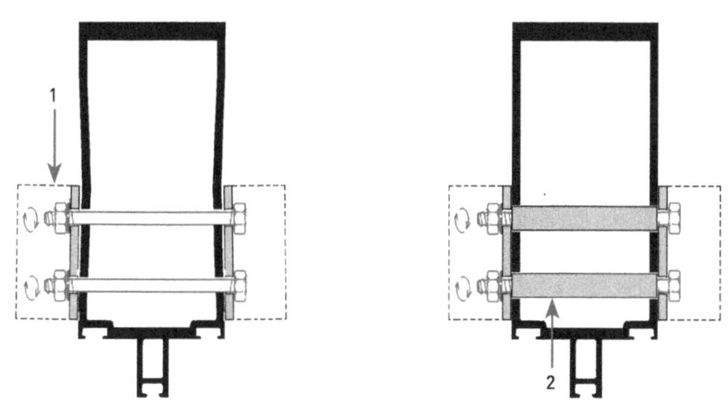

图2.8-4　支撑套筒设计示意图

1-立柱局部变形块；2-套筒抵抗螺栓的拉力，避免立柱侧壁被压瘪

图2.8-6中横梁的连接螺栓改成了自攻螺钉，同时螺钉间距放大，安装难度也大为降低，可先固定角码再安装横梁，如图2.8-7所示。

大家可以回顾一下前面介绍的欧美典型框架设计对于上面提到的几个问题是怎么应对的，各有什么优缺点。

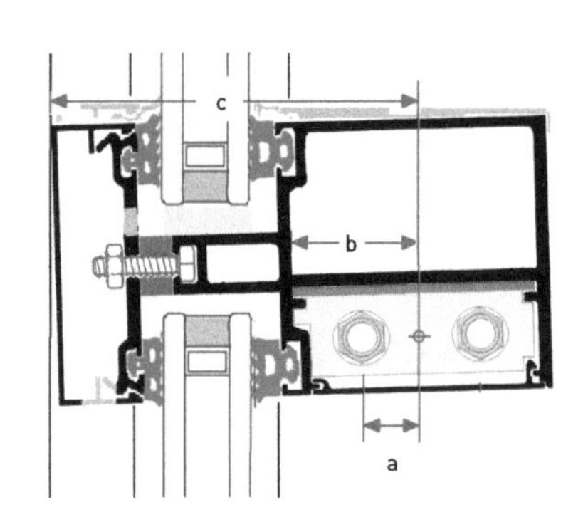

图2.8-5　横梁“耷头”问题示意图

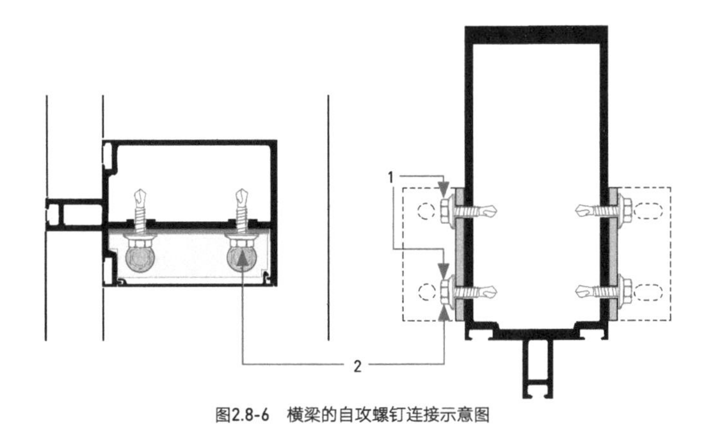

图2.8-6　横梁的自攻螺钉连接示意图

1-螺钉间距尽可能大；2-连接尽量采用自攻螺钉（或者自钻自攻）以减小装配间隙

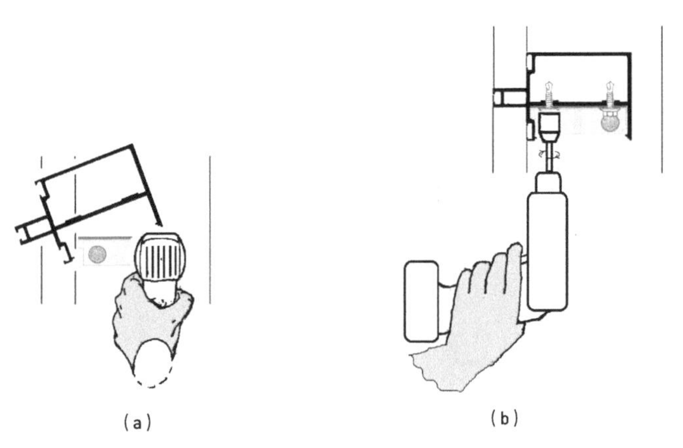

（a）　　（b）

图2.8-7　横梁角码安装步骤示意图

（a）角码先安装；（b）在角码安装完成后再安装横梁

2.8.2 常见不良密封设计分析

1. 在玻璃周圈打密封胶

图2.8-8所示是常见的不良设计，在玻璃周圈打上密封胶，以提高防水性能。这样设计使系统的施工容错性降低，大大增加了现场的打胶工作量。性能试验证明采用等压设计的明框幕墙的可靠性比玻璃槽内打胶要好得多。

如图2.8-8（a）所示，气密线被前推到打胶位置，而打胶位置和玻璃面接近，过水的概率很大，导致气密防线的容错性很低（反映到测试中，极小的打胶缺陷都容易导致漏水）。

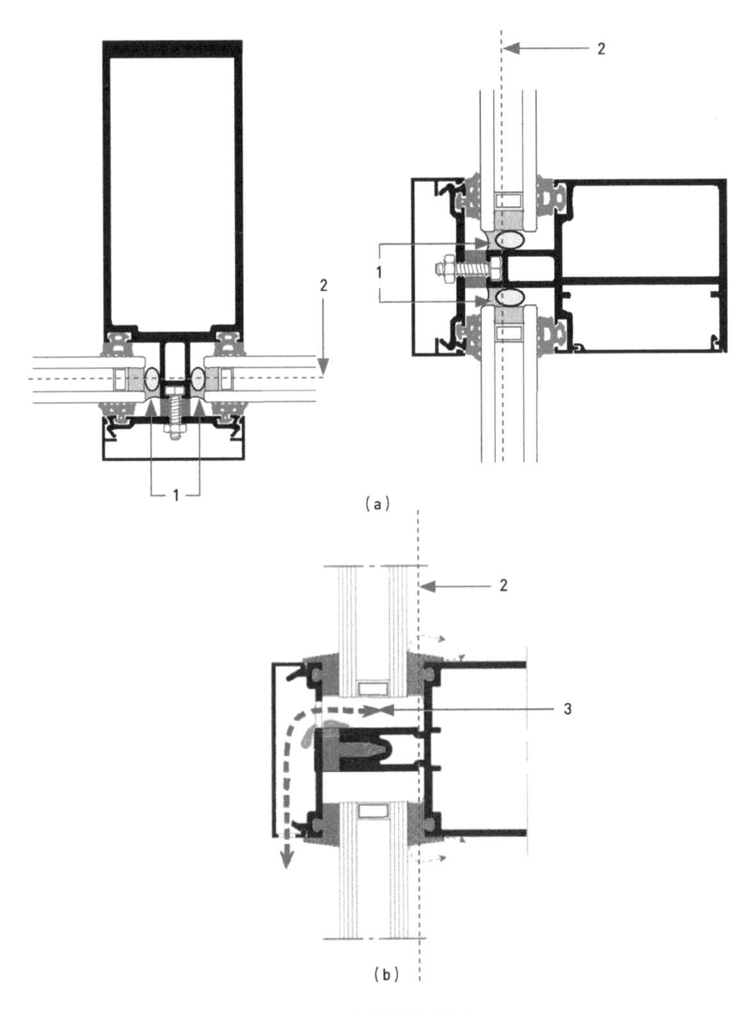

图2.8-8　密封设计示例比较

（a）四周打密封胶；（b）等压设计
1-胶密封；2-气密线；3-等压腔

如果真的要通过打胶进一步提高水密的可靠性，可以采用图2.8-9的构造（这个构造现场的打胶操作复杂，不常用）。

这种方式的打胶操作强化了雨幕的挡水作用（相当于在压板之外又增加了一层实现等压的挡水壁垒），等压的区域设计和不打胶时保持一致（气密设计放在离雨水最远的内侧胶条上），系统的容错性进一步提高。

再次强调一点，等压设计里的气密防线离玻璃面越远，系统的容错性越好，反之对气密的密封性要求越高，系统容错性越低。

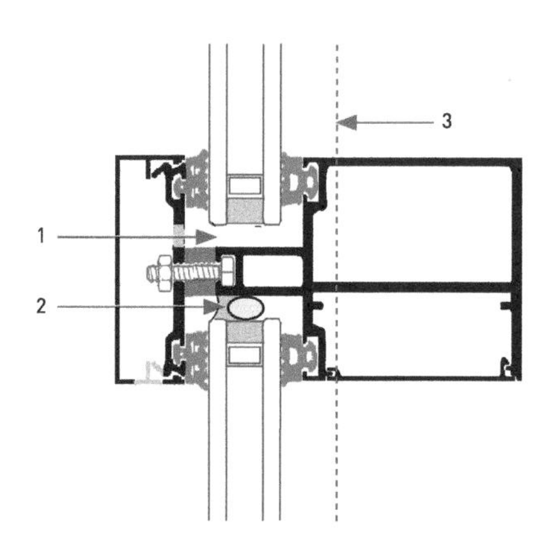

图2.8-9　打胶密封构造示意图

1-玻璃底部不打胶（注：垫块已省略）；2-玻璃顶部打胶密封，玻璃两侧可以选择打胶；3-气密防线

2. 压板外面打胶（图2.8-10）

压板外面的胶条作为“雨幕”层胶条设计就能满足要求（当然再打一道胶对水密没有坏处），没有必要增加现场安装施工的工作量再补上一道胶。注意千万不要试图依靠这个打胶挡住水而放弃排水通气孔。如果在外侧打胶而又没有做等压设计，意味着把气密控制线直接暴露在雨水能淋到的地方，水密完全依赖外侧的打胶质量，整个系统的水密容错性非常差，是很不好的设计。

表2.8-1为打胶密封和胶条密封的优缺点对比。

我来举例说明一下打胶密封和胶条密封的适用原则以及在设计中是如何实践的，如图2.8-11所示。

图2.8-11中的例子说明了设计中如何平衡胶条密封和打胶密封的使用，各取所长，使设计最优化。

打胶密封和胶条密封的优缺点　　表2.8-1

	安装难度	密封性能	特别注意点	特别的优点	采用原则
打胶密封	工艺复杂，有外观要求的质量控制难度更大	好于胶条，可直接作为无等压设计的防水线	有外观要求的打胶，要尽量改善打胶操作工艺难度	特别适合几何复杂的拼接缝	尽量减少现场打胶的工作量，特别是有外观要求的打胶
胶条密封	工艺简单	好，不能作为无等压设计防水线	少量的没有外观要求的密封打胶是必要的	适合几何规则的接缝密封	等压设计+胶条密封，目前已经是经济性和可靠性间取得良好平衡的主流设计方向

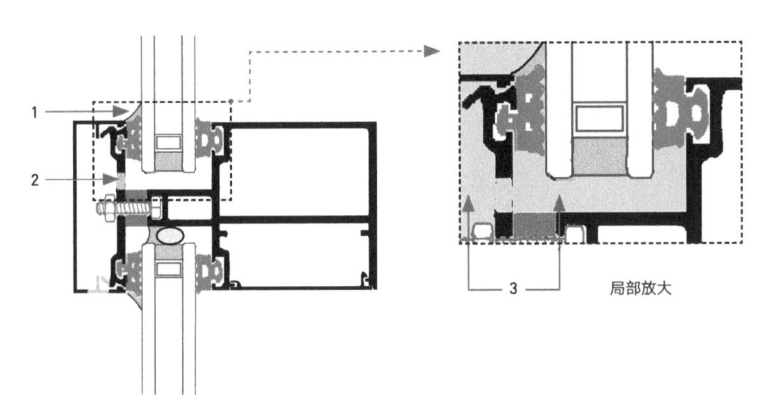

图2.8-10　等压设计示意图

1-外侧胶条处打密封胶；2-通气排水孔；3-等压腔

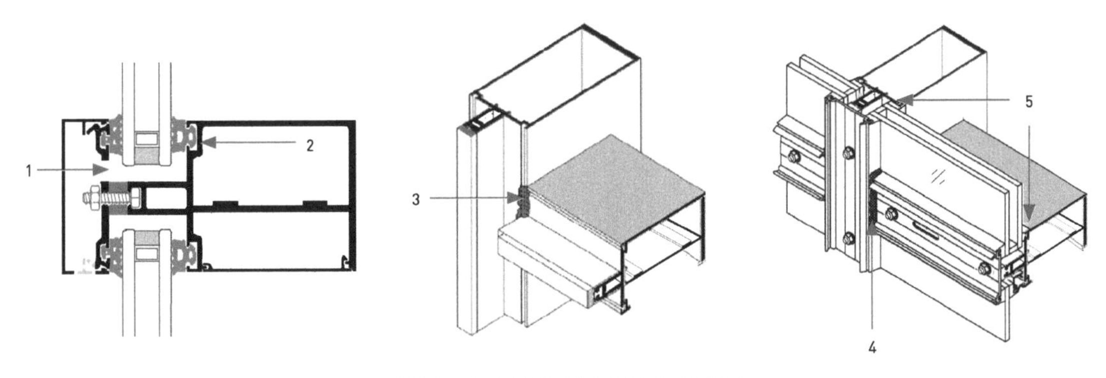

图2.8-11　胶条密封及打胶密封在实践中的运用

1-通气排水孔；2-等压设计+胶条密封，安装简单，水密性能的容错性满足设计使用年限；
3-接缝处，少量打胶密封，外观无要求时操作难度相对低；4-横竖压板接缝处，少量打胶密封，外观无要求时操作难度相对低；5-几何简单的大量接缝采用“等压设计+胶条”密封，安装简单，水密性能的容错性满足设计使用年限

2.8.3 隐框的设计问题

图2.8-12为国内常见的全隐框设计，和前面介绍的欧美的典型做法主要的区别是：普遍没有采用等压设计，直接依赖最外面的密封胶作为水密屏障，玻璃面板通过硅酮结构胶粘接到铝合金附框上，一定间距布置的压板将铝合金附框压到横梁和立柱上，后侧的胶条设计得很薄，起到防噪声作用。为什么全隐框幕墙不容易引入等压设计呢。有两方面原因：一个原因是，由于没有了外装饰扣盖的掩护，很难设计遮蔽良好的通气排水孔，回想一下明框的通气孔怎么布置呢，是在压板上开长型通气孔，通气孔隐藏在外装饰扣盖内部，雨水无法直接淋到通气排水孔上，而隐框幕墙唯一能设置通气孔的地方就是玻璃板块之间的胶缝。这15～20mm宽的密封胶胶缝没有任何遮挡，如果直接布置通气孔，则大量雨水会直接淋到通气孔上。另一个原因是：隐框的胶缝都在外侧，几何简单便于打胶作业，检修和修补也相对容易，所以对高容错设计的需求也没有那么迫切。

不妨来看一个实现等压的隐框例子，需要较为复杂的零件来实现通气孔，同时有专门的外盖遮住通气排水孔（外盖会在玻璃接缝上出来一个凸起）。

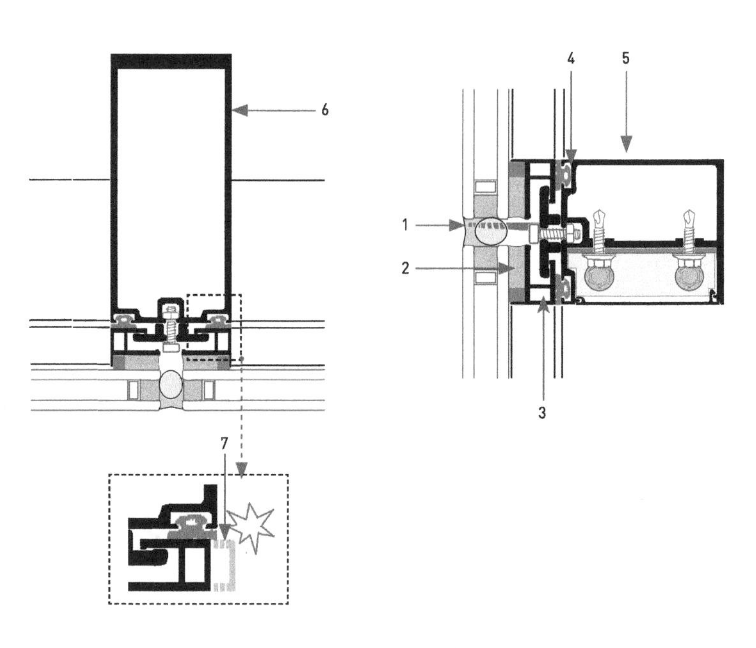

图2.8-12 全隐框设计示意图

1-玻璃板块间密封胶缝；2-硅酮结构胶；3-玻璃附框（在工厂粘在玻璃后面）；4-防噪声胶条；5-铝合金横梁；6-铝合金立柱；7-加工误差会导致附框合立柱间错位，影响室内美观程度

图2.8-13中的设计与国内设计的不同点是，采用了内置安装槽口的中空玻璃，省去了铝合金附框，这个构造也很容易就让设计师实现了明框、隐框系统使用同样的横梁立柱，简化了材料组织工作。同时由于采用了相同的横梁立柱截面、内侧胶条厚度统一，在实现半隐框系统（横明竖隐或竖明横隐）时设计工作得到简化，也很容易实现等压设计（将通气排水孔隐藏到横向或者竖向扣盖里即可）。需要说明，非等压设计的隐框设计仍然是国内幕墙设计的主流。考虑到隐框的等压设计实现需要对构件的加工精度和现场安装的品控提出更高的要求，非“雨幕等压”设计的隐框幕墙仍然是可以接受的设计，整个幕墙的密封依赖于室外层玻璃之间硅酮密封胶缝的密封质量，系统的容错性不高，样板试验中哪怕出现针眼大的打胶缺陷就会导致漏水。

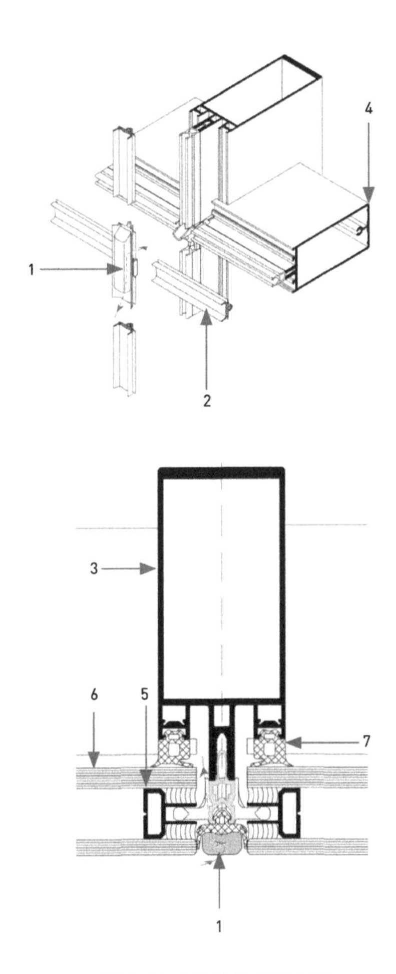

图2.8-13　等压隐框设计示意图

1-通气孔外遮盖；2-玻璃板块间采用胶条填塞密封，对系统容错性提出了很高的要求；3-铝合金立柱；4-铝合金横梁；5-玻璃间隔条集成安装槽口省掉了铝附框；6-中空玻璃；7-气密线采用胶条密封

在隐框幕墙的设计中，即使非等压设计在隐框部分是很实用的设计，引入等压设计构造也是很有好处的，为什么呢？因为当前纯隐框设计越来越少，很多情况是隐框和明框交错分布，这个时候，采用统一的等压设计思想，明框部分可以很自然地引入等压设计构造，提高可靠性的同时又大大减少现场打胶作业工作量。室内侧胶条的横竖过渡统一自然，安装简洁、高效，如图2.8-14所示。

明隐框框架截面统一的好处在半隐框幕墙的设计中得以更好地体现，极大地简化了设计思路。

表2.8-2总结了国内外隐框幕墙各方面的对比。

国内外隐框幕墙设计对比 表2.8-2

	安装难度	密封性能	特别的优点	采用原则
国内常见设计	螺栓的安装较为复杂	非等压设计，隐框的水密可靠性可以接受	国内的安装人员对这种设计熟悉，不需要专门的培训	规模小的工程，特别是全隐框幕墙，这个设计还是能满足市场需要
国外的设计	安装工艺相对简单	等压设计，容错性好，但是通气孔相关配件的安装需要专门的培训	隐框，明框，半隐半明三种系统很好地统一了铝龙骨的截面，材料通用性高，简化了材料组织，也为高质量的安装提供基础	大的企业应尽量采用统一的设计原则，简化材料组织工作，降低现场管理难度，为提高安装交付质量创造条件

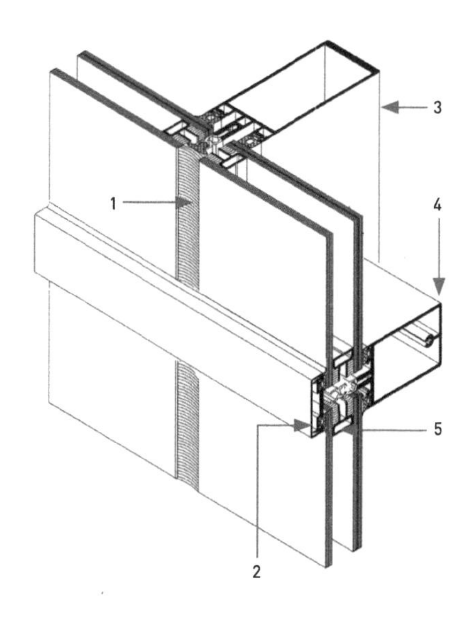

图2.8-14 明隐框框架截面

1-竖向隐框密封胶；2-横向明框压板+扣盖；3-统一的立柱截面；4-统一的横梁截面；5-集成连接槽口的玻璃

2.8.4 开启扇设计注意事项

1．外开开启扇的设计

外开开启扇的等压设计很容易实现：①内侧气密防线的胶条很自然地比外层通气孔位置高出很多，是优良等压设计的要素。②当开启扇受正风压时（由外向里吹），压力趋向于压紧气密胶条，构成有利条件。等我们介绍内开开启扇设计时，大家会发现以上两个方面都变为了不利因素，导致内开的等压实现比外开难。

先来看看外开开启扇，它是幕墙工程上最常采用的，一般为上悬开启，也有外平开、外下悬（排烟窗）和平行外推窗。这些开启方式各不相同的开启扇的框架截面和防水设计要点都基本一样，不同的是五金件的配置。上悬外开启扇可以采用连杆摩擦铰链或者顶部挂钩形式，采用摩擦铰链五金的开启扇的四周型材截面可以做得完全一致，简化了材料组织，图2.8-16中的开启扇就是采用摩擦铰链做外开五金件。

外开开启扇设计时要注意：目前的建筑设计中扇的尺寸越来越大（很多落地扇，如图2.8-15所示），经常会碰到接近3m高的扇，随着其尺寸加大，内侧胶条间隙也需要相应增大，大的胶条可以降低对框扇型材直线度精度的要求，提高扇的水密性能；同时不要过于屈从于建筑师的压力把扇的截面做得过小，扇截面过小会降低其整体性，增大五金件配合的不可靠性。

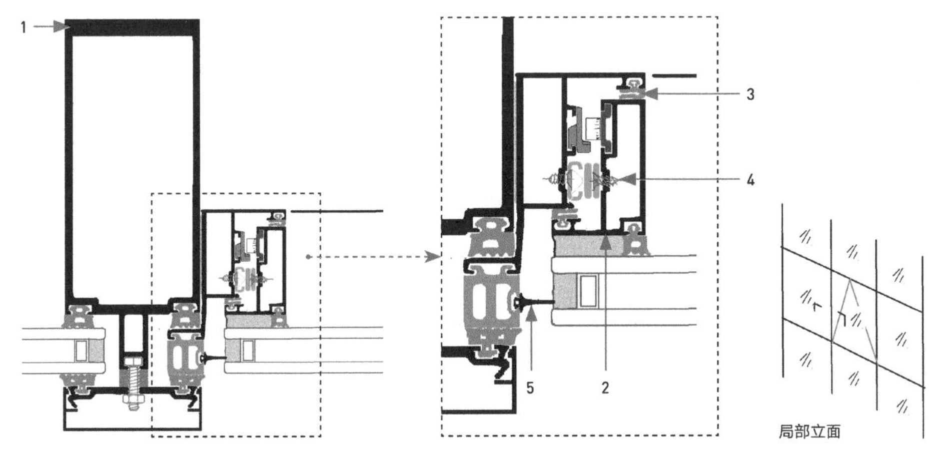

图2.8-15　标准外开开启扇横向剖面图

1-铝合金立柱；2-铝合金框；3-内侧气密防线胶条EPDM，通常5~6mm间隙；4-摩擦铰链采用自攻螺钉安装，螺钉位置铝型材壁厚不小于3.5mm；5-框边净间距要尽量大于10mm，尽可能降低安装精度要求

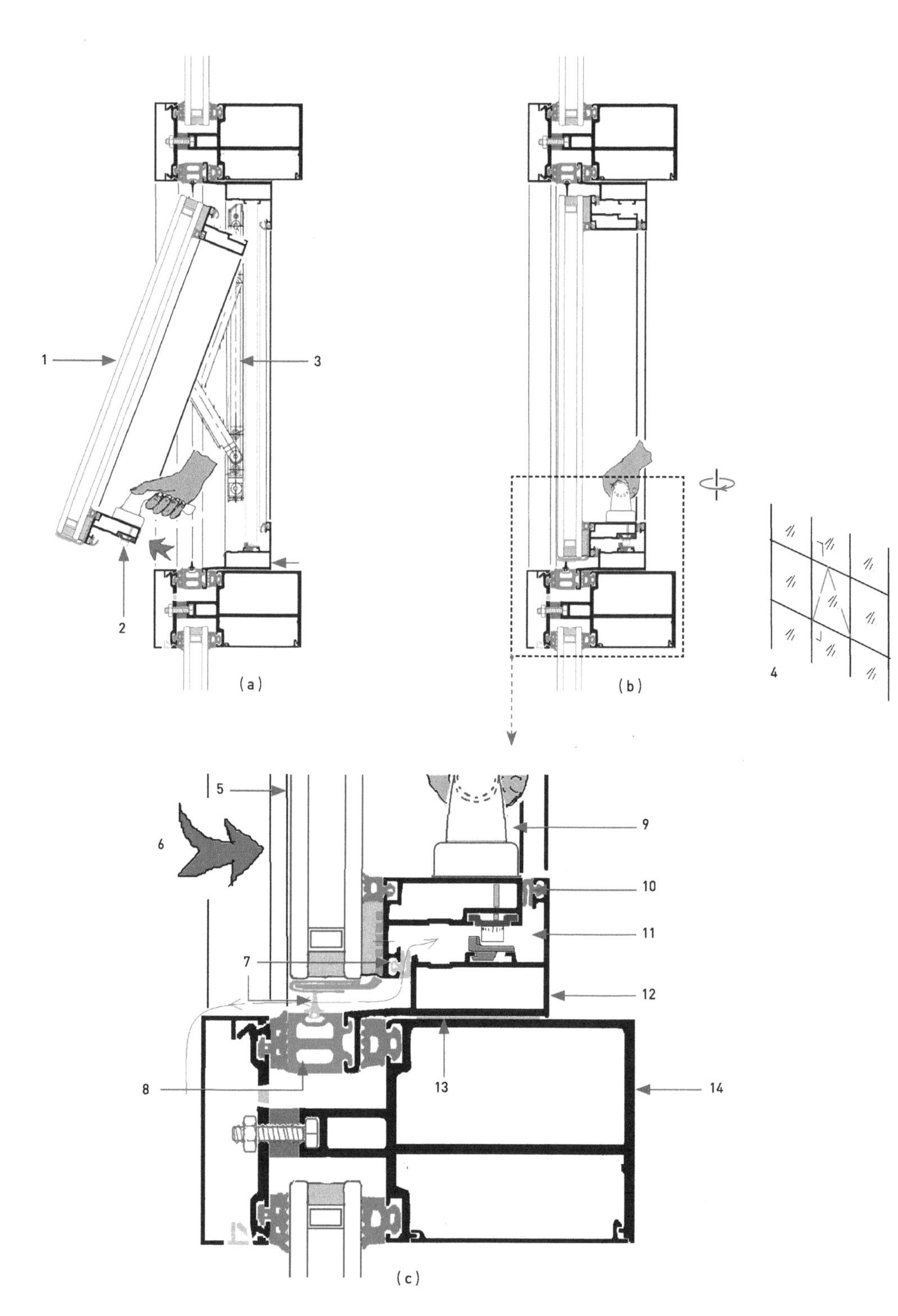

图2.8-16 标准外开开启扇竖向剖面

(a) 开启状态；(b) 关闭状态；(c) 局部放大
1-开启扇；2-多点锁五金件；3-摩擦铰链；4-标准外开开启扇竖向剖面；5-中空玻璃；6-水密不利风压方向；7-底部胶条要留足够的通气孔（部分切掉）；8-PVC隔热块；9-执手；10-气密胶条；11-等压腔体；12-铝合金开启扇；13-PVC安装垫片；14-铝合金横梁

2．内开开启扇的设计

内开开启扇有2种开启方式：内平开、内倒开（下悬窗）。2种开启的开启框扇的截面设计一致，防水原理也一致，如图2.8-17所示。内开开启扇的防水设计原理是从内开窗的构造借鉴来的，两者构造特征一致，设计时要尽量遵循这种构造特征，不要轻易尝试自己创新，因为这是业界长期实践验证的可靠性较高的内开防水构造。

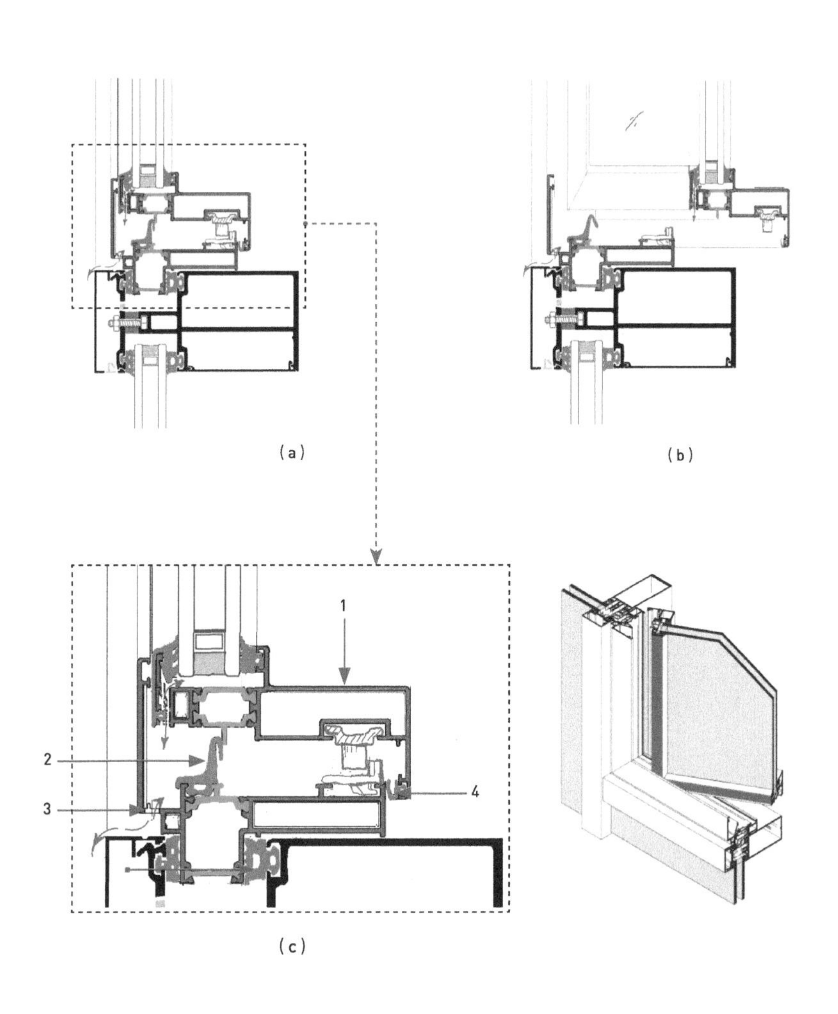

图2.8-17　内开开启扇构造示意图

（a）关闭状态；（b）开启状态；（c）局部放大
1-铝合金框开启扇；2-气密防线的“鸭”形胶条；3-等压通气孔；4-内侧胶条非气密功能

大家会问，为什么不像外开开启扇一样，直接用内侧胶条作等压设计的气密防线呢？为什么要单独增加1道胶条放在距离雨水更近的地方作为气密防线，这样不是更危险吗？即为什么不采用图2.8-18中（a）的设计，而采用貌似更复杂危险的（b）设计呢？

主要原因是，内侧胶条会被“欧式”标准合页打断，从而无法做好密封（图2.8-19），所以被迫前推了气密防线。相对于外开开启，内开开启水密另外一个不利的地方是，幕墙面的正风压会压紧外开开启框扇密封胶条，而内开开启则是相反，所以内开的密封胶条需要比外开开启更大的伸缩量（尺寸相应增大），以抵消正风压造成的胶条间隙增大，实现可靠气密。当然如果不需要合页作为开启转动五金，也就自然可以采用图2.8-18（a）的设计，取消“鸭”形气密胶条，把气密防线放到最内侧胶条，这就需要好好琢磨一下最内侧胶条的大小和弹性范围，确保在正风压下始终保持可靠的气密密封。

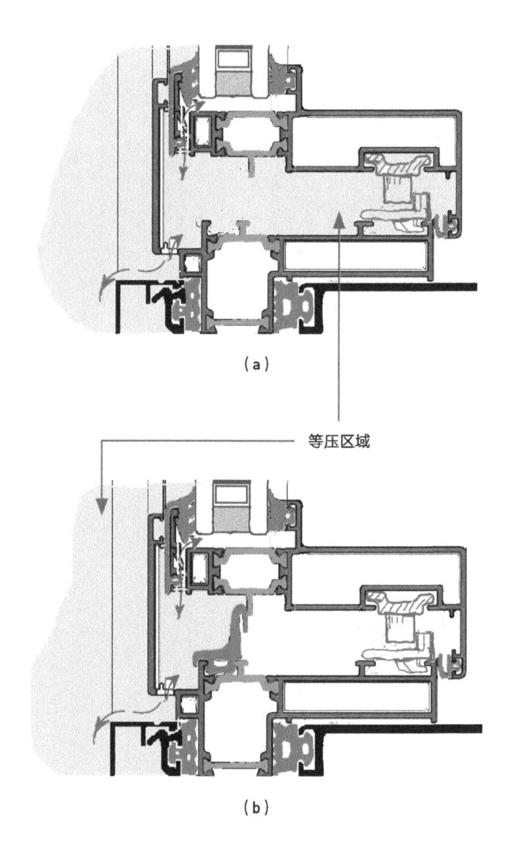

图2.8-18　内开启扇气密构造示意图

再来对比一下图2.8-20这个典型的欧式内开铝合金段热窗的底部框扇剖面图，是不是和上面的说的构造如出一辙？

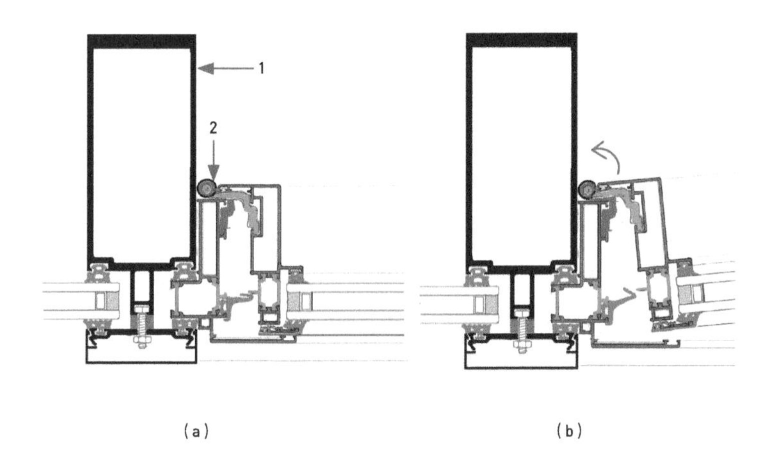

图2.8-19　内开启扇合页对胶条影响示意图

（a）开启扇关闭状态；（b）开启扇开启状态
1-铝合金立柱；2-合页位置会打断胶条布置

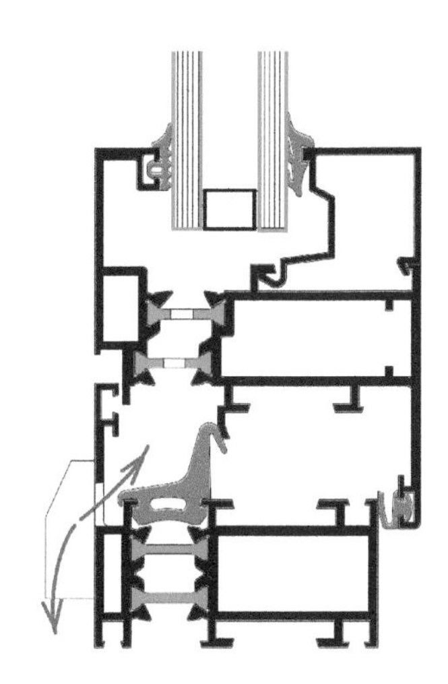

图2.8-20　欧式内开铝合金段热窗底部框扇剖面图

2.8.5 隔热构造设计的一般技巧和常见错误

1. 一般技巧

下面简单介绍幕墙截面构造中隔热设计的技巧。首先，温习一下关于热传递的几个基础知识，以便于理解当中的设计技巧。外墙设计中涉及热的三种传递方式（Heat Transfer）：①对流（Convection）；②传导（Conduction）；③辐射（Radiation），如图2.8-21所示。

具体到一个玻璃幕墙截面构造，图2.8-22所示的是一个典型的冬季室外气温低于室内的情形。

玻璃幕墙由玻璃和金属框组成。为了降低玻璃部分的热传递速度，一般采用中空构造降低玻璃的传导，空气的导热系数大大低于固体玻璃，采用Low-E镀膜来降低玻璃的热辐射传热。玻璃内外表面的空气对流传热一般是不受控的，但是一般会通过优化空气层厚度来降低中空玻璃空气间隔层的对流传热。对于冬季条件，12mm的间隔层厚度是最优化的厚度，北方地区为了进一步优化隔热性能，越来越多的工程开始采用“暖边”间隔条代替常见的铝合金间隔条。“暖边”间隔条一般由不锈钢或者不锈钢和塑料材料复合而成，热传导比铝合金要小。

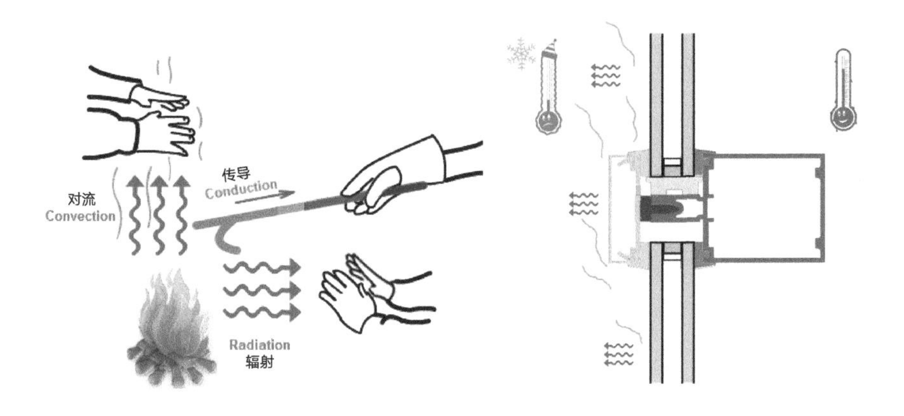

图2.8-21 热传递示意图

图2.8-22 玻璃幕墙截面构造示意图

图2.8-23是基于一款典型的Low-E镀膜中空玻璃统计不同间隔条尺寸下传热系数变化的趋势曲线（0°代表水平放置）。

图中0°表示玻璃水平放置，实际工程中应用为玻璃天窗；90°表示玻璃竖直放置，实际工程中应用为玻璃幕墙。

从图中的数据可以得知以下结论：

- 当中空玻璃90°放置时，冬季的传热系数在间隔条为13mm时，达到最小值，而后随着间隔条尺寸增加，传热系数反而会有所升高；
- 当中空玻璃90°放置时，夏季的传热系数随着间隔条尺寸逐渐增大，传热系数逐渐变小，但间隔条尺寸在0～16mm范围内时，传热系数变化较为明显，而大于16mm后，变化曲线趋于平缓；
- 当中空玻璃0°放置时，冬季的传热系数在间隔条尺寸为8mm时，达到最小值，间隔条尺寸为8～12mm时，传热系数有所增加，而后随着间隔条尺寸增加，传热系数逐渐降低；
- 当中空玻璃0°放置时，夏季的传热系数在间隔条为15mm时，达到最小值，而后随着间隔条尺寸增加，传热系数反而会有所升高。

请注意，此试验结论仅用于分析间隔条尺寸对传热系数的影响，而间隔条只是影响玻璃传力系数的其中一个因素。另一方面，间隔条的尺寸还跟产品工艺和玻璃隔声性能有关（中空层厚度影响玻璃隔声）。因此在实际工程中，玻璃只要满足工程需要和性能需求即可，不必过于纠结间隔条的尺寸。

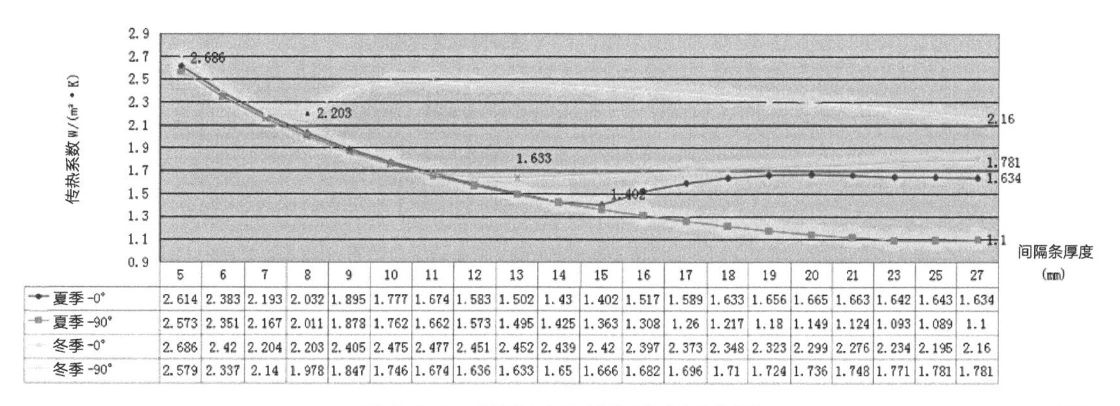

	5	6	7	8	9	10	11	12	13	14	15	16	17	18	19	20	21	23	25	27
夏季-0°	2.614	2.383	2.193	2.032	1.895	1.777	1.674	1.583	1.502	1.43	1.402	1.517	1.589	1.633	1.656	1.665	1.663	1.642	1.643	1.634
夏季-90°	2.573	2.351	2.167	2.011	1.878	1.762	1.662	1.573	1.495	1.425	1.363	1.308	1.26	1.217	1.18	1.149	1.124	1.093	1.089	1.1
冬季-0°	2.686	2.42	2.204	2.203	2.405	2.475	2.477	2.451	2.452	2.439	2.42	2.397	2.373	2.348	2.323	2.299	2.276	2.234	2.195	2.16
冬季-90°	2.579	2.337	2.14	1.978	1.847	1.746	1.674	1.636	1.633	1.65	1.666	1.682	1.696	1.71	1.724	1.736	1.748	1.771	1.781	1.781

图2.8-23　Low-E镀膜中空玻璃传热系数变化趋势曲线

2．常见错误

对于金属框架部分，由于最常用的铝合金的热传导率很大，通常会在室内主骨架和室外压板扣盖之间填塞传导率低的隔热塑料材料。目前最常用的有PVC材料、聚酰胺66和玻璃纤维的高强复合材料、浇注成型的聚氨酯类材料，也有直接使用EPDM和硅酮橡胶的。这一部分的隔热改进往往效果会很明显，图2.8-24是一个尺寸加大的隔热塑料部件，能显著减少热传导。

对于辐射传热，室内外外露表面和室内外空间之间的辐射传热是无法有效控制的（当然外饰颜色越浅，辐射系数越小，辐射传热也能有一定程度的降低）。框架玻璃槽口内、玻璃两侧的铝合金型材之间除了通过填塞的隔热塑料传导热量，还会通过槽口内的空气传导和对流来传热，槽口内内外方向相对的内外层铝合金表面也会有辐射传热。当然空气传热和辐射传热通常占比不大，只有在节能要求高的工程中我们才对槽口传热采取进一步的措施，比如在槽口内布置高反射薄膜降低辐射传热，或填塞发泡隔热材料降低空气传导和对流传热。

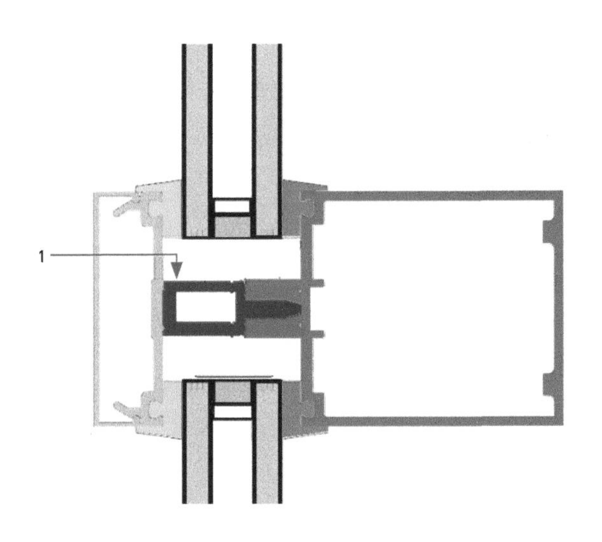

图2.8-24　尺寸加大的隔热塑料部件示意图

1-增大隔热材料传热方向的尺寸能显著改善隔热效果，是费效比较好的设计方向

图2.8-25槽口内隔热材料的填塞虽然降低了局部的传热，但是填塞材料的布置给通气、排水空间带来不利影响，同时给现场安装的材料组织和质量控制增加了不利因素。

隔热的改善措施往往伴随着更多的材料，更复杂的构造，带来品控和水密气密性能下降的风险，实际工作中要根据具体工程情况权衡。

另外一个常见的隔热设计错误是在金属腔内填充隔热材料（图2.8-26），这种做法几乎无法带来任何性能的提升，大家要避免。

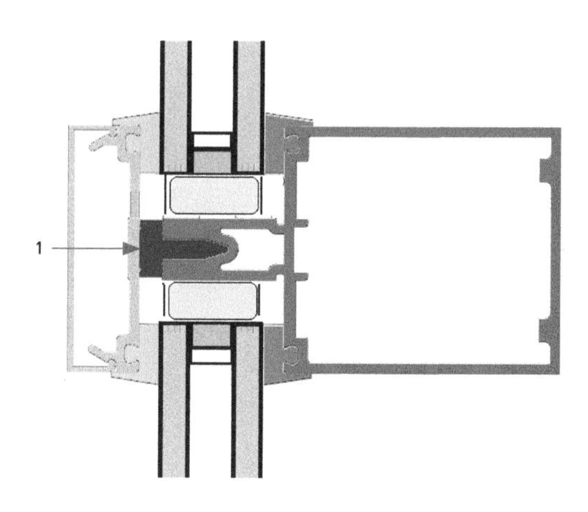

图2.8-25　槽口隔热材料处理示意图

1-隔热材料

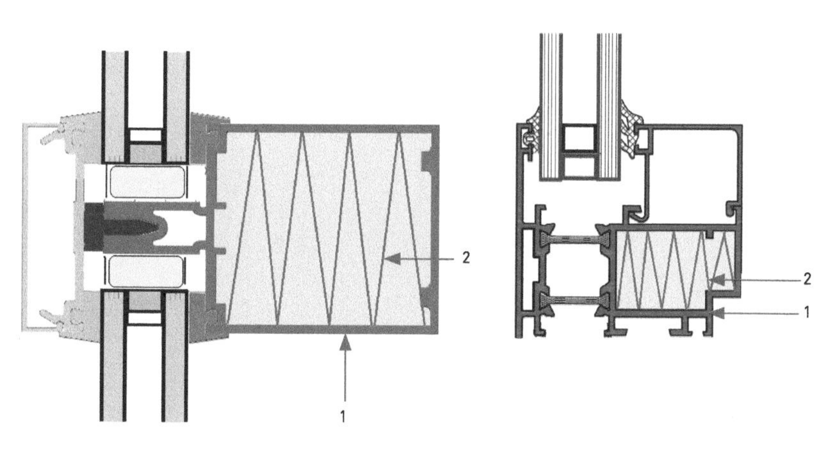

图2.8-26　典型构件式幕墙横梁截面及典型隔热窗框截面

1-铝合金型材；2-隔热岩棉

铝合金窗和框的隔热条位置没有对位，造成隔热不良，如图2.8-27所示。

比较容易出现这种设计的是外开开启扇的边框，厂家为了少用一个“拼接型材”，导致框扇的隔热条错位，同时布置五金件时框的室外侧铝合金部分会和室内侧铝合金部分直接被金属五金件连通形成“冷桥”。

隔热设计中很重要的一个原则是：各个部件的隔热材料要尽量布置在同一个平面层内。交错分布会使部件之间形成“热短路”，形成不良隔热设计，同时也要注意五金件可能造成的“热短路”，如图2.8-28所示。

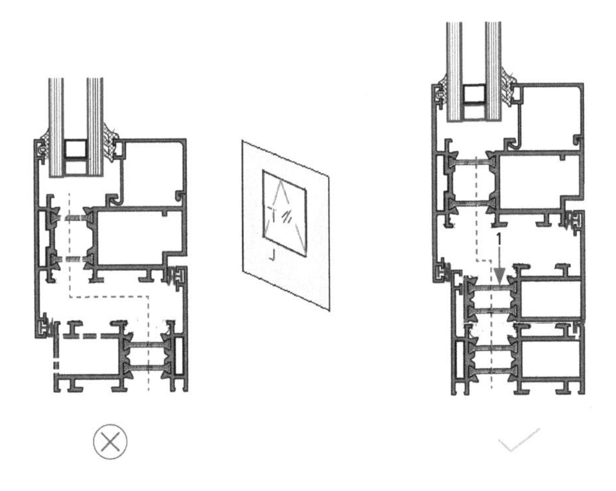

图2.8-27 隔热条位置设计示意图

1-隔热条

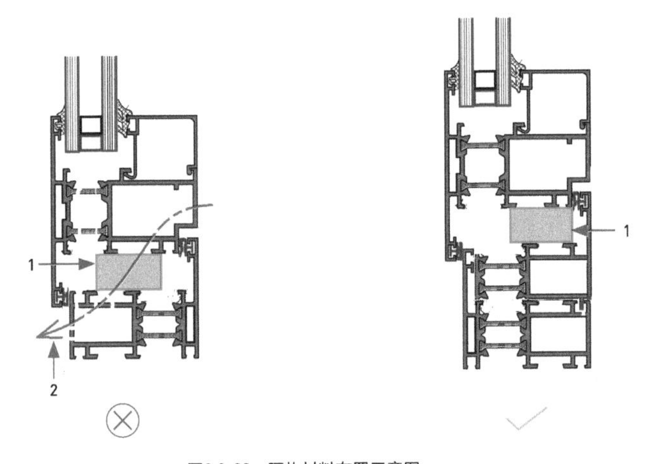

图2.8-28 隔热材料布置示意图

1-五金件位置；2-冷桥

2.8.6 玻璃安装更换问题

目前的工业设计中门窗普遍设计成从室内安装更换玻璃，而玻璃幕墙普遍采用室外安装。这两种选择是在长期工程实践中形成的。也有少数玻璃幕墙采用特殊设计实现室内安装更换玻璃，如图2.8-29所示。

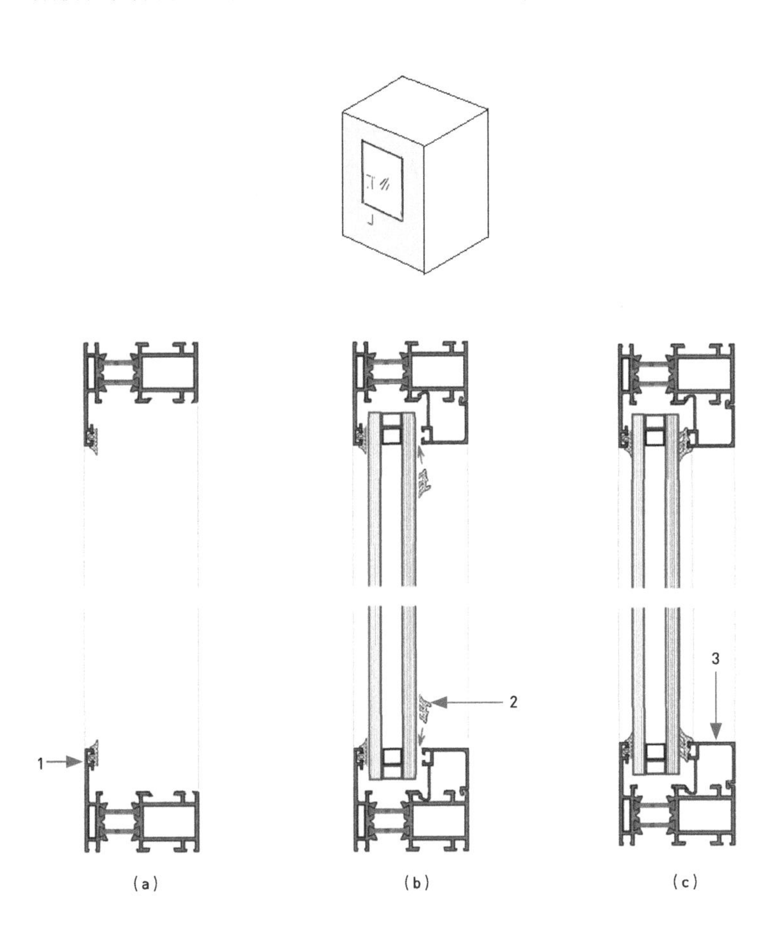

图2.8-29 玻璃安装示意图

（a）没装玻璃之前；（b）玻璃安装过程；（c）玻璃装完后
1-铝合金框；2-“后塞”胶条；3-铝合金扣条

铝合金门窗系统，业界已经有大量完善的室内安装、更换玻璃的标准产品。玻璃幕墙由于玻璃板块尺寸普遍较大，加之层间阴影盒部位的室内侧没有任何空间操作玻璃安装、更换，所以普遍采用室外侧安装更换玻璃的设计（当然如果是隐框玻璃幕墙就更难做室内安装玻璃的设计），如图2.8-30所示。

层间部分玻璃安装和更换可以参见图2.7-1～图2.7-3等相关示意图。大家要明白构件式玻璃幕墙是长期工程实践形成的选择，从室外安装更换玻璃是诸多因素的综合结果。而门窗系统主流选择从室内更换玻璃的最大原因是门窗内嵌于洞口，室内侧空间充足，为室内安装更换玻璃创造了前提。表2.8-3对比分析了两种设计的优缺点及限制。

室内外安装更换玻璃对比表　　表2.8-3

项目	后期维护性	设计难度	对室内侧空间限制
室内安装更换玻璃（典型的设计为门窗）	好（室内维护）	大（通常材料利用率降低）	室内要有足够的自由空间
室外安装更换玻璃（典型的设计为玻璃幕墙）	差（需要专门的维护设备到达室外空间）	小（材料利用率高，构造也相对简单）	无要求（一切在是外侧进行）

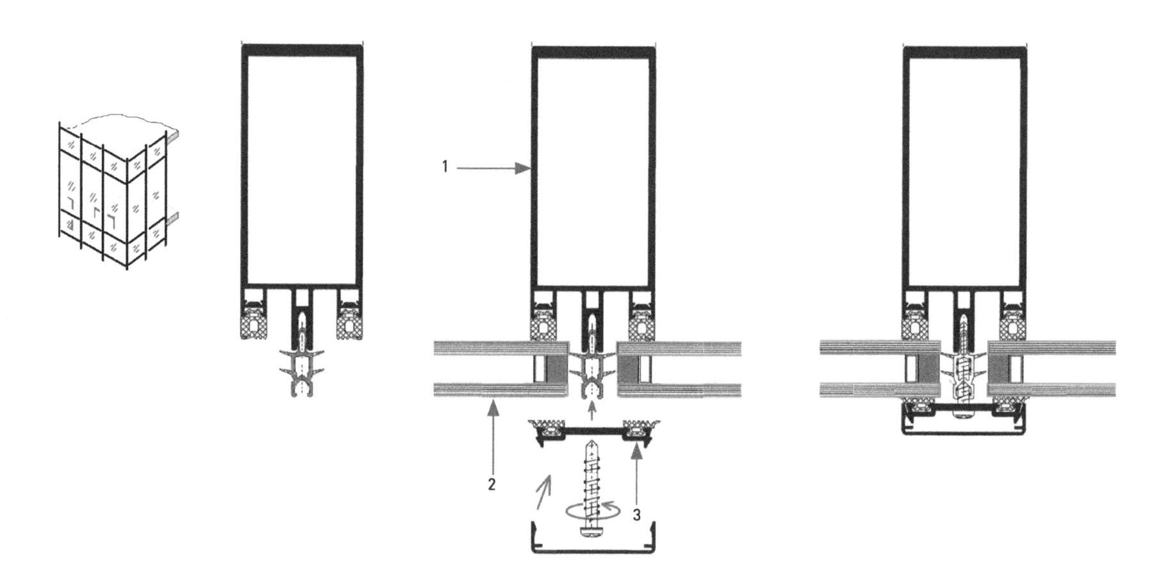

图2.8-30　室外侧安装更换玻璃示意图

1-铝合金立柱；2-玻璃从室外侧安装；3-压板从室外侧安装

实际工程中也有特例，极少数构件式幕墙要求从室内侧更换玻璃，当然层间还是无法从室内安装更换。然而，要设计成室内侧安装玻璃需要付出一些材料利用率代价，构造复杂度也大大升高，横梁立柱的连接构造也需要重新设计，图2.8-31给出了示例，供大家参考。

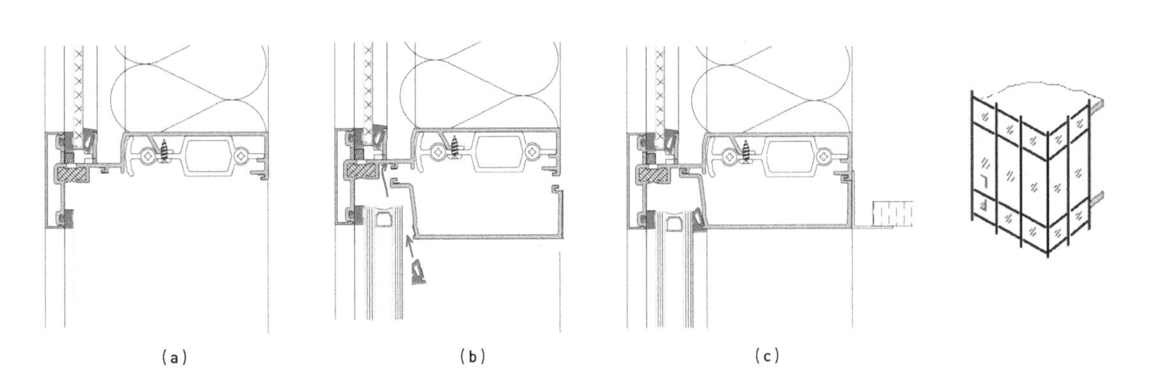

图2.8-31 室内安装更换玻璃示意图

（a）“可视区”玻璃安装前横梁处剖面图；（b）玻璃安装过程；（c）玻璃安装完成后

2.8.7 胶条材料的选用和接角处理

1. 胶条材料的选用

目前幕墙行业使用的胶条主要是EPDM（三元乙丙）胶和硅胶胶条。EPDM使用最为广泛，它具有良好的弹性和温度适应能力，尤其是低温下仍然能够保持弹性、耐久性满足建筑幕墙的20年设计基准，表2.8-4是两种胶条的主要特性对比。图2.8-32为胶条布置示意图。

EPDM及硅橡胶胶条特性对比

表2.8-4

类型	硬度范围 Shore A	极限拉伸强度（MPa）	破坏伸长率（%）	工作温度（℃）	和硅酮胶的相容性	颜色选择性	价格
EPDM（三元乙丙）	40~90	25	250~500	-50 ~ +150	不相容可能性较大	黑色	低
硅橡胶	10~90	11	100~1100	-120 ~ +300	不相容可能性很小	颜色可调	高

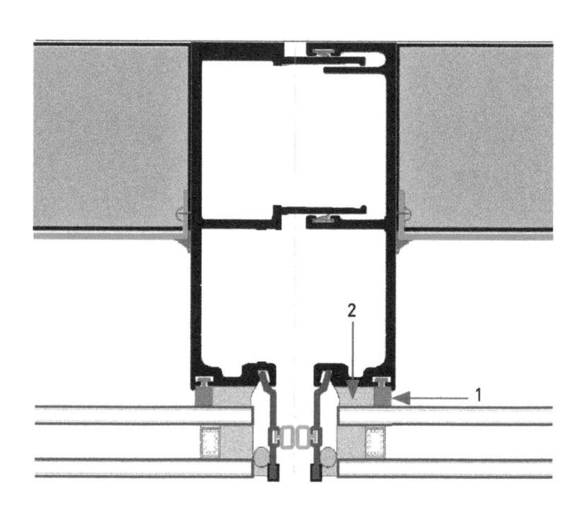

图2.8-32 胶条布置示意图

1-硅胶胶条；2-硅酮结构胶

幕墙设计中的胶条硬度一般约为Shore 50～70，使用温度约-30～+90℃，两种材质均满足要求，并且两种材质在大量的工程实践中均表现出极好的耐久性。但是两种材质还是有几点区别：第一是EPDM基本和硅酮胶不相容，原则上不能使用EPDM作为硅酮结构胶的背衬胶条。第二是和密封胶接触时要采用黑色硅酮密封胶，如果和浅色密封胶接触，后期浅色密封胶变色会破坏胶缝的视觉效果。

还有一点要注意，EPDM只能做黑色（做其他颜色性能损失大），而硅酮胶条可以做成各种颜色（图2.8-33），所以在对胶条颜色有特别要求的设计中不使用EPDM。EPDM的价格大大低于硅酮，使用寿命和工作温度都非常优良，这是EPDM在幕墙行业广泛使用的原因。

（a）

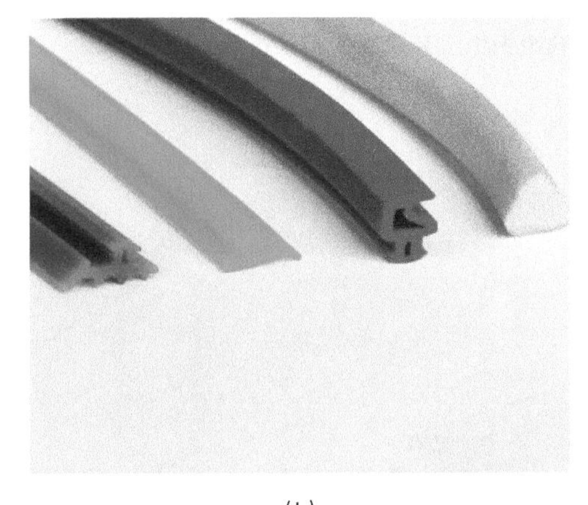

（b）

图2.8-33　胶条的颜色选择

（a）EPDM黑色胶条；（b）硅酮彩色胶条

2．接角的处理

胶条的使用中接角部分往往成为密封缺陷点，通常我们需部分切开胶条让其转过90°角，这种做法视觉上看胶条是连续的，但是密封上会留出一个缺口，如图2.8-34所示。

这种处理方法通常用在室外侧后塞胶条的交角上，因为外侧塞条通常是雨幕的外“披水”层，对密封的气密程度要求不高，所以这种方式还是可以接受的。而室内侧的玻璃槽口密封胶条需要有好的气密性能，这种做法便不可取，室内侧胶条的接角通常做法如图2.8-35所示。

大家可以回顾前面讲的构件式幕墙的室内侧横向、竖向胶条的交接密封设计，综合理解胶条交接处的密封。这个地方要注意胶条和胶的相容问题。如果是EPDM一般不能使用硅酮密封胶，如果是硅胶条就可以直接选用硅酮密封胶。对于室外侧胶条，当然有些工程技术文件中会对玻璃槽口密封胶条提出更高的要求，例如要求“注塑成型转角胶条”（Injection Molded Corner），或者是“热拼接硫化接头”（Vulcanized Corner），其具体工艺如图2.8-36所示。

横竖胶条接角处用模具注入橡胶生料再经高温固化成型。胶条的角部连接都需要在工厂完成，角部的密封质量好，成本也高。

接好的角部应力高的地方为连续完整的橡胶体，强度和耐久性都很好，外观效果也非常不错。当然不是每个工程都需要这么做，毕竟成本高，材料组织也没有成卷的胶条灵活。

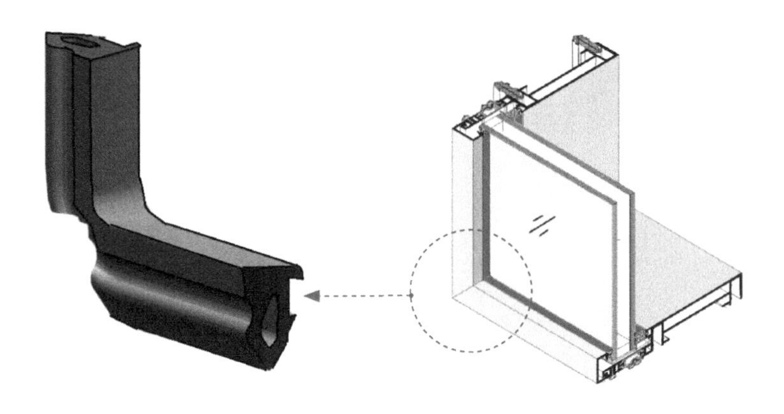

图2.8-34　胶条接角部分设计示意图

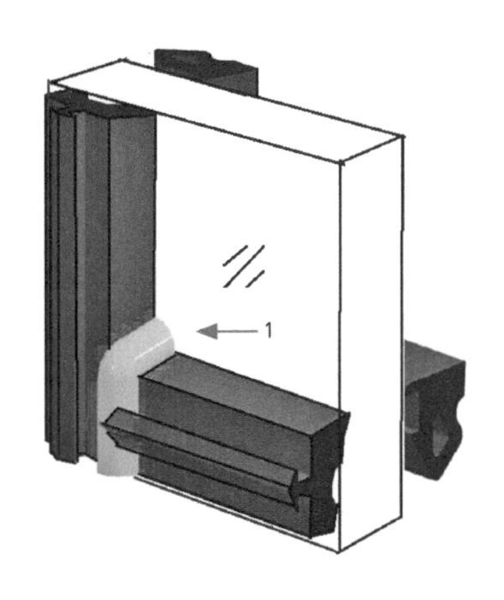

图2.8-35　室内侧胶条连接示意图

1-密封胶

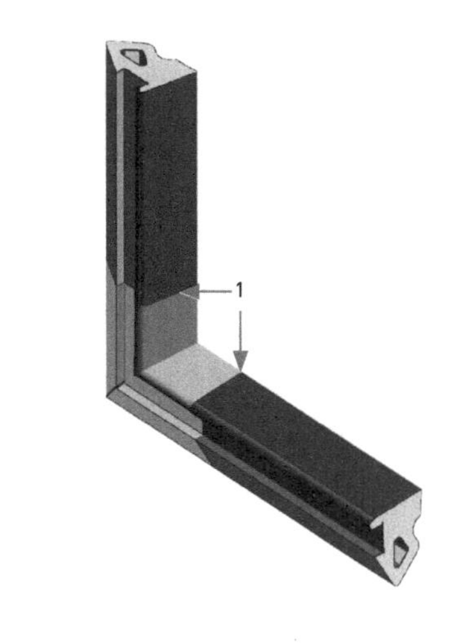

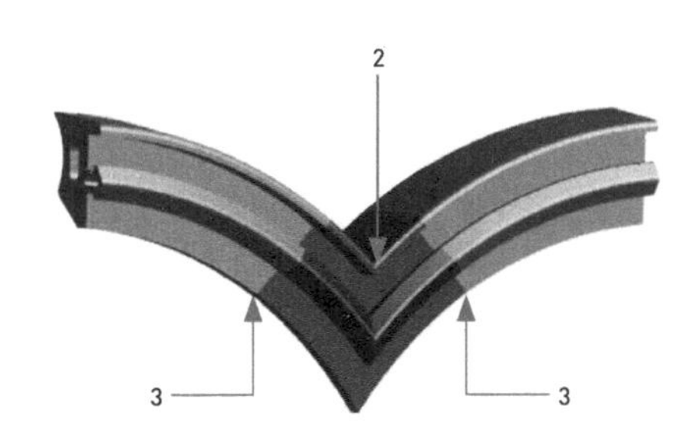

图2.8-36　横竖胶条角部连接处理示意图

1-接口位置；2-角部整体受力；3-接口位置

2.8.8 密封胶胶缝设计的注意事项

密封胶胶缝是幕墙设计中必不可少的元素，可靠的密封胶胶缝是幕墙系统保持长期可靠的基础。

胶缝通常需要吸收拉伸和剪切两种方向的变形。

图2.8-37是一个最典型的幕墙硅酮密封胶胶缝。参考道康宁（Dow Corning）技术手册的要求，胶缝应分为两种，变形小于等于胶缝尺寸15%的定义为固定胶缝（Fix Joint），变形大于胶缝尺寸15%的定义为变形胶缝（Moving Joint）。两种胶缝都要求硅酮胶和粘接基材间的粘接尺寸不小于6mm（$S \geqslant 6$mm）以保证可靠粘接，缝中胶缝厚度D不小于3mm，同时推荐W/D经量接近2：1，以获得最好的变形能力。硅酮密封胶通常的变形能力为伸长/收缩不大于50%，所以要注意验算一下各种变形的叠加最终不能超过胶缝原始尺寸的50%，对于剪切方向的变形运用勾股定理转换成伸长/收缩尺寸。当胶缝宽度大于25mm后，厂家不再要求胶缝W/D接近2：1，胶缝最大厚度D保持12mm即可（$D \leqslant 12$mm）。图2.8-38所示为一个变形计算算例示意。

胶缝原始宽度w、拉伸变形a、剪切变形b，密封胶实际拉伸完的长度$W' = \sqrt{(W+a)^2+b^2}$，密封胶伸长率为（$W'-W$）/W，所示不能大于50%。变形胶缝禁止使用三边粘接的胶缝，要使用泡沫棒来避免三边粘接，如图2.8-39所示。

还有较少采用的“角变形缝”，也特别提示设计注意事项：
如果角胶缝要承受变形，要遵守图2.8-40中（a）示意的设计原则，其中A、B、C尺寸都不小于6mm，胶缝角部要设置防粘接贴纸，防止和基材在角部形成粘接。图2.8-40中（b）示意的做法是不承受变形的固定角胶缝，其中A、B不小于6mm。

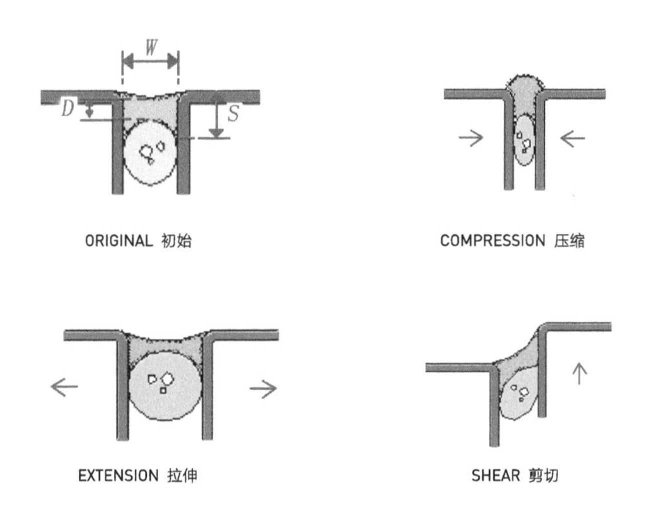

图2.8-37　典型胶缝变形示意图

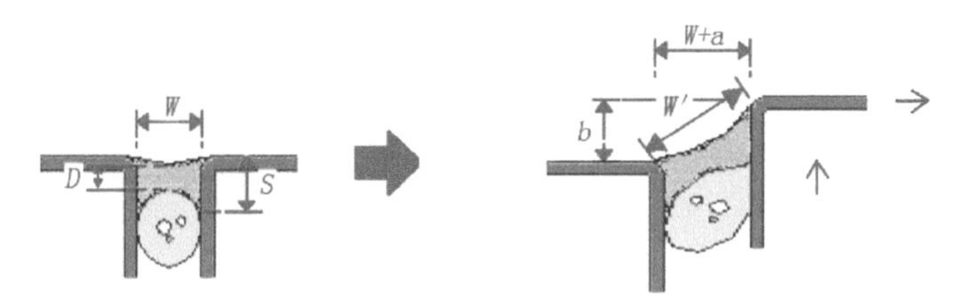

图2.8-38　胶缝变形计算示意图

图2.8-39　变形胶缝的正确粘接方式

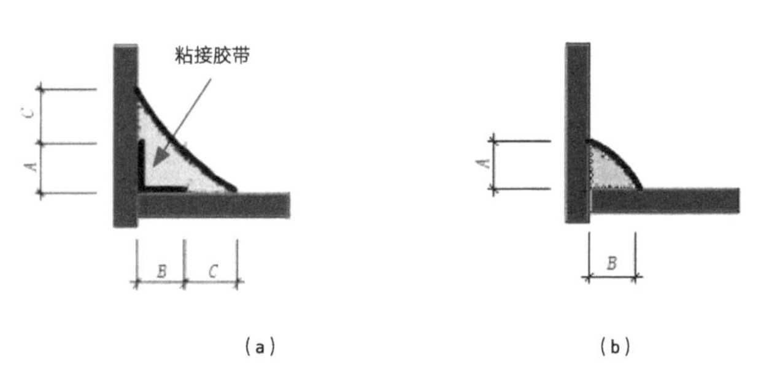

图2.8-40　“角变形缝”示意图

2.8.9 结构胶的一些注意事项

结构胶抵抗恒载时的强度是0.01MPa，抵抗活荷载时的允许强度是0.2MPa（是恒载下强度的20倍），所以玻璃的自重荷载需要设置托片来承载，《玻璃幕墙工程技术规范》JGJ-102要求至少有2个100mm的托片来承载隐框玻璃的自重，如图2.8-41所示。

结构胶粘接设计中，还有一个要考虑的因素是结构胶的厚度和宽度。《玻璃幕墙工程技术规范》JGJ-102要求厚度D不小于7mm，宽度W必须不小于1倍的D且不大于3倍的D，图2.8-42是一个典型的单元式幕墙板块上端的结构胶粘接玻璃的示意图。图中玻璃和铝框之间需要考虑热收缩/膨胀位移，位移能力校核计算方法可参照上一节密封胶缝的位移校核计算。硅酮结构胶的允许变形能力大大低于硅酮密封胶，通常为12%（特殊型号能到15%），而密封胶为50%。校核中如果发现变形超过了结构胶的允许变形能力则需要通过增加粘接厚度D来增加结构胶体的变形能力，下面的算例供大家参考。

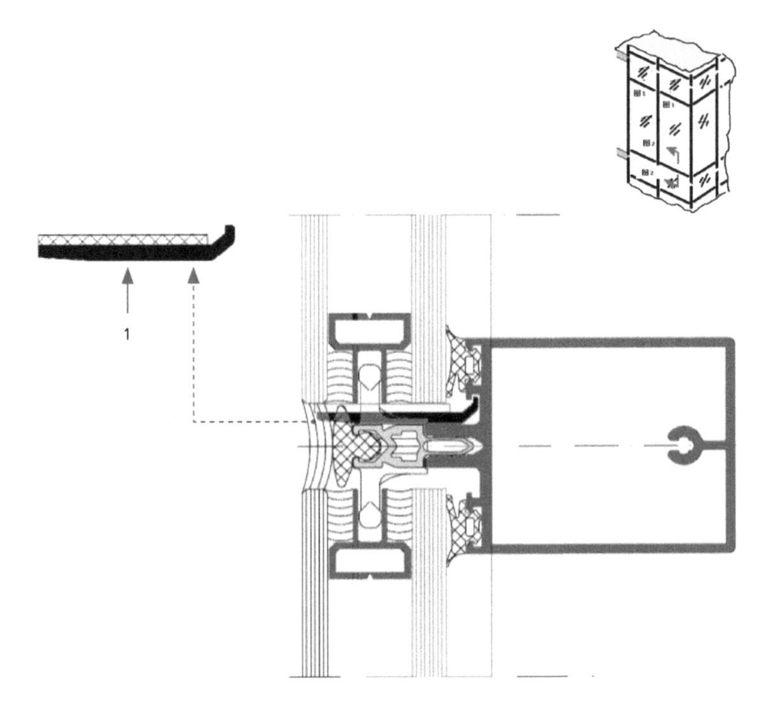

图2.8-41 承载隐框玻璃自重托片设计示意图

1-铝合金托片（承受玻璃重力荷载）

图2.8-43中玻璃和铝合金框之间的变形差值设为a，结构胶宽度为W，高度为D。变形后结构胶的伸长为$D'=\sqrt{a^2+D^2}$，伸长率为（$D'-D$）/D且不能大于胶的允许伸长率。不知大家是否注意到，胶宽对胶体的变形能力没有影响。

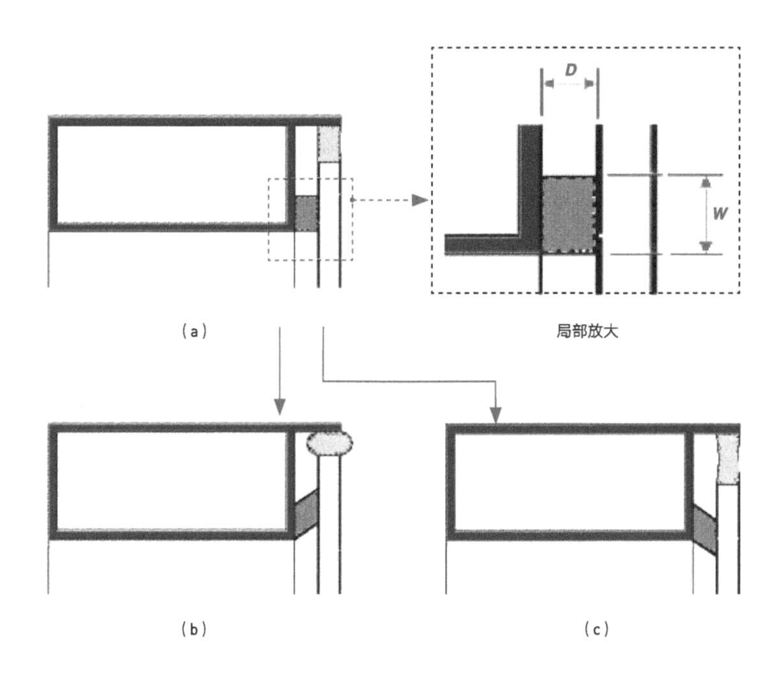

图2.8-42　单元式幕墙板块上端结构胶粘接玻璃的示意图

（a）原始状态；（b）压缩状态；（c）拉伸状态

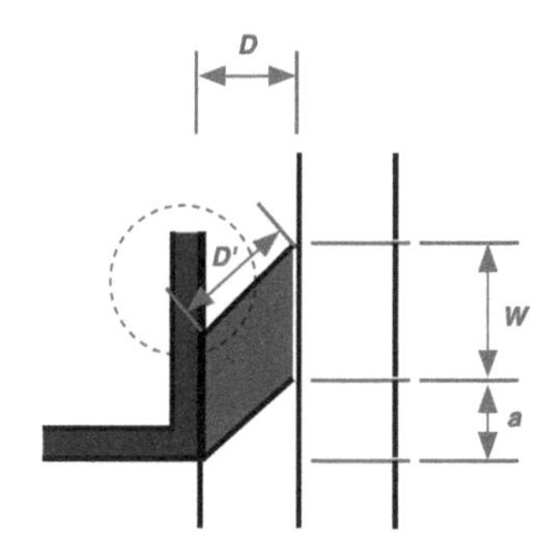

图2.8-43　结构胶变形计算示意图

2.8.10 常见高分子材料和硅酮胶的相容及粘接问题

首先我来解释一下什么是胶的相容性。Compatibility is defined as“the ability of two or more materials to exist in contact or in effective proximity for an indefinite period without adverse chemical effects on one another.”此段是ASTM C717 的英文定义，可以翻译为：两种或者两种以上材料相互接触或者有效接近不确定的一段时间后互相间没有负面的化学影响的能力。很拗口的定义，具体到工程实践中，我们说相容性检查一般指硅酮结构胶和与之接触的配件（通常为有机材料）如胶条、间隔条、垫片、玻璃垫块之间发生的可能对结构胶性能有不利影响的化学反应。相容性测试参照的典型规范是ASTM C 1087，测试包含两方面的检查（样品在接受一周的高温和紫外线照射后）：①配件有没有使结构胶样本变色；②评估结构胶样本粘结力损失情况。

结构胶的厂家需要评估相容性测试的结果来确定是否允许相应附件用于和结构胶的接触。通常会区分2种接触类型，一种是“全接触”（Full Contact）；一种是“点接触或者偶然接触”（Point Contact or Incidental Contact）。

图2.8-44中胶条4是典型的全接触，胶条5是典型的点接触。全接触对相容性要求比点接触要高。不同硅酮胶厂家的要求会有所不同，材料使用前需要咨询硅酮结构胶厂家的意见。通常来说，全接触的胶条要求在相容性测试中试件不能有任何颜色改变。而对于点接触，一般会放松要求，允许试件一定程度的变色（要求采用深色硅酮结构胶）。

对于相容性测试，补充几点。①测试规范ASTM C 1087 明确说明是针对结构粘接，但是实际硅酮胶的厂家对密封胶的测试也是要求做接触材料的相容性试验的。②主流的几个硅酮胶厂家提供的售后检测服务采用的检测方法不完全按照ASTM C 1087，他们对测试方法作了相应的修改。

测试结构的判读直接和质保相联系，为了便于硅酮接触材料的初选，笔者根据近几年积累的测试数据和工程实例经验，汇总出一个目前国内市场上常见塑料材料的相容性比较表，见表2.8-5所示。

塑料材料相容性比较表 表2.8-5

材料类型	相容性（接触变色程度）	粘接性能	备注
硅胶（硅酮橡胶）	绝大部分相容	粘接良好	可全接触
EPDM胶条	大部分变色严重	粘接不好	不可全接触黑色硅酮胶
PVC塑料	几乎都严重变色	粘接差	不推荐任何接触
尼龙塑料	部分产品变色	粘接不好	不推荐全接触
尼龙66+GF25	一般不变色	一般粘接需要特殊底涂	推荐全接触
聚乙烯塑料	一般不变色	粘接良好	推荐全接触

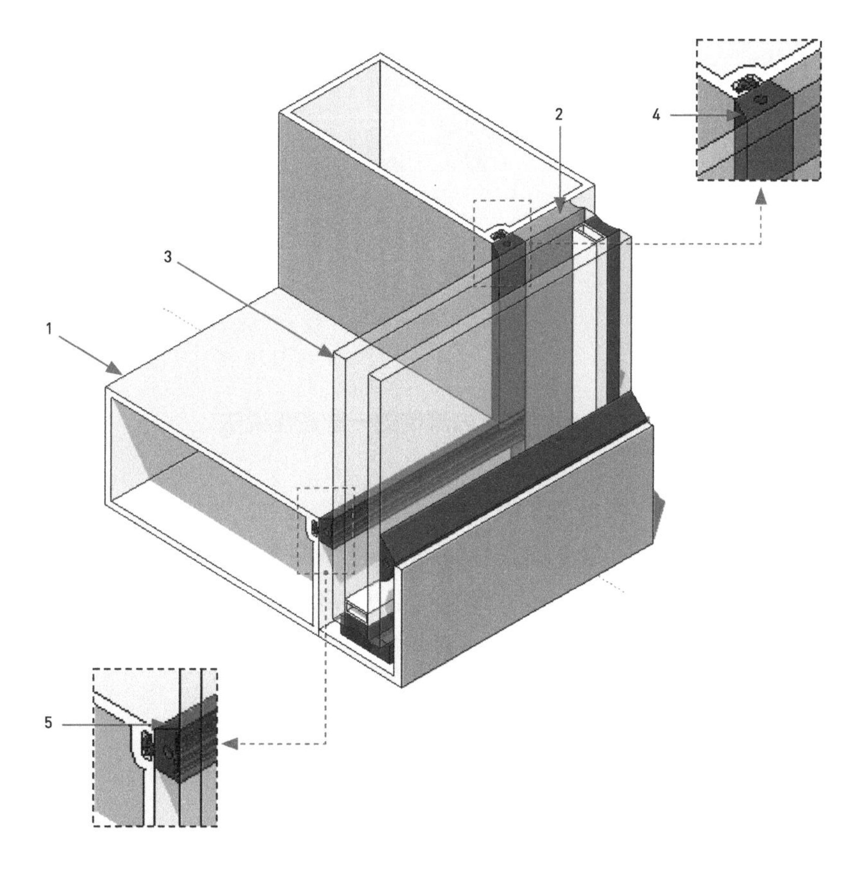

图2.8-44 胶条接触方式示意图

1-铝合金型材；2-硅酮结构胶；3-中空玻璃；4-全接触胶条；5-点接触胶条

尤其要强调，PVC目前被大量用于幕墙，但是PVC和硅酮之间的相容性极差，一定要避免这两种材料接触。图2.8-45是一个工程照片，横梁立柱之间的PVC垫片导致了硅酮密封胶严重变色（由灰色变成了深棕色）。

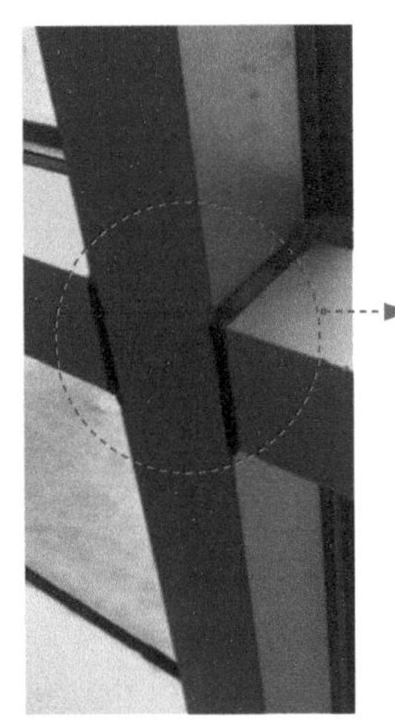

图2.8-45　硅酮密封胶严重变色

2.8.11　业内流传的一些奇怪说法

1. 结构胶不能外露于室外空间？

遇见过顾问提出结构胶不能外露于室外空间的图纸审查意见，硅酮结构胶的硅氧结构（····-Si-O-Si-O-Si-O-···）有极好的抗紫外线的能力，结构胶外露于室外空间（实际工程中通常是胶体的侧面）是允许的。

2. 预埋件预埋钢筋腿不能热镀锌？

国内工程中有些监理方会提出热镀锌会对预埋钢筋和混凝土的“握裹力”产生不利影响的问题。这种担心基于镀锌层可能会从钢材表面剥离的风险。如果因为“担心”热镀锌剥离改为使用无表面防腐处理的预埋钢件实在是得不偿失，因为预埋件一般有相当的表面会外露于混凝土表面，无表面处理的钢材的长期耐腐蚀性能是很差的，这种腐蚀很容易沿着预埋件和混凝土的交接缝隙向钢筋腿发展，从而带来结构隐患。热镀锌预埋件已经是国外最成熟的解决方案，尤其是螺杆形式的预埋件的焊接腿的使用更是完全消除了镀锌层剥离的风险。

3．自攻螺钉不能受拉？

国内幕墙设计界普遍不信任自攻螺钉受拉的构造设计，而这一构造是国外主流构件式幕墙普遍采用的设计。

图2.8-46中的（a）槽深自攻螺钉连接是国外主流的自攻螺钉连接方式，这种方式安装便捷，隔热条的布置也非常方便，但是要注意自攻螺钉和槽口的配合需要足够的配合精度。同时建议在型材厂家更换挤压模具后要再次测试自攻螺钉和槽口的拉拔承载力。在既往的工作中确实出现过由于型材精度问题使得自攻螺钉拉拔承载力大大低于设计值。图2.8-46中的（b）是直接穿透铝型材的方案，在这个设计中要求型材壁厚*a*不能小于自攻螺钉的公称直径（中国规范）。

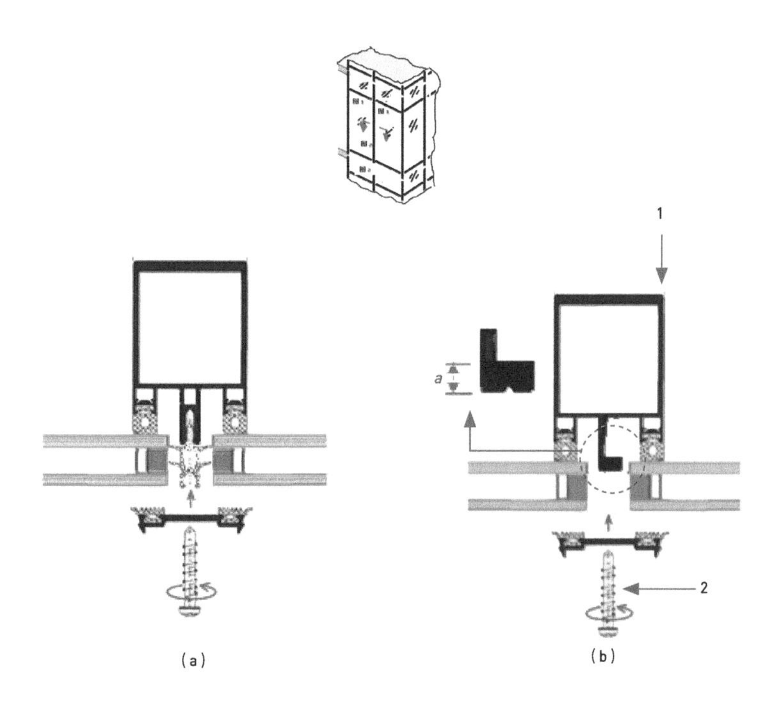

图2.8-46　自攻钉受拉构造示意图

1-铝型材；2-自攻螺钉

2.8.12 玻璃的安装更换和外墙清洗问题

玻璃幕墙的玻璃面板更换以及外墙清洗作业，一般需要从室外操作。

1. 玻璃的安装更换

玻璃更换的原因有施工阶段的玻璃损坏、钢化玻璃的自爆、建筑后期的玻璃配置升级更换等。在施工阶段玻璃的更换一般使用施工临时吊篮设备，交付后的玻璃更换一般会借助洗窗机系统、吊篮以及所集成的吊装设备。设备的功能和运载能力在设计阶段就需要考虑幕墙玻璃或者其他类型面板的更换需要。

带铝合金附框的隐框玻璃，换玻璃时结构胶注胶在工厂做，完成养护后运到现场更换。对于玻璃直接粘到铝框上的单元式幕墙，玻璃损坏后的更换需要在建筑现场做结构胶注胶，并设计临时固定装置来保证结构胶固化前玻璃被可靠固定。

图2.8-47 位于屋面的擦窗机系统

图2.8-48 吊篮作业

2. 外墙清洗

图2.8-47和图2.8-48所示为典型的擦窗机系统。

随着建筑的几何造型越来越多样化，擦窗机系统的设计变得多样化，机械形式也变得复杂。擦窗机的系统设计应与幕墙设计同步进行、充分沟通。图2.8-49展示了几个较为复杂的外墙部位的擦窗机系统构造。

如果前期协调工作不够深入，过程中交叉验证不够，将导致擦窗机系统适用性降低，给后期运行维护带来麻烦。在擦窗机无法到达的部位，可以采用“蜘蛛人”的方式进行幕墙清洗，如图2.8-50所示。

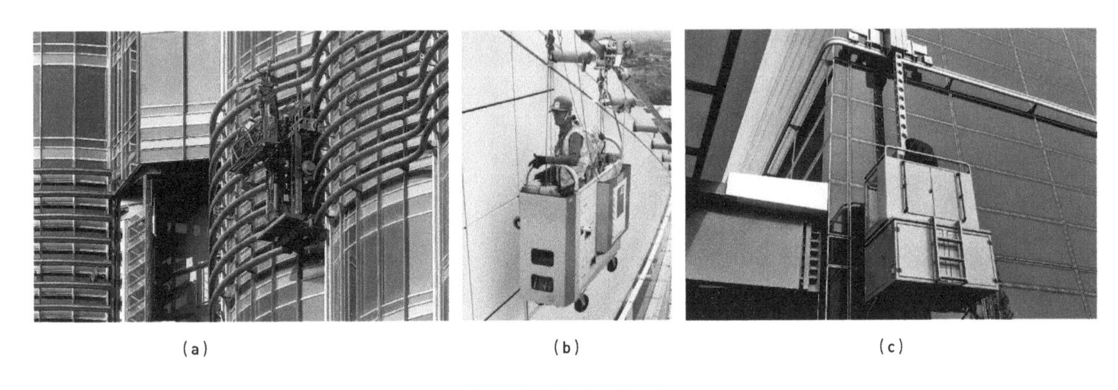

（a）　　（b）　　（c）

图2.8-49　擦窗机工程图片

（a）外墙装饰条造型位置的插窗机；（b）布置在建筑檐口处的擦窗机轨道和吊篮机构；（c）一个“硬”连接的吊篮系统

图2.8-50 “蜘蛛人”擦窗作业

第二篇

单元式玻璃幕墙设计

THE DESIGN OF UNITIZED GLASS CURTAIN WALL

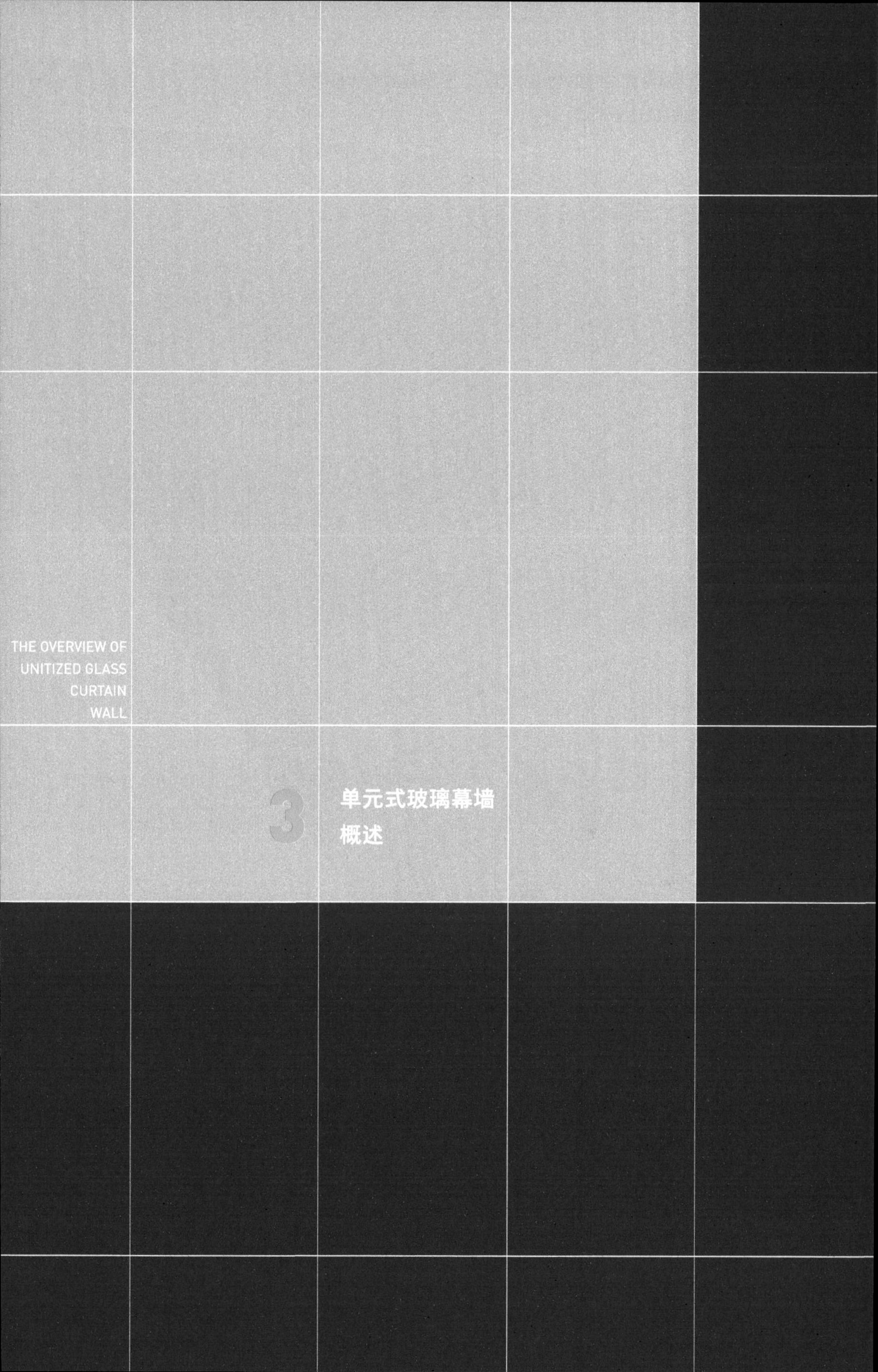

3 单元式玻璃幕墙概述

THE OVERVIEW OF UNITIZED GLASS CURTAIN WALL

单元式玻璃幕墙是建筑幕墙发展的高级形态，几乎所有的现代超高层建筑都采用单元形式的建筑幕墙。

中国上海外滩超高层建筑群完工照片

中国武汉绿地中心施工照片

英国伦敦瑞士再保险总部大楼

中国北京“中国尊”大厦施工照片

沙特利雅得CMA大楼施工照片

沙特利雅得CMA单元吊装

图3.1-1 采用单元式幕墙的建筑

单元式玻璃幕墙系统在工厂完成组装，现场的安装工作大大减少，效率得以显著提高，图3.1-1列举了几个超高层的施工过程照片，大家可以对单元式幕墙有个感性认识。在当前的工程实践中，所有地标性的超高层建筑都采用的是单元式幕墙。

3.1 单元式玻璃幕墙基本构成形式介绍

单元式玻璃幕墙的英文是Unitized Glass Curtain Wall，意思是单元化的幕墙，特征是幕墙不再是需要运输到工程现场主体结构上组装（安装）就位的零散构件。单元式玻璃幕墙设计成预先在工厂完成组装的框架和玻璃面板，运到工程现场后，以模块的形式拼接就位，以最大限度地减少工程现场的安装、组装工作量，提高最终产品质量。

如图3.1-2所示，单元式幕墙是幕墙发展的高级形式，最大限度地减少了现场的安装工作量，把大部分组装工作放在机械化生产的工厂进行，大大提高了现场安装效率，提高了成品质量。相对于构件式幕墙更容易适应较大的主体结构变形。

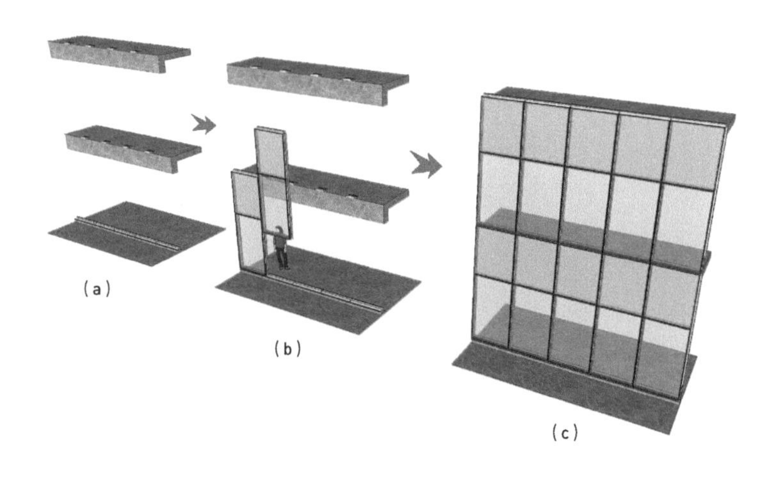

图3.1-2 单元式幕墙的安装过程示意图

(a) 预埋件和连接件安装；(b) 单元板块的安装；(c) 单元板块完成

图3.1-3（a）是迪拜塔（Burj Dubai）施工阶段的照片，图3.1-3（b）是上海环球贸易中心施工阶段的照片，都很明显，幕墙由单个板块拼接而成，是典型的单元式幕墙。

后面章节的内容安排将和“构件式幕墙”部分采用相同的逻辑框架讲述。部分章节的内容可能出现重复或者部分重复的会注明参照章节，避免重复介绍，但是章节标题和目录会尽量保留。

（a）

（b）

图3.1-3 项目施工阶段照片示例

3.2 单元式玻璃幕墙的建筑功能原理

单元式玻璃幕墙是建筑外墙的实现方式之一，所以要实现的建筑功能和构件式幕墙是一致的，不同的是在实现建筑功能的过程中体现出和构件式幕墙不同的优缺点。

1. 建筑美学效果

这一部分可参考1.2节中的对应内容，我这里补充说明一下，在实现建筑美学效果上构件式幕墙和单元式幕墙的优缺点。首先在外墙材料视觉效果上，两种幕墙的表现能力是一致的，在构件式幕墙能用的面板材料和表面处理单元式幕墙一般也能实现，反之亦然。主要区别是对复杂几何的适应能力上，目前来说框架式幕墙要胜过单元式幕墙，在几何造型特别复杂的部位，框架设计依然是最佳选择，单元式幕墙相对来说更适合规则的平面几何造型。

2. 适应建筑变形能力

这一部分完全和构件式幕墙一致，可参照1.2节对应内容。后面我们会讲到在适应建筑变形方面单元式幕墙和构件式幕墙表现出的不同。至于玻璃幕墙遇到建筑“变形缝”时的设计，后面会具体给出设计实例分析来帮助大家掌握设计方法。

THE
DESIGN
PRACTICE OF
UNITIED
GLASS
CURTAIN
WALL

4 单元式玻璃幕墙设计实务

4.1 单元式玻璃幕墙基本构成形式

我们借助一个最简化的隐框单元式模型来分解说明一下典型的单元式幕墙的构造特征，如图4.1-1所示。

板块之间采用插接密封构造，所以两侧竖向龙骨的截面各不相同，俗称“公立柱”“母立柱”。

注意板块之间插接密封构造上在当前工程实践中形成了几种不同风格，后面会作比较分析。

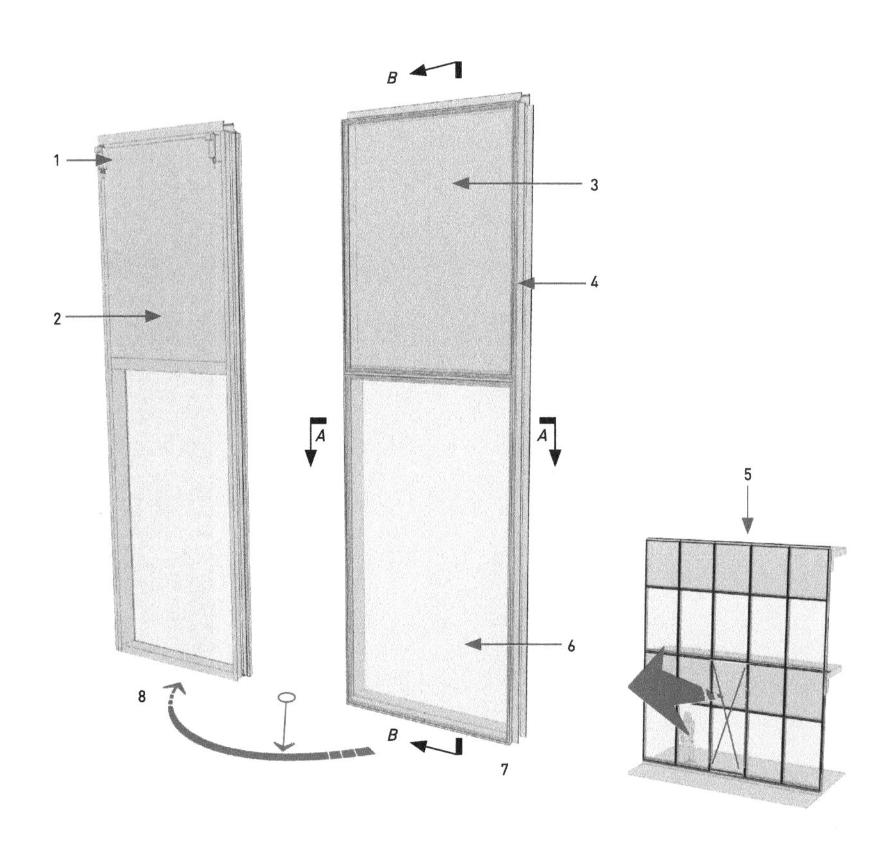

图4.1-1 隐框单元式模型

1-板块和建筑结构的连接挂钩；2-层间阴影盒区域室内侧背板（可选）；3-层间阴影盒区域，单片玻璃或者中空玻璃；4-铝合金龙骨；5-标准单元式建筑立面；6-可视区中空玻璃；7-标准单元板块；8-板块背面视角

图4.1-2及图4.1-3基本概括了一个典型单元式幕墙板块的构造特征，挤压铝合金型材横竖龙骨在工厂生产线上组装好，再把玻璃和阴影盒背板、防火保温岩棉通过硅酮结构胶和其他相关连接方式嵌到铝合金骨架上形成一个完整的板块。板块四周预设插接密封构造，到工地后在完成和楼板结构的连接同时完成和已安装板块的插接密封。

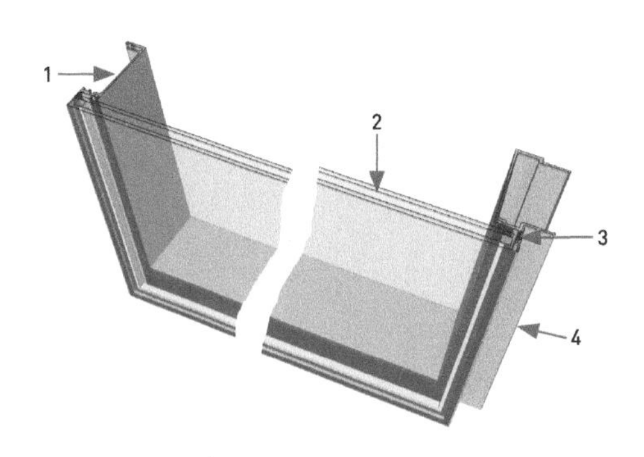

图4.1-2 隐框单元模型A-A剖面

1-挤压铝型材龙骨；2-可视区中空玻璃；3-玻璃和铝合金框采用硅酮结构胶粘接；4-挤压铝型材龙骨

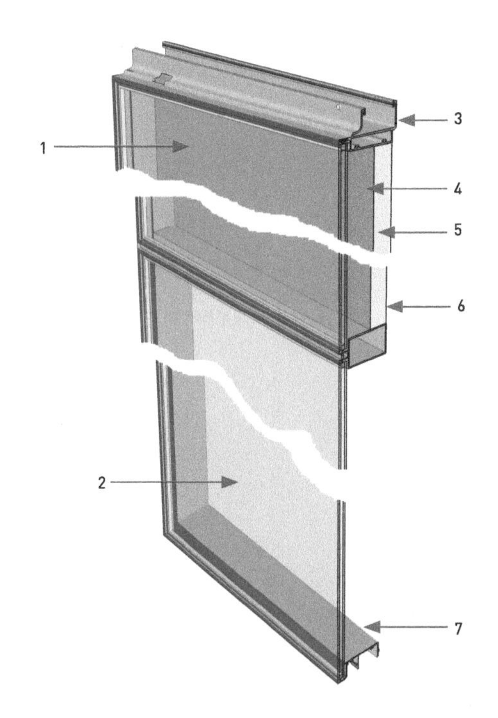

图4.1-3 隐框单元模型B-B标准单元板块

1-层间阴影盒部分玻璃，单片玻璃或者中空玻璃，单片一般镀膜模拟可视区玻璃的外观效果；2-可视部分的中空玻璃，常规配置为6mm外片Low-E镀膜+12mm空气层+6mm内片；3-板块顶部挤压铝型材横龙骨，一般叫单元上横梁；4-装饰铝合金背板；5-保温兼防火岩棉板；6-岩棉板背面可覆盖锡箔纸或1.5mm镀锌钢板；7-板块底部横梁

4.2 单元式玻璃幕墙总体结构布置形式

图4.2-1是单元式幕墙安装完成后的结构布置原理图。

图4.2-2是立柱的结构布置及受力变形示意图。每层单元式块挂在楼板边缘，上下板块间采用插接结构，插接构造能很好地吸收层间的上下变形。

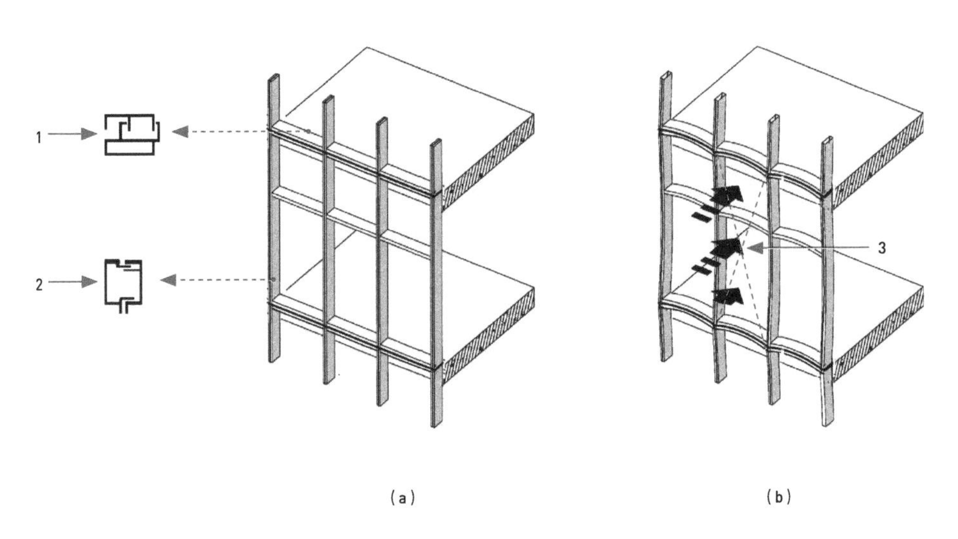

（a）　　（b）

图4.2-1　结构布置原理图

（a）右竖向龙骨截面；（b）正向风压下的框架变形示意图
1-横向龙骨，由上下板块的横龙骨插接拼合成；2-竖向龙骨，由左右板块插接拼合成；3-一个完整的板块框架范围示意

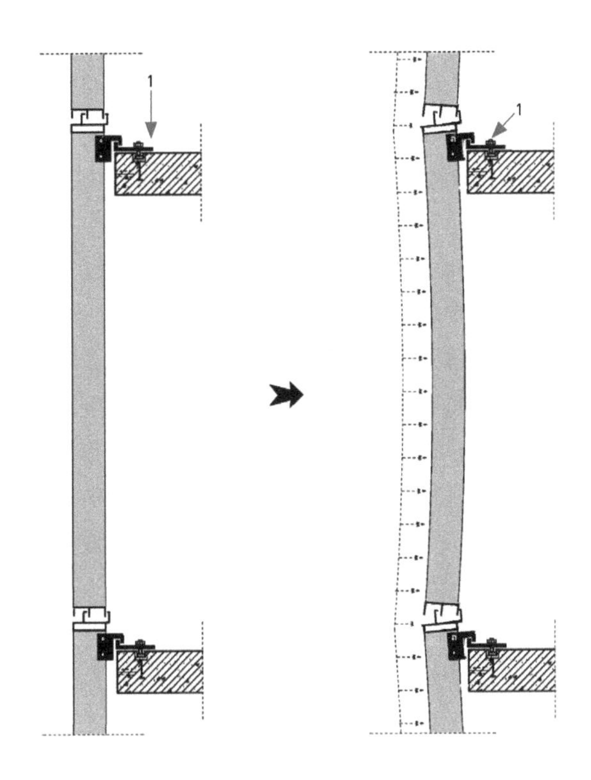

图4.2-2　立柱结构布置及受力变形示意图

1-连接结构

4.3　单元式玻璃幕墙铝合金龙骨设计

单元式幕墙铝合金龙骨的设计相对复杂，很难像构件式幕墙一样简化为一个最基本构造模型。即使这样还是参照构件式幕墙的推理方法，构造一个最容易想到的简化模型，再从这个原始模型讲起并和目前发展成熟的3种主流构造作对比说明，让大家融会贯通其设计的核心原理。

图4.3-1中（a）最简单自然的思路是铝合金框上带有插接密封构造。最直观的插接密封构造是铝合金腿上嵌上密封胶条，插入母立柱对应槽口实现密封；（b）板块插接完成后形成一个组合骨架，一同承

受玻璃传递来的风荷载；（c）考虑到室内侧视觉效果，再增加一条腿就成了目前主流的两道插接构造；（d）横梁最佳化思路和立柱一样，两道插接密封结构，唯一不同就是玻璃底部增加一个安全托防止玻璃掉落。插接构造能很好地吸收板块之间的位移或者变形。

从（a）到（c）用“思维进化”的方式得到了一个最简化的单元思考模型，其实早期单元式也确实大体就是这个做法，甚至现在国内还有厂家采用基本一样的设计构造。但是这个构造在实践中是有一些问题的，在此基础上厂家对单元插接构造做了多年的“进化”改进，最终形成了3种主流做法，下面我们看看实际工作中最常规的主流做法（也是我认为最好的构造做法）。在理解这个做法之前不妨翻到2.3节回顾一下关于等压设计原则的内容，以便更好地理解下面的设计。

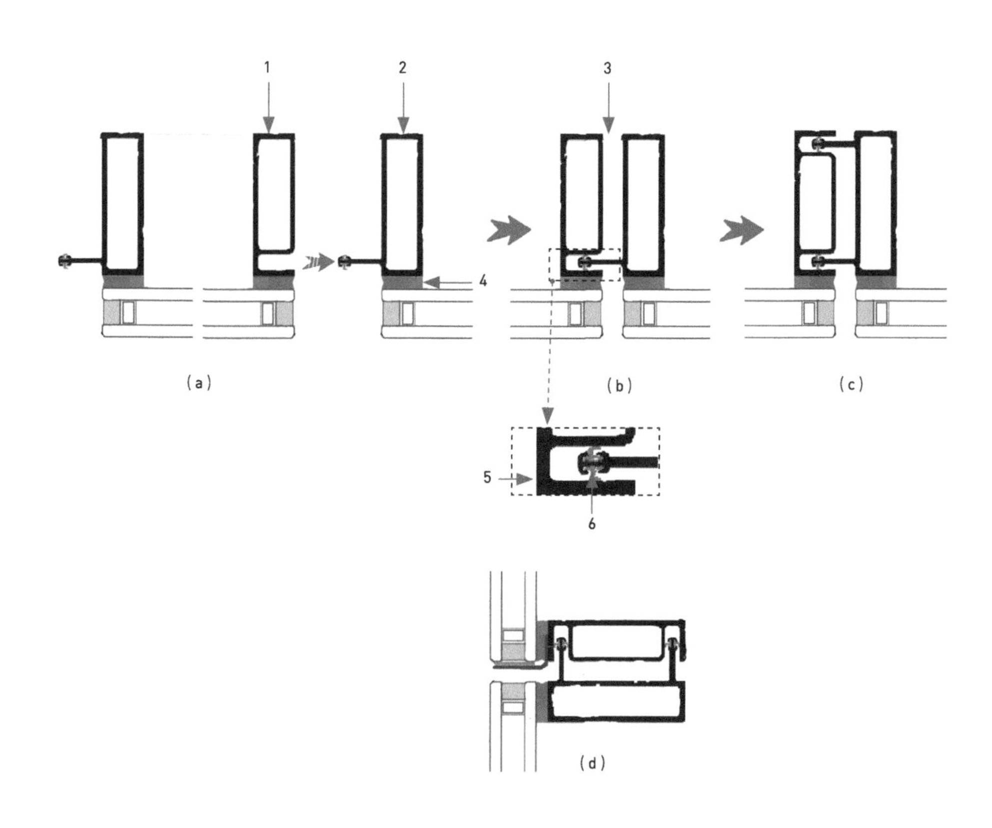

图4.3-1 最简化模型示意图

1-铝合金挤压母立柱；2-铝合金挤压公立柱；3-拼接缝；4-结构胶；5-铝合金挤压型材；6-密封胶条

图4.3-2中的立柱采用的是开口截面，实际设计时根据荷载大小也有可能需要闭口截面。横梁和立柱的插接构造也都是前后两道，看起来构造和“最简化模型”类似，下面我们来通过进一步的详细比较说明改进的原理。

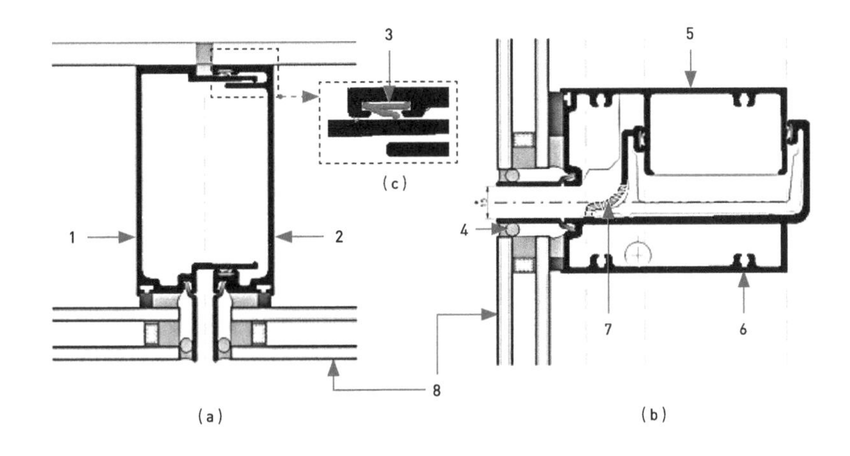

图4.3-2 单元插接构造示意图

(a) 插接立柱截面；(b) 插接横梁截面；(c) 插接密封构造
1-铝合金挤压公立柱；2-铝合金挤压母立柱；3-密封胶条；4-玻璃护边装饰条；5-单元板块底横梁；6-单元板块顶横梁；7-以一定间距布置的通气排水孔；8-中空玻璃

我们总结一下图4.3-3中A方案——实际的典型设计和B方案——最简化标准模型设计的不同点：

(1) A方案中玻璃边没有直接外露，由铝制或者其他隔热材料制作的玻璃护边装饰条，一来美观，二来可以对玻璃边部起到保护作用，降低运输安装过程中的破损率，实际工程大部分设计都采用了这个构造，如图4.3-4所示。

(2) A、B方案虽然都是内外2道插接构造，但是A方案的每道插接只有一面有密封胶条，而B方案则是每道插接腿都是2道胶条，如图4.3-5所示。

理论上讲，胶条道数越多密封会越好，但是胶条和型材之间有挤压力才能形成密封，挤压力越大安装的时候插接摩擦力越大，越难安装。过多的胶条道数会增大安装难度，同时也增大了质量控制难度，这些有可能抵消掉了胶条增加可能带来的密封性能的提升。

这个矛盾平衡的结果是大多数厂家用A方案的前后共计2道胶条实现了水密气密性能和安装难度之间的较好的平衡，并且也经受住了工程实践的长期检验。当然，实际工程中也能见到B方案。

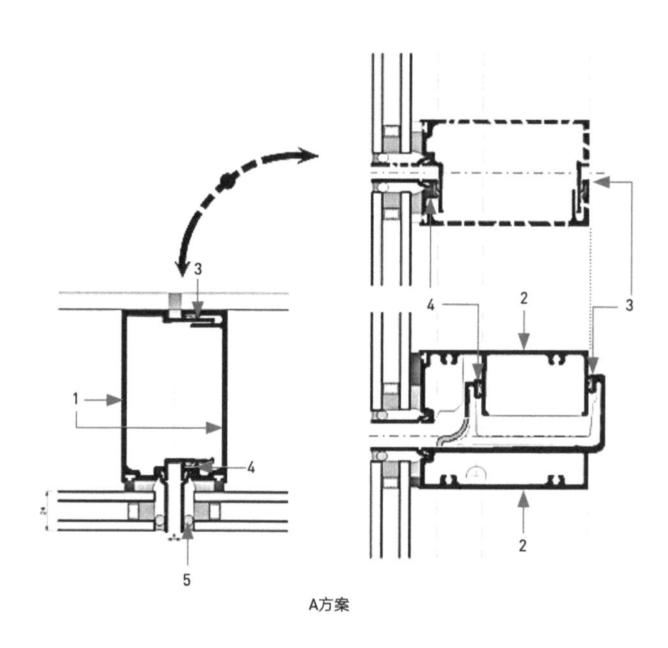

A方案

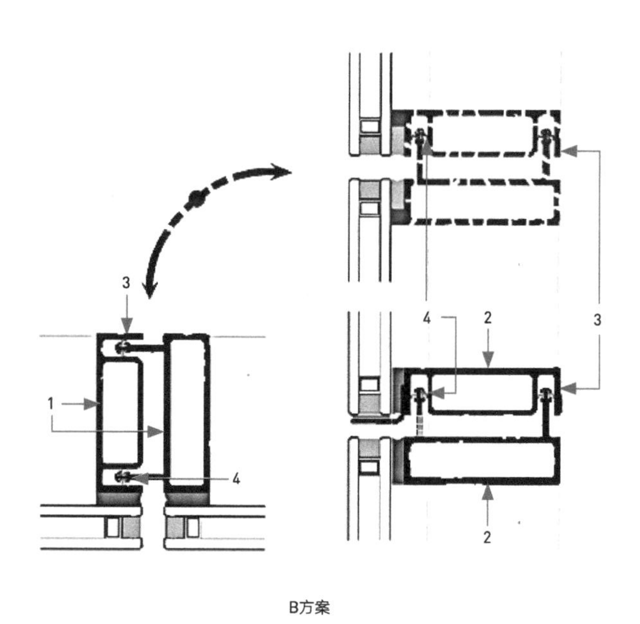

B方案

图4.3-3　两种插接方案对比示意图

1-插接立柱；2-插接横梁；3-立柱内侧插接密封构造；4-立柱外侧插接密封构造；5-玻璃护边装饰条

图4.3-4 单元式幕墙底部照片（注意玻璃边部的护边装饰条构造）

1-玻璃护边装饰条

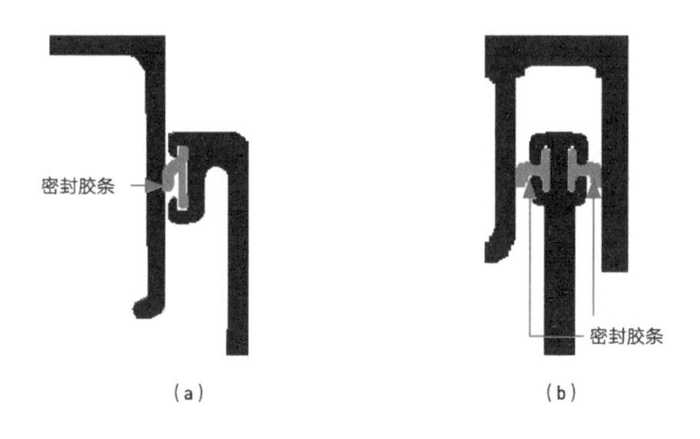

图4.3-5 密封胶条方案对比示意图

（a）方案A中单侧密封胶条；（b）方案B中双侧密封胶条

（3）最后一个非常关键特征的不同点是A、B方案的横竖插立柱、横梁虽然都采用前后2道插接密封，但是相对位置是不一样的。A方案中横梁的每道插接密封胶条位置和立柱的密封胶条不在一个平面，横梁的胶条都布置在立柱对应胶条的后面，而B方案中横梁立柱的对应胶条的位置都严格在同一个平面上。为什么成熟产品的胶条布置和最简化模型不一致呢，这里面涉及较为复杂的空间几何关系。如图4.3-6及图4.3-7所示，我们用3D模型说明一下这个问题，请大家一定要仔细理解这个核心基础特征，后面要讲到的其他两种常见产品设计也涉及这个基础特征的理解。

图4.3-6所示4个单元板块的拼接安装过程，最复杂的位置是4个板块的交接点的工艺设计，这也是造成图4.3-3中A、B方案第3点区别的原因。

A、B方案上层单元未安装前，下层板块顶部构造设计成连续的“槽”，板块间插接腿的缝隙采用密封胶密封使得顶横梁的前后插接腿在板块顶部完全“连续”。很容易理解为什么我们要追求连续的“槽”（一般叫水槽），连续的水槽能较好地实现可靠的插接密封，我们接着看看上部板块安装后的构造，如图4.3-8、图4.3-9所示。

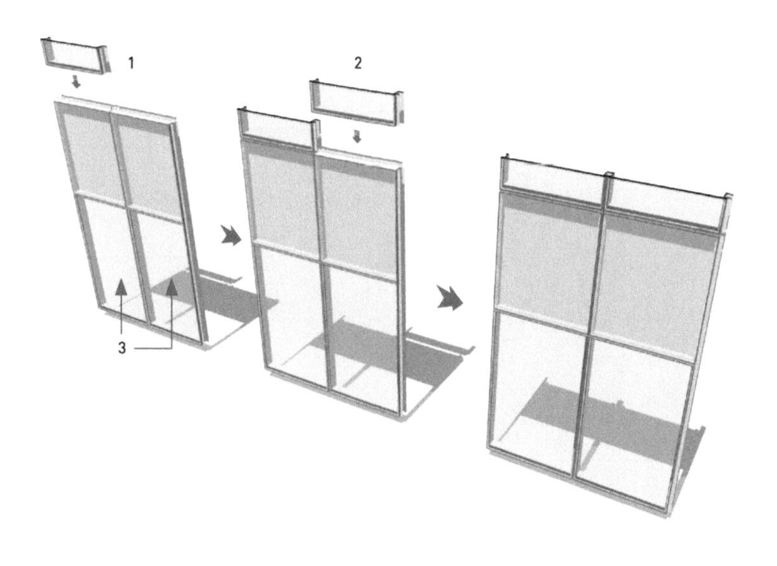

图4.3-6　单元板块拼接示意图

1-放大图见图4.3-7（a）；2-放大图见图4.3-7（b）；3-底部安装完成的两个板块

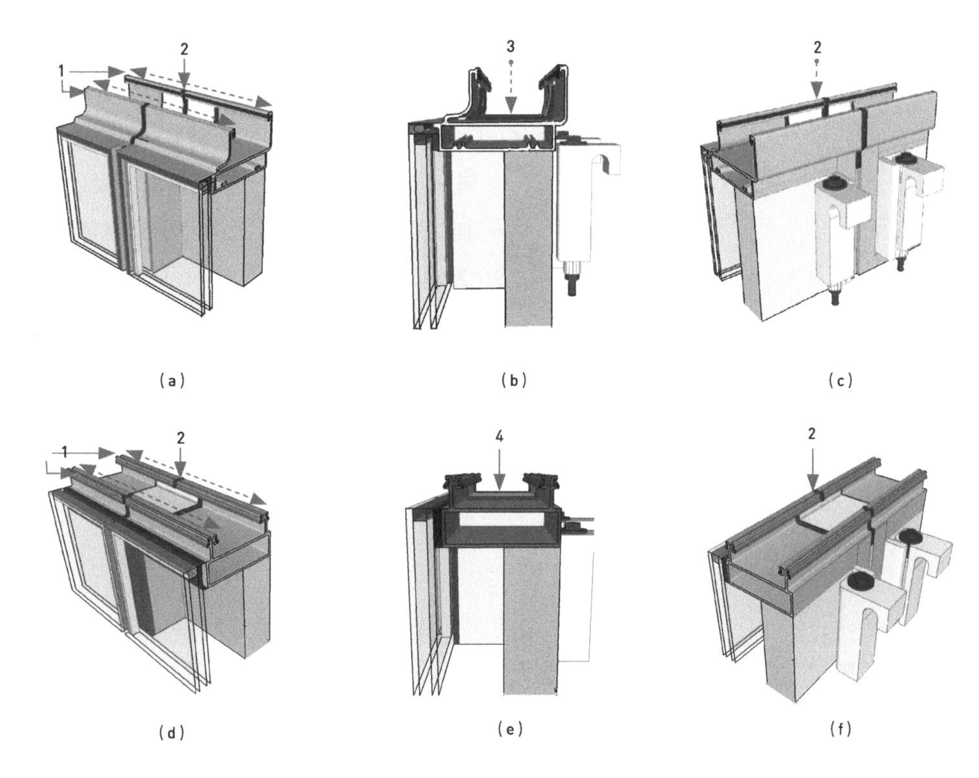

图4.3-7　单元板块顶部“水槽”构造详图

1-前后插接腿连续；2-接缝采用硅酮密封胶密封；3-槽口；4-槽口（水槽）

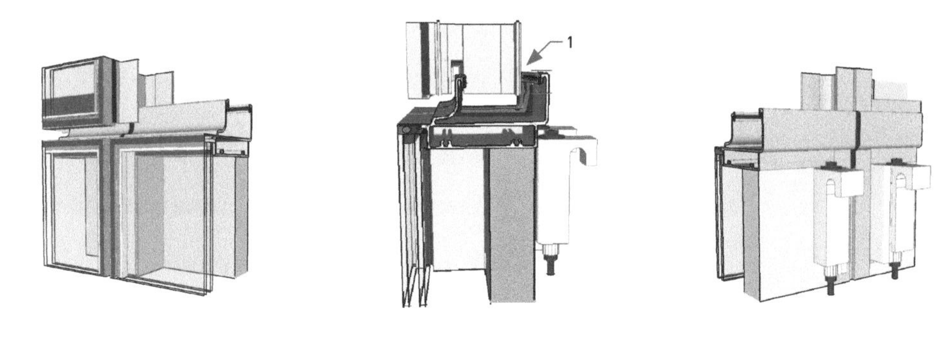

图4.3-8　单元板块间交接点构造详图

1-上面板块密封线位于横向胶条外侧，能保证立柱底部和横梁间有一定的搭接距离，搭接能实现变形条件下依然保证密封

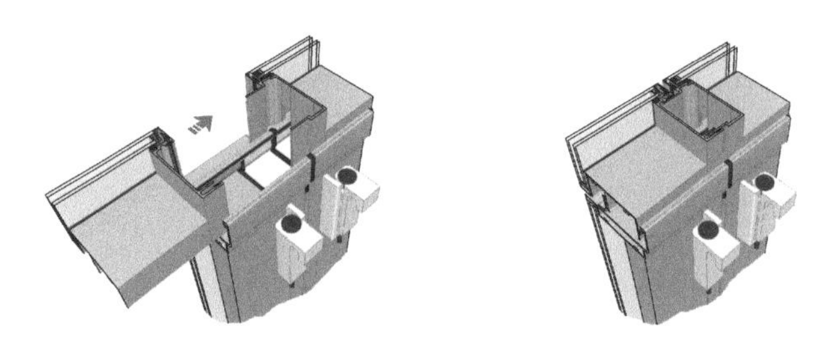

图4.3-9　单元板块间交接点构造详图（俯视）

A方案4个板块的插接部位内侧插接密封实现了密封线的“搭接”，能保证在一定量的板块之间的变形情况下依然有较为良好的密封。请看图4.3-10及图4.3-11对B方案的细节分析，会发现由于横竖插接密封线的位置共面，再加上竖向立柱的插接腿和横向的联系贯通的插接腿之间要留出一定的间隙来允许板块间的变形，最终导致4个板块交汇点出现1个内外贯通的孔洞，虽然这个孔洞可以设计密封胶封堵构造，但是降低了水密和气密的可靠性。

实际工程中确实还在采用这种构造，一般会预置海绵材料+密封胶封堵空洞，安装工艺较为复杂，和A方案比较，水密、气密可靠性要低一些。

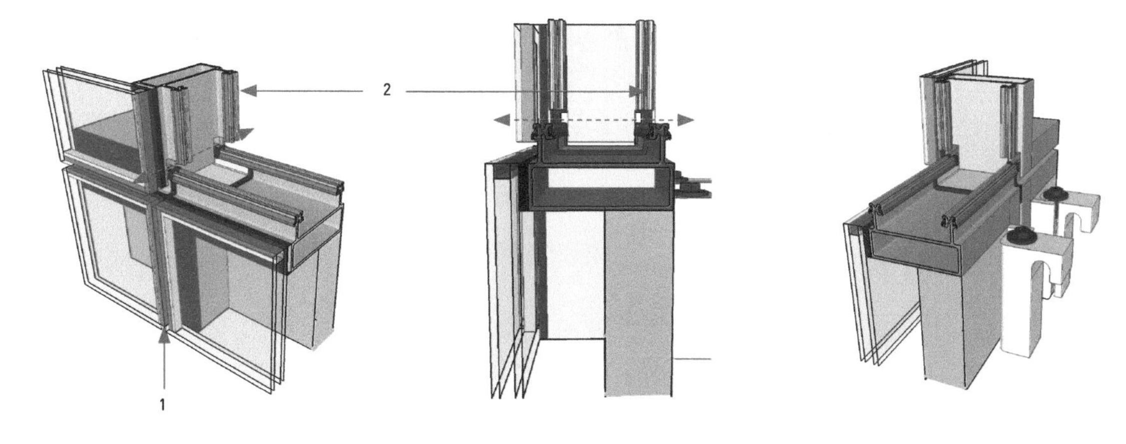

图4.3-10　单元板块交接点构造示意图

1-铝合金装饰扣盖；2-由于立柱和横梁的插接腿共面，而插接构造要预留竖向位移间隙，所以形成了内外贯通的通路（实际设计中只能填塞海绵材料封堵）

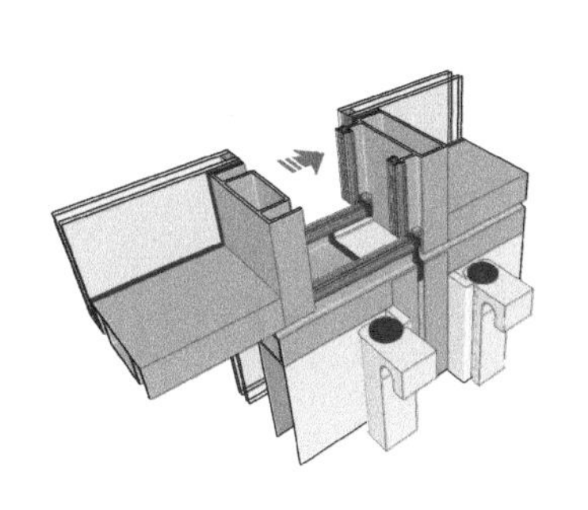

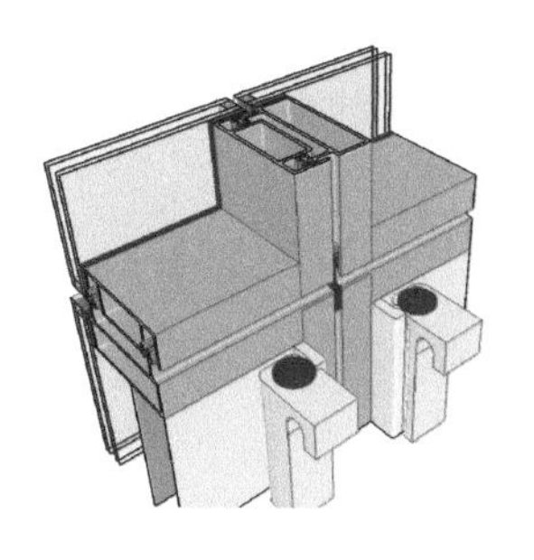

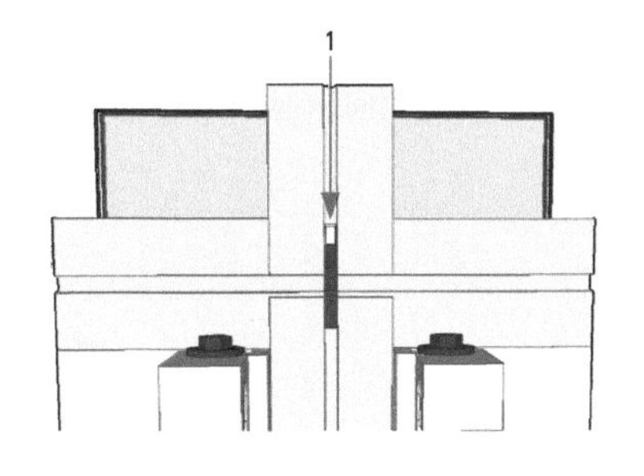

图4.3-11　内外贯通空洞示意图

1-内外贯通的空洞

上面我们通过“标准思考模型”的比较分析说明了A方案（现实工程的常用设计）的进化原因，为了尽量简化比较因素我们只选用了没有“隔热”构造的隐框（没有扣盖）单元式幕墙，对于A方案很容易就能扩展出常用的带外扣盖的单元式方案，截面设计如图4.3-12所示。

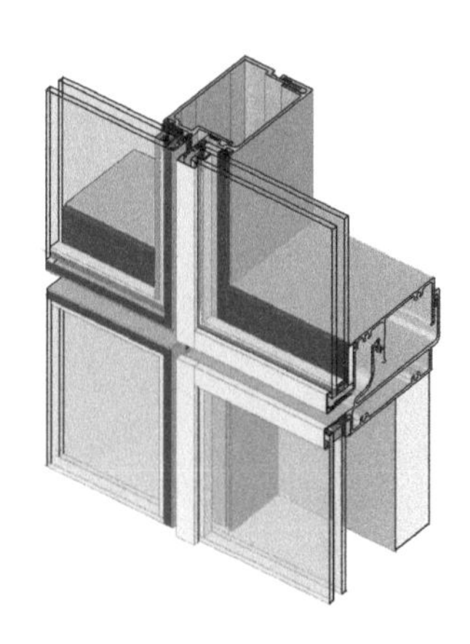

图4.3-12　带外扣盖的单元截面示意图

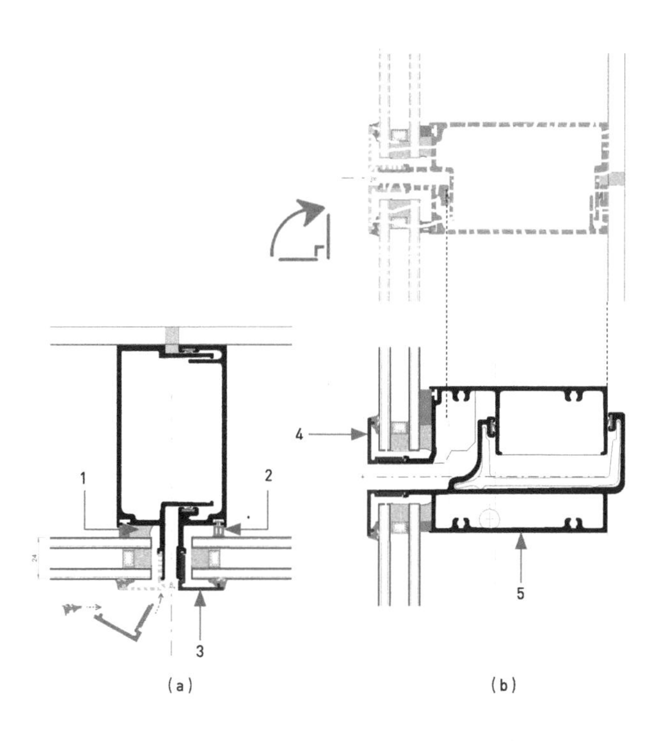

图4.3-13　立柱横梁插接示意图

（a）插接立柱；（b）插接横梁
1-硅酮结构胶粘接玻璃；2-胶条密封设计；3-结构承力扣盖；4-装饰扣盖；5-横梁预留自攻螺钉攻丝线

图4.3-13是A方案（图4.3-3）衍生出来的一个简化的明框单元系统。明框单元玻璃的结构固定有两种策略。一种策略如图4.3-13公立柱的玻璃固定方式，采用隐框的思路，玻璃靠结构胶粘接到骨架上，外扣盖只设计成装饰功能，不承受玻璃传来的巨大风压。由于结构胶同时能起到很好的密封效果，所以这个思路的水密气密可靠性很高。另一种策略是母立柱的玻璃固定方式，不用结构胶，靠扣盖和胶条约束玻璃。扣盖需要承受玻璃的风荷载，需要设计得足够结实。这种策略的玻璃槽口设计原则和构件式幕墙一致，参见图4.3-14。4.6节会专门针对单元式玻璃的固定设计做详细介绍。

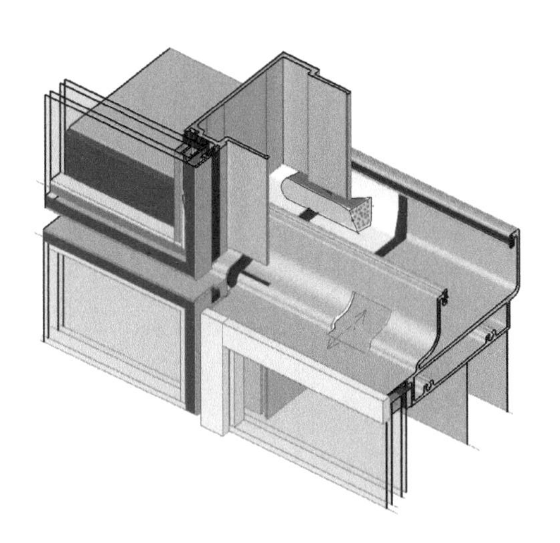

图4.3-14　玻璃结构固定策略示意图

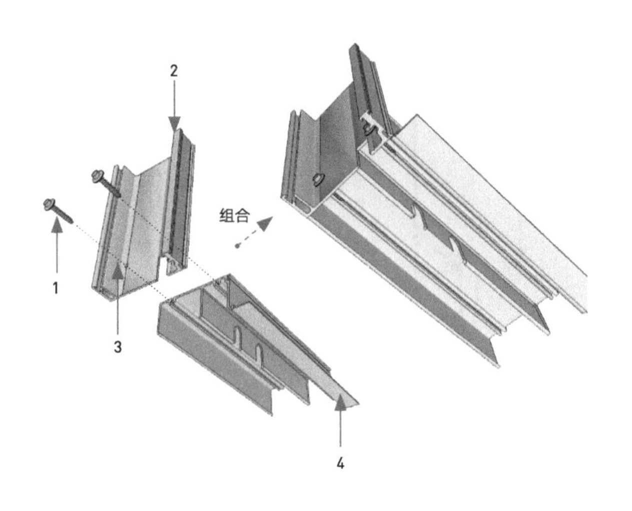

图4.3-15　单元式横梁立柱拼接连接构造示意图

1-不锈钢自攻螺钉；2-铝合金竖龙骨（立柱）；3-自攻螺钉攻丝线；4-铝合金横龙骨（横梁）

下面介绍一下单元式横梁立柱拼接连接的常用构造。图4.3-15中横梁的型材截面一般都预留了“自攻螺钉攻丝线”便于横梁立柱之间的拼接组装。

在讲构件式玻璃幕墙的时候我们反复对比了目前市场上的两大设计流派：“美式”和“欧式”，并对关键细节特征逐一作了对比分析，力求让大家做到“不光知其然还要知其所以然”。单元式的主流设计风格除了上面的A方案还有其他两种，这三种流派已经很难说是哪个地区的设计风格，首先A方案的做法欧洲和美国以及中国国内主流厂家都普遍采用，我们暂且称为“标准系统”。我们先来补充欧式系统厂家采用的“大胶条插接单元系统”，如图4.3-16所示。

横梁立柱的前后胶条都分别设计共面，再运用胶条的双层形状设计和巧妙的切割工艺，使得横竖胶条最终形成前后搭接关系来实现高的密封可靠性，详见图4.3-16所示。

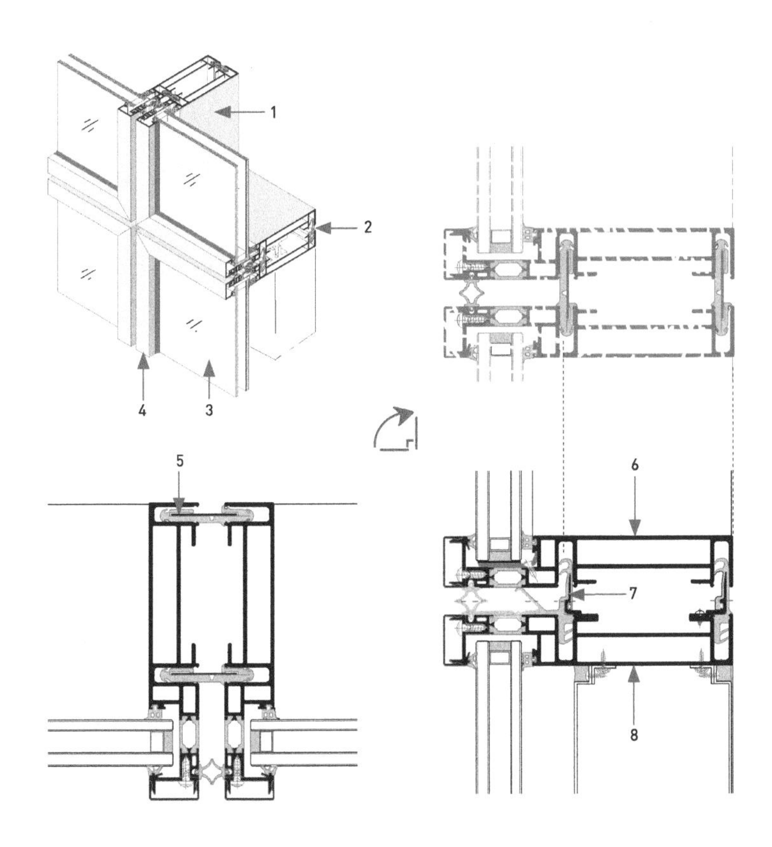

图4.3-16　实际产品状态的横梁立柱截面设计示意图（有完整的隔热设计）

1-铝合金立柱；2-铝合金横梁；3-中空玻璃；4-铝合金扣盖；5-巨大的竖向插接胶条；6-板块底横梁；7-横向插接胶条；8-板块顶横梁

相对于“标准系统”，这个系统的主要特征是单元板块之间通过大胶条插接密封，横梁立柱设计成统一的截面，立柱横梁连接一般采用45°角拼接，详见图4.3-17所示。

图4.3-17（a）是“欧式系统”典型的胶条设计，竖向胶条分成前后两层，将插接位置竖直胶条后面一层部分切掉，让横向胶条和胶条的前面层形成“搭接”关系。图4.3-17（b）立柱和横梁统一成了一种铝型材，立柱和横梁采用45°连接（类似于铝合金窗的角部连接）。

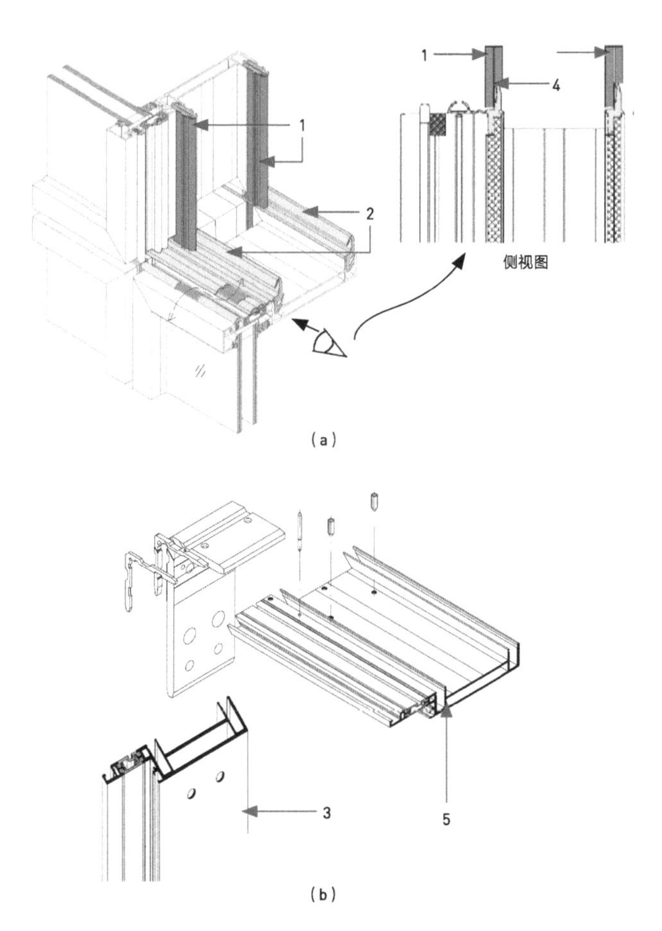

图4.3-17　立柱横梁胶条连接设计示意图

1-竖向胶条，分前后两层；2-横向胶条；3-立柱；4-后层切掉局部；5-横梁

由于框架之间的插接都是由“大胶条”来完成的，但是胶条是没有办法传递荷载的，所以这个设计中需要在板块的顶部专门增加竖向的插接板，用以传递上面板块的荷载到下面的板块上，见图4.3-18所示。

图4.3-18中每个板块的2个顶角都固定了一个插接钢板，上面的单元板块安装时钢板插入其中起到结构传力作用，同时这个插接板一般也兼做吊装点使用，见图4.3-18中的吊装孔。

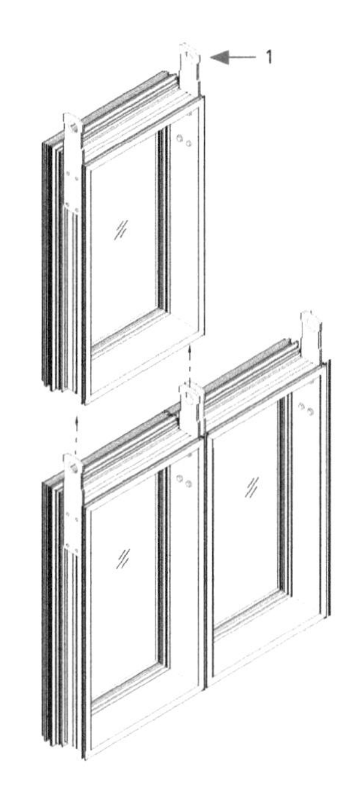

图4.3-18　竖向的插接板设计示意图

1-上下插接不锈钢板

下面总结一下“欧式系统”的几个特征，以便于和标准系统以及后面要讲的“美式系统”作比较。

主要特征如下：

①横梁立柱的截面尺寸一致（甚至截面形状都统一）。

②板块间的密封由前后布置的2道大胶条插接实现。胶条设计复杂，巧妙地实现了前后搭接密封。

③上下板块的传力依靠布置在2道大插接胶条之间单独的插接钢板实现。

大家可以将“欧式系统”和“标准系统”就以上特征作个对比，自己分析一下有哪些异同，带着问题往下看“美式系统”介绍。最后会回过头来对这三个“流派”作汇总比较，分析优缺点，帮助大家理解产品设计要考虑的主要因素。

图4.3-19所示的系统非常“简洁实用”，立柱横梁前后都对齐，只有1道前置的胶条插接密封线。横梁立柱的截面差异很大，采用90°切割对碰连接。竖向胶条增加了1个对碰胶条，能使立柱插件密封缝背面接近一个平面，便于在横梁位置和横向的插接腿上的密封胶条形成搭接密封，如图4.3-20所示。

另外注意单元式设计中扣盖没有分成两部分，单扣盖的设计并不是基础特征，本书后面会有内容单独介绍扣盖的设计方法。

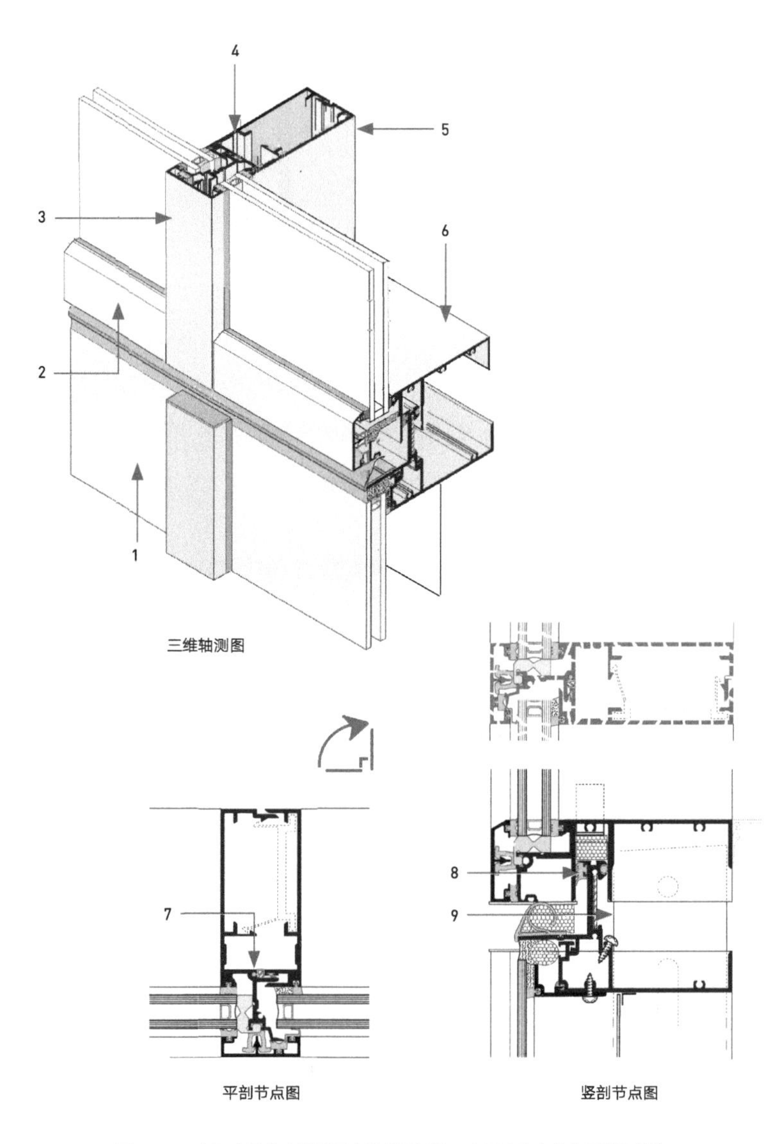

图4.3-19 实际产品状态的横梁立柱截面设计示意图（有完整的隔热设计）

1-中空玻璃；2-横向扣盖；3-竖向扣盖；4-铝合金母立柱；5-铝合金公立柱；6-铝合金底横梁；7-竖向密封胶条；8-横向密封胶条；9-竖向插芯

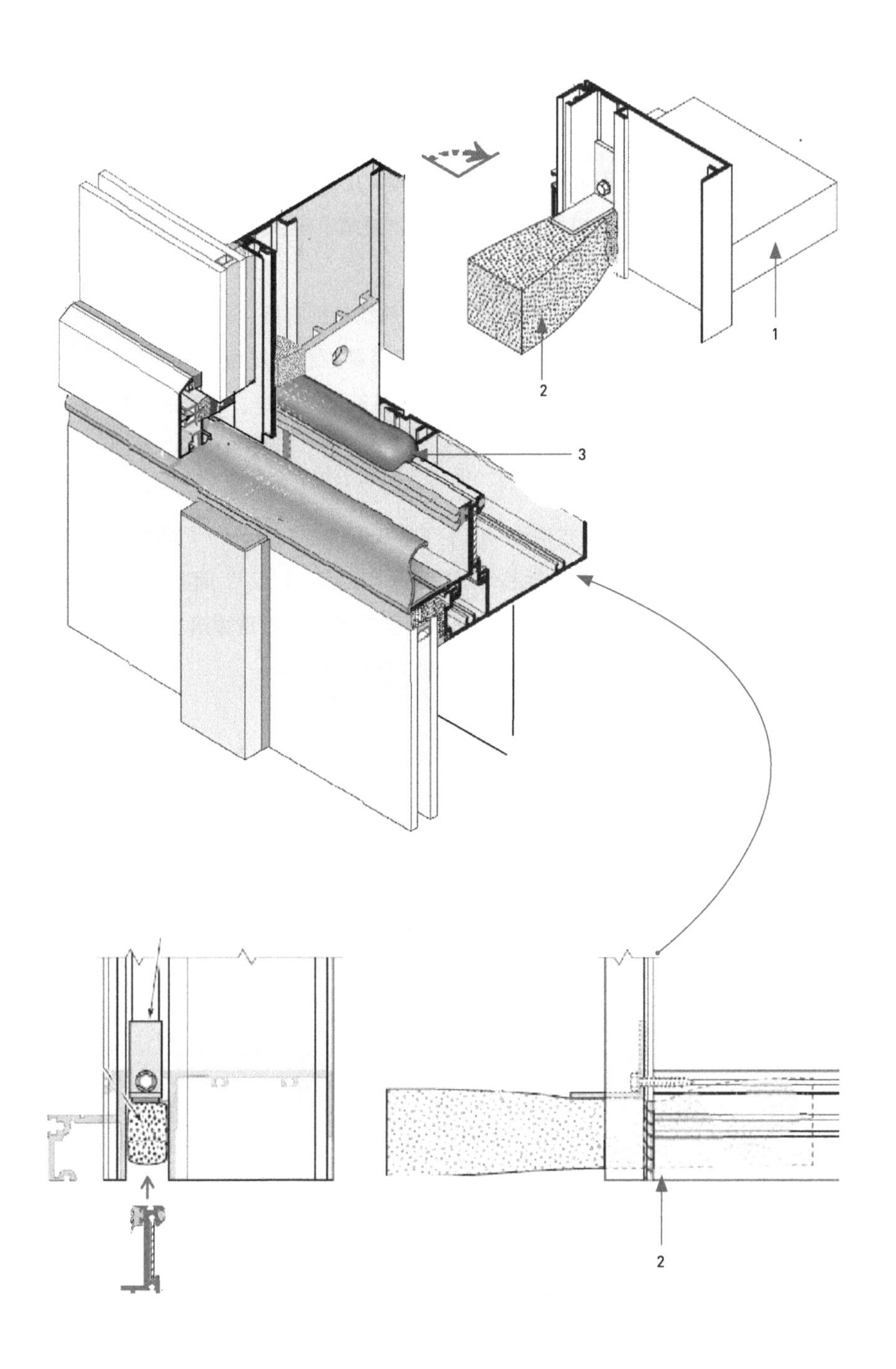

图4.3-20 “美式系统”单元板块密封设计示意图

1-底横梁；2-高弹性“海绵”密封材料；3-板块交接处的硅酮密封胶（加强密封）

“美式系统”单元板块密封的核心思想是在第一道密封线上完成“标准系统”第二道密封线的工作。由于这一道密封在板块安装完后会内藏于铝型材内侧，无法再做视觉检查或者可能需要的修补，所以对施工质量要求较高。工艺设计上采用密封胶及泡沫密封材料多道密封来保障密封的可靠性。

图4.3-21美式系统的横梁立柱典型连接采用的是与“标准系统”一样的较为常规的90°切割直角“碰接”加自攻螺钉紧固。

还有一个特点是美式系统特别喜好用开口截面，一来相较于闭口铝型材截面铝型材挤压模具的制作过程大大简化，二来加工工艺上“铣”“切”“钻”加工量都大大减少，还消除了腔内密封无法检查的问题。

“美式系统”的上下板块间的传力设计和“欧式系统”一致采用附加的竖向插芯传递荷载（详见图4.3-22），而由于只有“标准系统”2道插接密封之间有水密要求不便于布置穿透水槽的竖向插芯，所以选用独特的横向加强水槽插芯来传力。

在我们目前介绍的这个“美式系统”中，厂家选择了单插芯设计，这样可以节省材料，显然也可以采用双插芯设计。

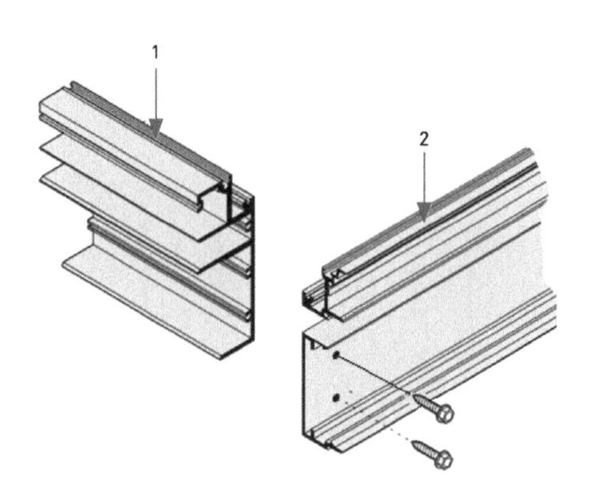

图4.3-21　美式系统的横梁立柱的典型连接示意图

1-铝合金横梁；2-铝合金立柱

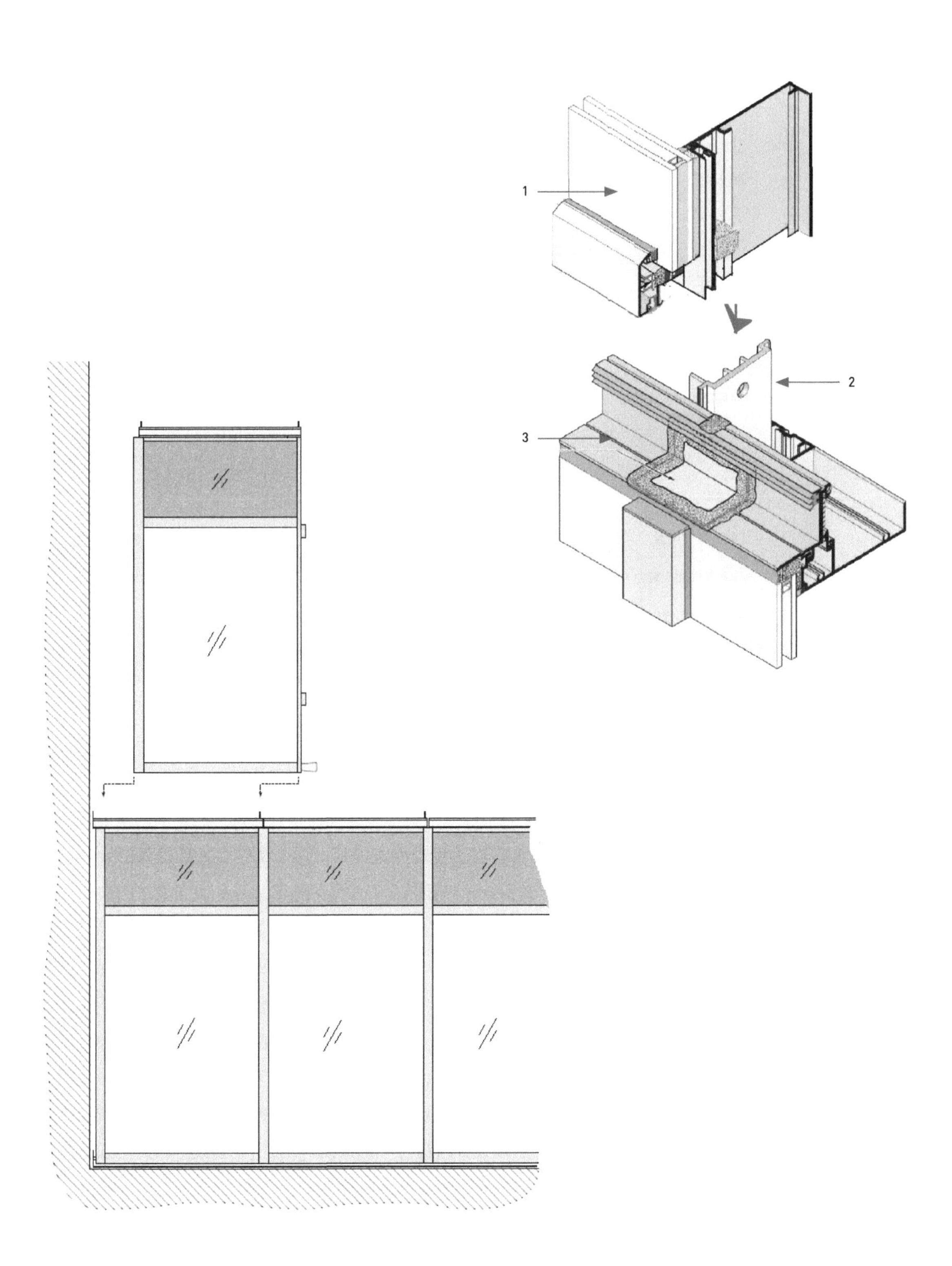

图4.3-22　板块的安装顺序示意图

1-上面板块；2-竖向传力插芯；3-注意左右板块的顶部接缝处一般会采用密封胶加硅酮胶加强拼接密封

最后我们来总结这三种不同的设计风格，如表4.3-1、图4.3-23所示：

三种不同设计风格比较 表4.3-1

系统风格		系统1 标准系统	系统2 典型欧式系统	系统3 典型美式系统
1	插接密封道数	2	2	1
2	气密道数	1	2	1
3	加工工艺难度	简单	相对复杂	简单
4	安装完后密封施工缺陷的可维修性	可检查，可维修	难检查维修	不可检查维修
5	安装难度	简单	复杂	较复杂
6	扣盖的视觉效果	一般为90°直碰	一般为45°角拼接	一般为90°直碰
7	铝型材的用量	一般	最贵	最省
8	竖向变形的适应能力	很强	一般	很强
9	综合水密可靠性	强	一般	一般
10	市场项目数量	非常多	少	少
11	设计容错性	非常好	差	一般

系统1，标准系统采用雨幕原理设计，气密设计到距离雨水最远的地方，从室内可直接目视检查维修。这个是综合性能最优的设计。系统2，欧式系统虽然设置了2道气密防线，但是如果雨水突破第一道气密（图4.3-23b中箭头所示位置），系统漏水不可避免，而第一道胶条十分接近室外雨水，而且板块安装完后无法再对胶条的安装质量做任何检查或者修正，所以实际表现出来的设计容错性远不如系统1。系统3，美式系统设计逻辑简洁，在较为靠近雨幕位置设置一道气密，形成等压设计，但是相对系统1，气密位置更靠近雨幕；同时和系统2一样气密内藏于截面中间，一旦完成安装就没有检查和修正的可能，所以设计容错性不如系统1。关于中国规范和美国规范对玻璃槽口及入槽尺寸的规定，参看表2.1-1和表2.1-2。

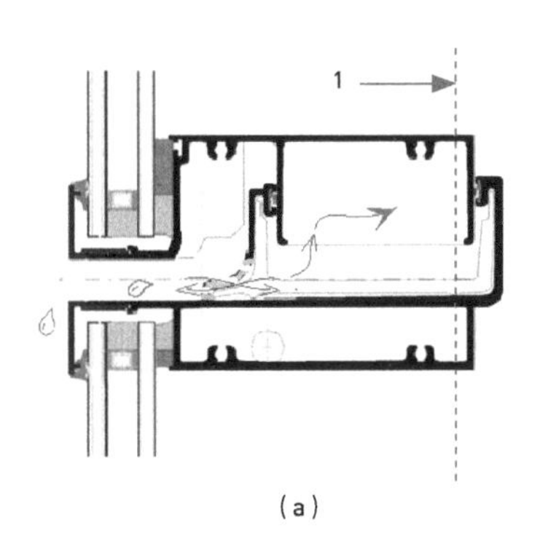

（a）

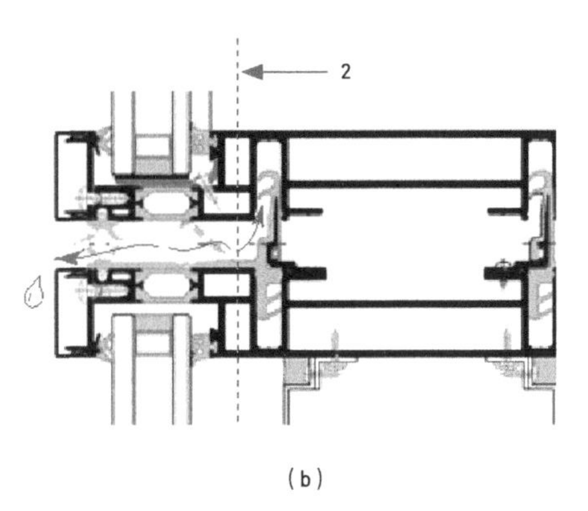

（b）

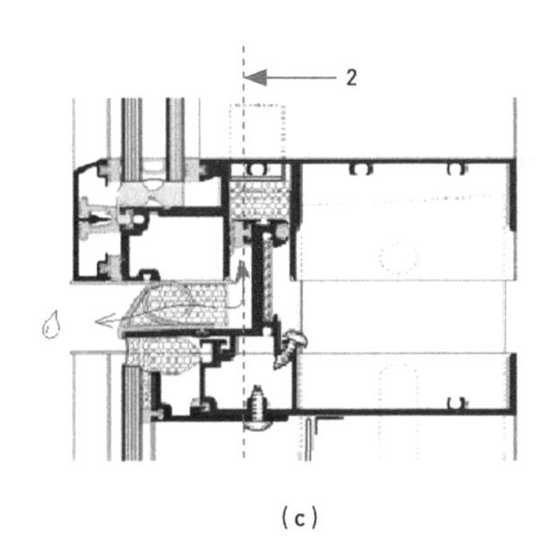

（c）

图4.3-23　三种不同设计风格比较

（a）标准系统；（b）典型欧式系统；（c）典型美式系统
1-气密线；2-第一道气密线

4.4　单元式玻璃幕墙常用玻璃及层间构造设计

单元式和构件式幕墙的玻璃相同，我们温习一下构件式幕墙对应章节的内容。玻璃幕墙一般使用中空玻璃，层间分格采用单层玻璃，玻璃钢化或者半钢化。幕墙玻璃原片基本都是浮法工艺生产，厚度一般大于5mm（中国规范下限6mm）。世界范围内对幕墙节能要求越来越高，为了进一步提高中空玻璃的热工性能，Low-E镀膜已经广泛应用。

图4.4-1是单元式层间构造的剖视3D示意图。层间分格外层玻璃面板一般为单层玻璃，通过镀膜调色来追求和可视区域的中空玻璃协调的视觉效果。背板部分一般采用3层结构，最外面的"装饰用铝板或者其他类型装饰板"+背衬防火保温岩棉板+内层镀锌钢板（可选）。外层玻璃和装饰铝板形成的空腔通常被叫作"阴影盒"。建筑师一般倾向于让阴影盒子有一定的"深度"（一般50～100mm），让层间分格在视觉上不要过于突出。

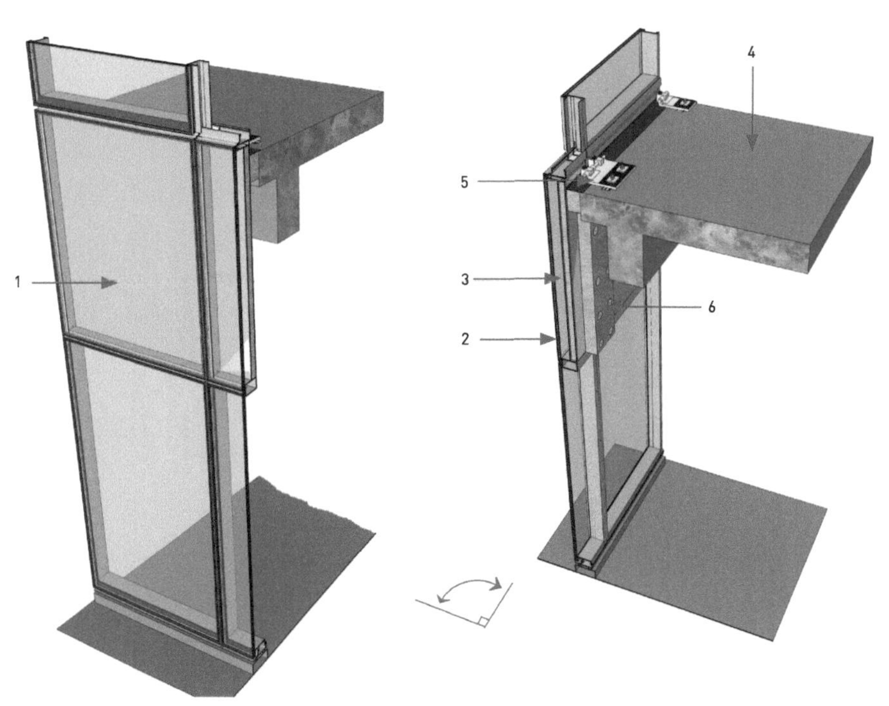

图 4.4-1　单元式层间构造剖视3D示意图

1-层间分格；2-层间玻璃；3-阴影盒背板；4-结构楼板；5-板块和结构连接构件；6-防火背板

阴影盒部位由于无法从室内做可能的漏水检修，所以一般将阴影盒和室外做等压设计，提高防水可靠性（提高容错性）。图4.4-2所示阴影盒左下角处开有等压通气孔（理解这个设计大家可以参考本书2.2.3节关于雨幕原理的介绍），这个孔的大小一般为12～16mm。注意对比一下构件式幕墙这个孔开在了立柱上而不是玻璃胶条部位，大家自己思考一下原因。如果在沙尘较多的地区，这个口需要塞上开孔过滤海绵，保证通气的同时要避免沙尘进入污染玻璃。这个洞还有一个功能是防止水汽困在空腔内（Vapor Trapping），当气温降低时在层间玻璃内面形成冷凝雾气破坏幕墙的设计外观。

曾经有工程没有开这个通气孔，夏天生产的板块空腔内空气湿度大，到冬天温度降低，困在空腔内的水汽在玻璃内面凝结成水雾。大家对比一下，完全密闭的中空玻璃为了避免水汽困在空气层内，间隔条内特别填充了干燥剂，同时间隔条和玻璃之间第一道密封采用水汽密封效果大大好于硅酮密封胶的丁基密封胶，控制水汽扩散进入。这两个条件阴影盒都不具备，所以得开通气孔对水汽进行疏导。

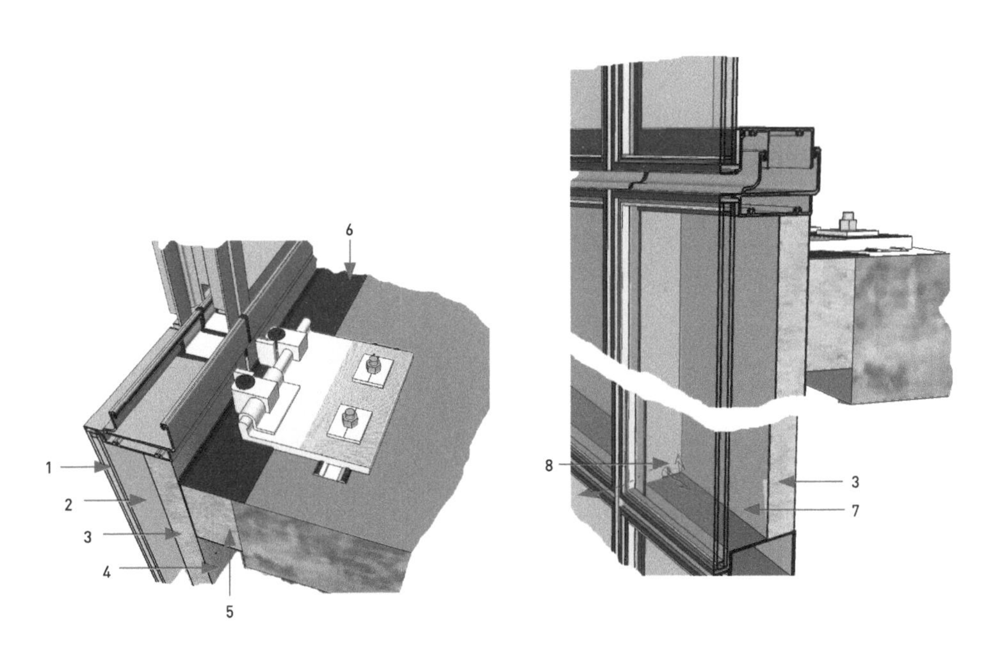

图 4.4-2　标准单元式层间构造

1-层间外层玻璃；2-阴影盒层间分格；3-防火岩棉背板；4-镀锌钢板；5-板边防火岩棉填塞；6-楼面板边防烟涂层（国内工程较多采用1.5mm的镀锌钢板封堵）；7-阴影盒装饰背板一般为铝板（铝塑板）或者不锈钢板；8-气孔

4.5 单元板块与楼板结构的连接设计

各个厂家均在设计实践中形成了各自成熟的连接设计风格。下面我给大家介绍一下常见的集中设计，同时说明一下各自的优缺点，便于指导日常设计工作。不管各自的形式如何，连接件的基本功能第一要实现结构连接固定；第二要具备3个方向可调节性，以便于吸收主结构施工误差（通常为±25mm量级）。

图4.5-1所示为连接件的总体构造。单元“挂”到楼板板边的预设L形连接件上，整个连接件的设计具备3个方向的可调节性能。

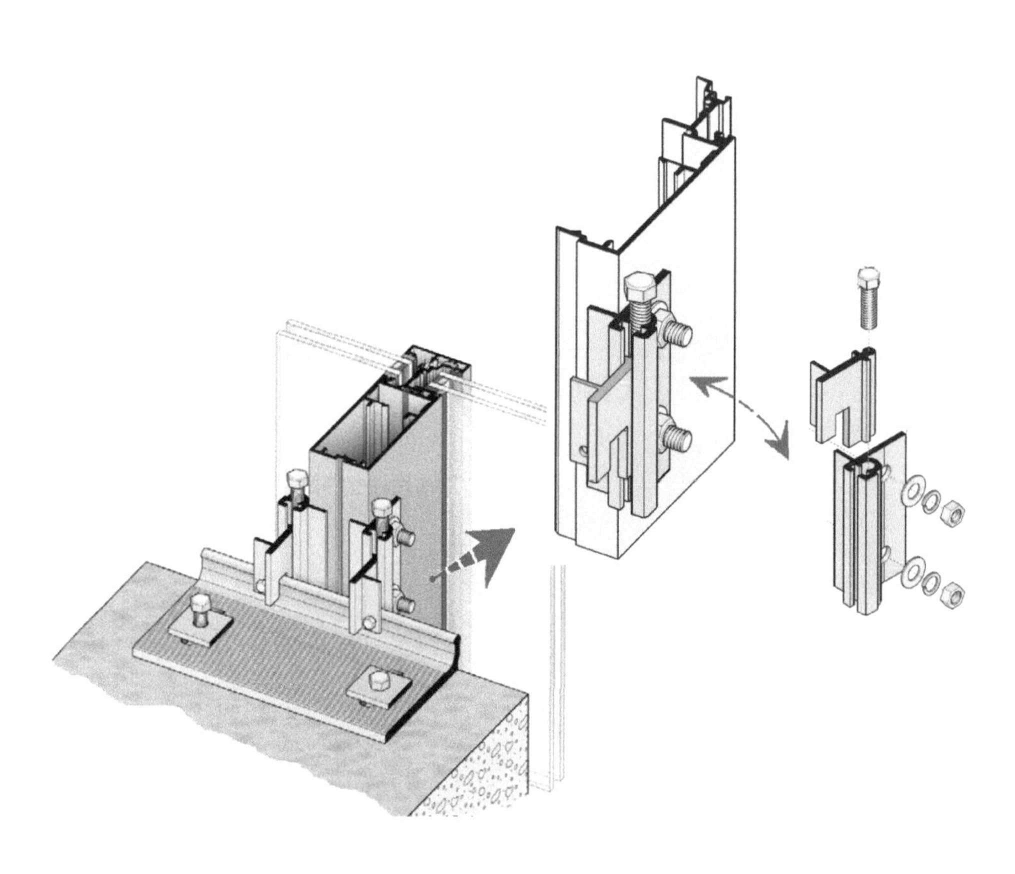

图4.5-1　连接件构造示意图

图4.5-2（a）为进出方向的调节，由L形连接件完成，L形连接件由槽式预埋件或者后补膨胀螺栓固定到混凝土楼板上。图4.5-2（b）是单元板块的上下调节方式，拧动螺栓即可上下调节单元板块的位置。单元板块安装左右的调节在单元的挂钩和L形挂件间完成，调节到需要的安装位置后用自攻螺钉锁定，详见图4.5-2（c）所示。

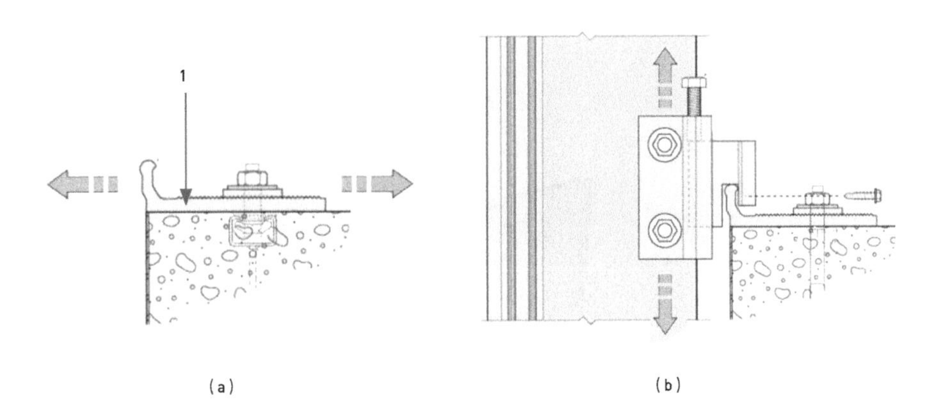

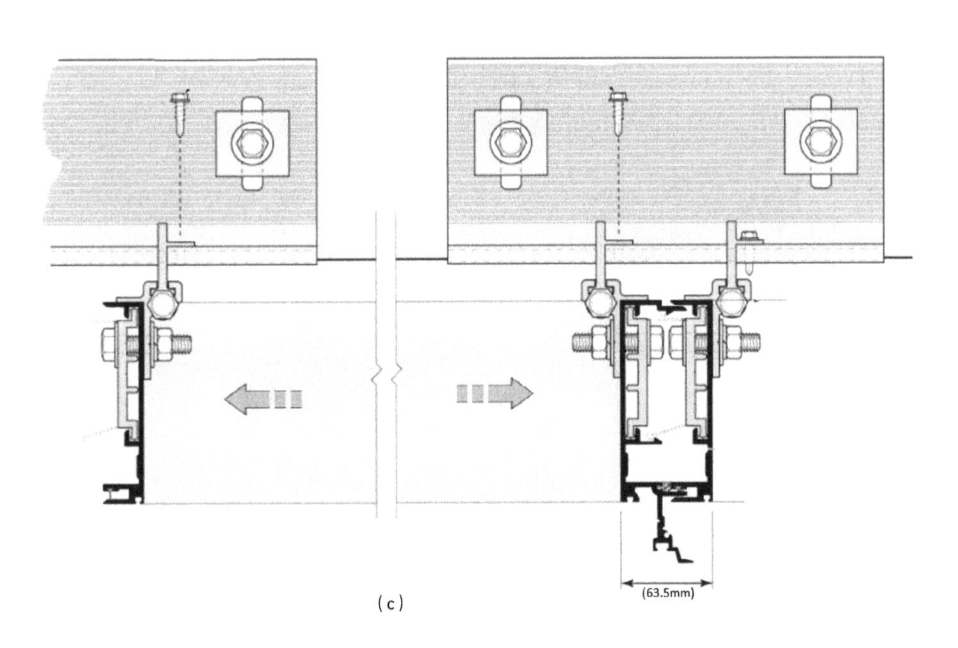

图4.5-2　连接件调节示意图

（a）进出调节示意；（b）上下调节示意；（c）侧向调节示意
1-带齿铝材，位置调节构造

图4.5-3为另外一种连接设计实例，看起来和上面的例子很类似，但仔细看会发现上下调节的构造设计不一样，对楼板顶部空间要求比上面的设计要小，适合于建筑地面铺装厚度底的建筑。如果建筑设计的结构楼板面到建筑地面小于70mm，则需要考虑楼板侧面设计连接，或者楼板局部预留出下沉的缺口给楼面的连接件（见图4.5-3左下示意）。侧面连接的设计条件局限多，施工时连接件安装调节都不如楼面连接方便，应该优先设计楼板面连接设计。

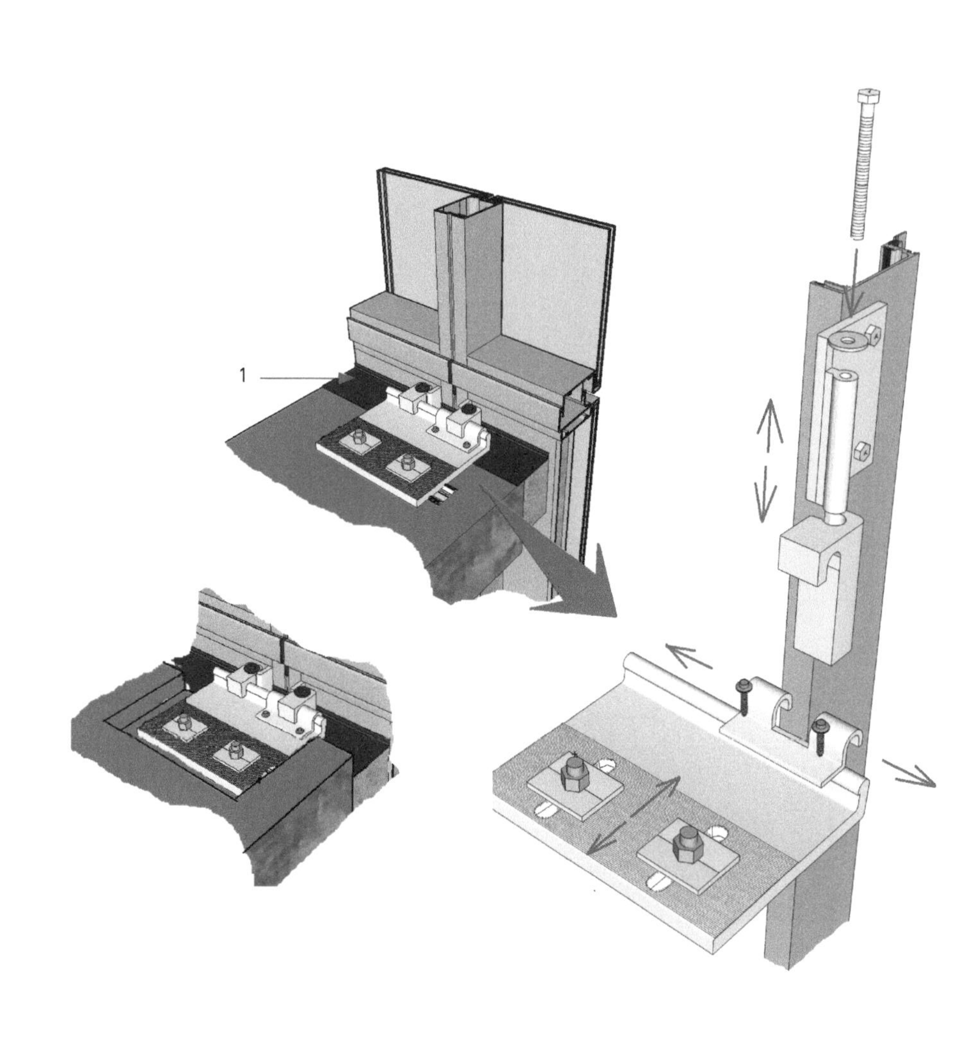

图4.5-3　楼板预留凹位小平台示例

1-柔性防火封堵

图4.5-4是欧式系统常用的连接构造，由于单元的连接件几乎挂在楼板面下面，所以对楼板面以上的空间要求较小。缺点是加工较为复杂，楼板上的连接板需要铣出T形连接槽口，而铣切的板前端一般结构上要比较厚（30mm左右），铣切加工量大。上面介绍的两种典型连接设计连接件主要布置在楼板的上面，实际工程中连接件需要布置到楼板侧面也是较为常见的，例如剪力墙位置的挂件，或者楼板面建筑地面厚度无法藏住连接件的情况，下面列举几个设计实例。

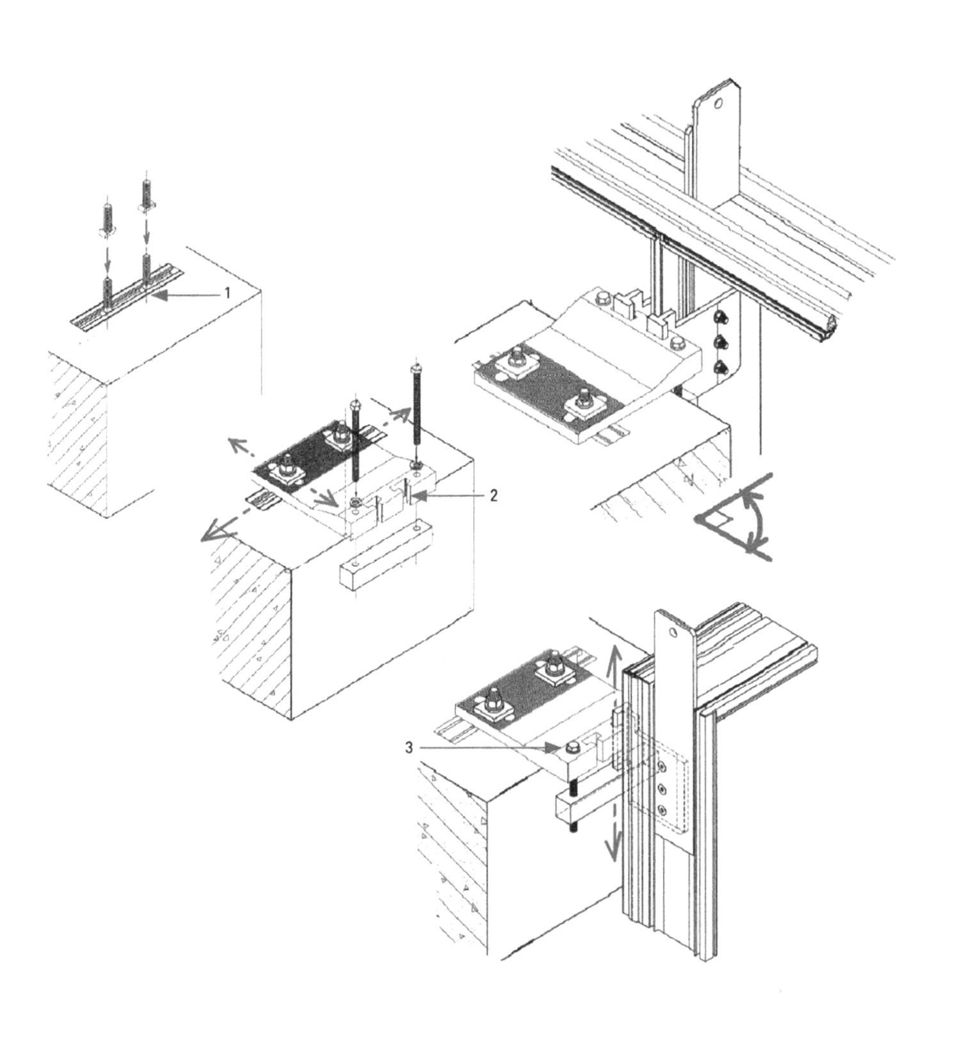

图4.5-4　欧式系统连接构造示意图

1-预埋于混凝土的槽式埋件；2-T形连接槽口；3-调平螺栓

1．侧面连接方案一（图4.5-5）

这种设计对楼板边到立柱后端的距离要求最小一般为100mm。连接件竖向调节齿不能随型材挤压成型，需要二次机械加工成齿，增加了加工工序，同时还有空间设计竖向位置最终微调螺栓，能在板块挂装完后最后微调一下竖向位置，减低对前道工序竖向精度的要求，降低了安装难度。楼板边侧面连接的最大缺点是连接件的安装需要“吊篮”，增加了安装难度和措施成本，降低了生产效率；另外一个缺点是如果混凝土楼板向外偏差，标准挂件往往会和单元板块室内侧背板冲突，需要做现场切割，或者定制加工非标准尺寸的连接件，减低构件的标准化程度，进一步降低安装效率。

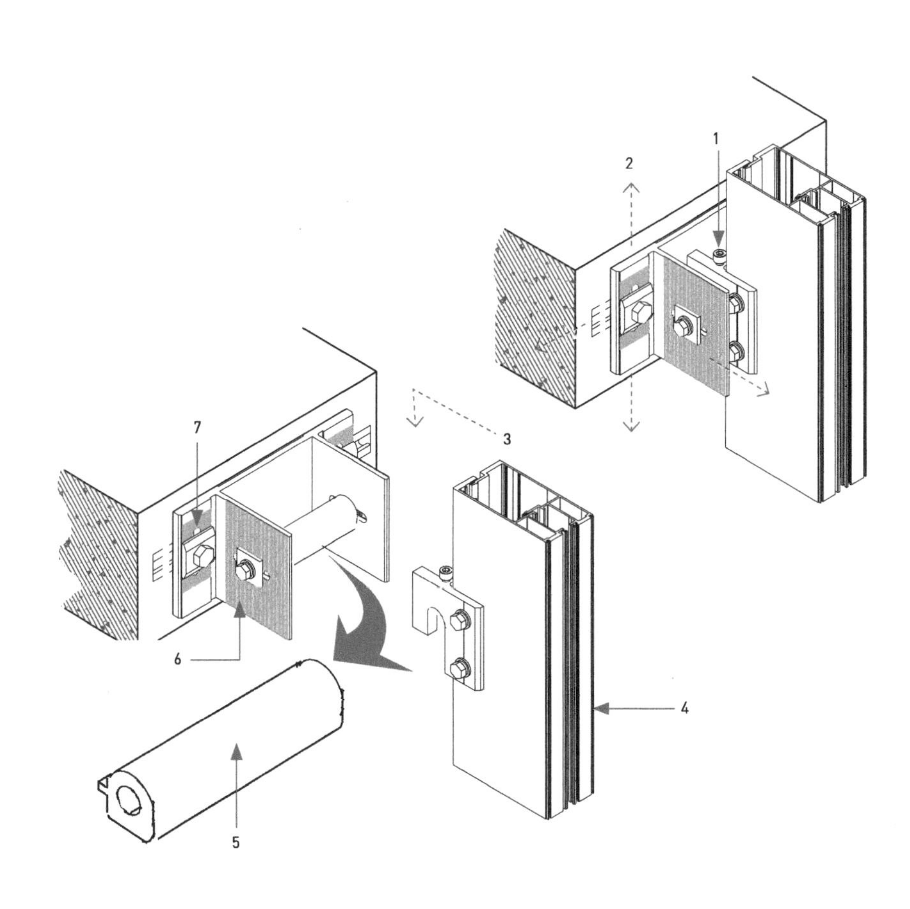

图4.5-5　侧面连接方案一

1-竖向位置最后微调螺栓；2-三个方向位置调节示意；3-安装方向示意；4-单元铝合金立柱；5-铝合金支撑套筒放大图，后侧突起为板块左右限位构造；6-进出位置调节用的“齿牙”随型材挤出成型；7-竖向位置调节用的“齿牙”需要机械加工

2. 侧面连接方案二（图4.5-6）

当楼板边到立柱后端的距离小于100mm后，我们就不得不采用图4.5-6所示的侧面连接方案二了，这个方案在保证进出调节±25mm时楼板边到立柱后侧距离最小要求为50mm左右。这个设计中挂接点位于立柱侧边，连接件直接和单元背衬的保温防火岩棉位置冲突，需要预留空间在板块安装就位后再补塞防火岩棉，施工工艺零碎、复杂、效率低、质量控制困难。由于连接件内嵌于板块中，操作空间小，所以一般不再设置竖向位置微调螺栓。上道工序L形铝合金连接件的竖向位置必须非常准确，进一步加大了安装难度。

对于侧面连接还有一个问题要注意：槽式埋件的边距要求150mm，大部分楼板的厚度都达不到300mm，当边距小于150mm时需要厂家做专门的配合计算，同时预埋件的安装精度要求相对板顶连接也更高。

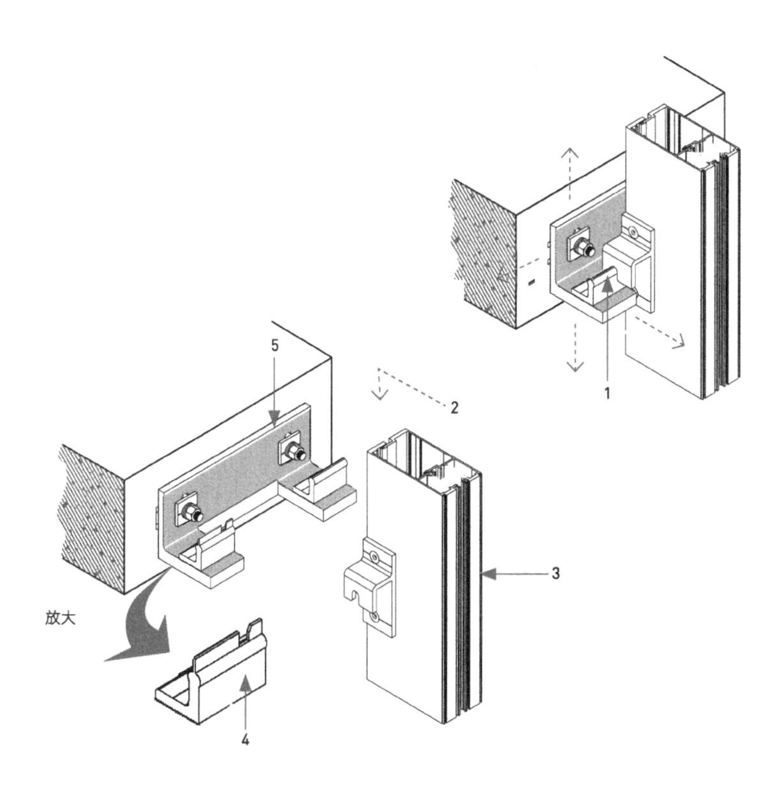

图4.5-6　侧面连接方案二

1-挂接点已经位于立柱侧面而非后边，所以这个区域的单元隔热构造被占位削弱；2-安装方向示意；3-单元铝合金立柱；4-L形铝合金支撑件，上部切开为左右限位构造；5-L形铝合金连接件，底部需要作大量铣切加工，铣出缺口容纳立柱

4.6 隐框和明框单元式玻璃幕墙设计要点的比较分析

这一节我们再来总体回顾一下隐框、明框效果单元实践中是如何设计的，同时分析一下实践选择的内在逻辑，让大家能从原理层次理解不同设计。

单元的功能特征决定了立柱最终“切”成两半，分为公母插接立柱，由于半个立柱的空间很难再容纳扁担扣连接（构件式玻璃幕墙的常用隐框设计），同时由于玻璃和铝框在工厂完成拼装，直接用结构胶粘接玻璃到铝合金框上成了隐框效果的最佳实践选择。隐框玻璃幕墙玻璃周圈一般都会设计铝合金装饰边，设计实践中铝合金装饰边能隐藏玻璃下边的自重承托片，改善建筑外观。随着隔热性能要求的不断提高，装饰边上设计隔热条和密封胶条能实现较为理想的隔热效果，避免了玻璃边部直接暴露于室外冷空气中形成热桥。有人也提到装饰边条保护了脆弱玻璃边部，减少了板块运输、安装过程中的破损，这也是事实，但是边条带来的副作用是可能“禁锢”水汽在玻璃边部（注意部分中空玻璃厂家的合约质保条件要求玻璃边部需要透气条件），所以需要设计通气排水孔，如图4.6-1所示。

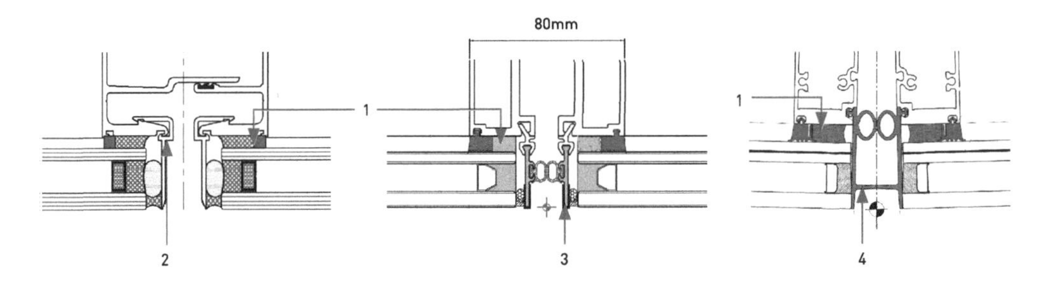

图4.6-1 隐框单元立柱和玻璃连接构造示意图

1-硅酮结构胶；2-非隔热设计玻璃装饰边条（铝合金）；3-复合隔热材料玻璃装饰边条；4-硅酮胶条隔热边条

明框的设计中，玻璃固定构造有两种，一种是延续采用构件式幕墙的压板构造（当然压板成了半个）；另外一种是外扣盖只起装饰作用，玻璃采用和隐框幕墙一样的结构胶粘接方式。这两种设计实践中都存在，玻璃结构胶粘接更常见，原因是在完善的隔热构造的前提下要实现结构上可靠的压板构造，立柱的宽度通常需要至少

100mm，而结构胶粘接的明框能很容易控制在80mm左右。明框单元的外扣盖一般是分体设计，公母立柱各自带着半边扣盖，但是当建筑师需要强调外扣盖呈现的建筑线条时一般会通过加大扣盖的物理尺寸来实现，对于大尺寸扣盖，我们一般做成一个整体连接固定到立柱的一边（一般会连接到相对更粗壮的公立柱上）。明框设计还有一点要注意，考虑维护阶段玻璃损坏需要更换时，扣盖需要能较为容易地拆卸下来并安装回去，如图4.6-2所示。

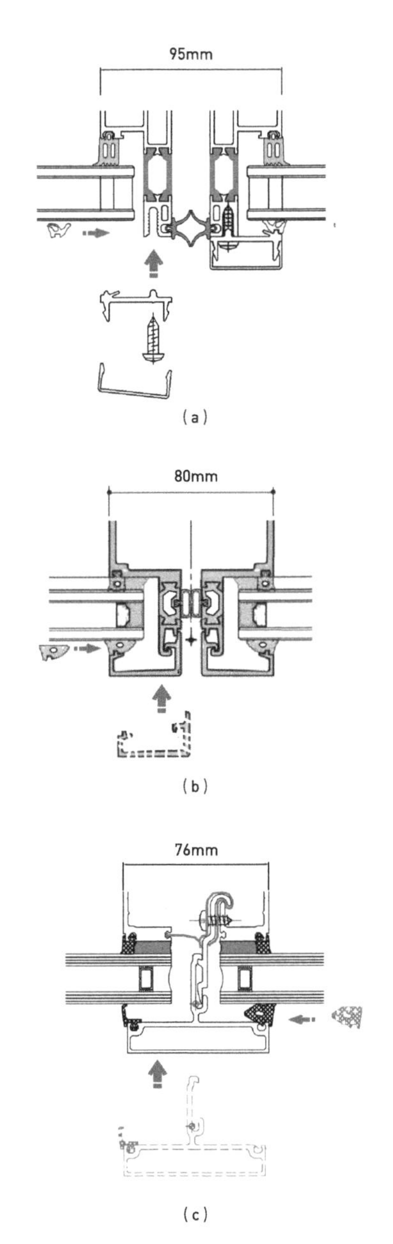

图4.6-2　明框单元立柱和玻璃连接构造示意图

（a）压板，半尺寸扣盖；（b）结构胶粘接，半尺寸扣盖；（c）结构胶粘接，全尺寸扣盖

隐框的玻璃和框之间的水密设计依靠结构的密封作用就可以，密封设计简单实用，而明框的玻璃和框之间的密封则较为复杂。如果是结构胶粘玻璃则和隐框设计一样靠结构胶密封，如果用的是压板体系，不要在玻璃槽底打硅酮胶，这是个常见的不良设计。另外，单元式隐框幕墙极少采用构件式幕墙的附框设计，因为框和玻璃的结构胶粘接可以在工厂完成，不再需要铝合金附框。但是仍然有少数工程幕墙顾问方要求在维护阶段的玻璃更换也不允许现场打结构胶，或者要求可视区域玻璃从室内更换，这种情况下还是会出现铝合金附框设计，如图4.6-3所示。实践证明这种要求弊大于利，常常是付出更多的材料成本，最终也没能达到避免维修现场结构胶作业，这里面其他的原因就不展开了。

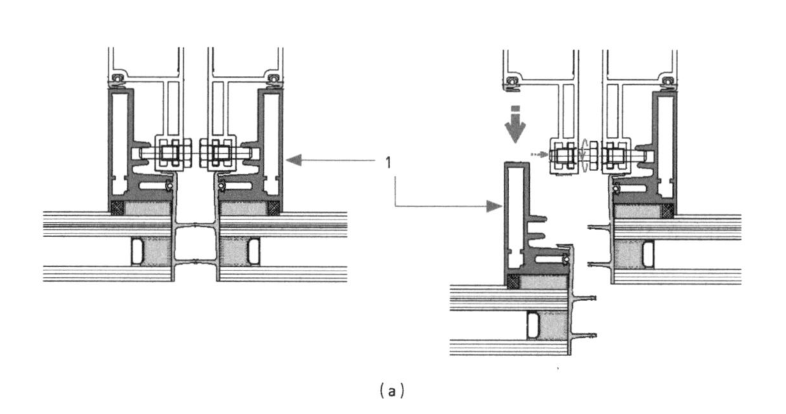

(a)

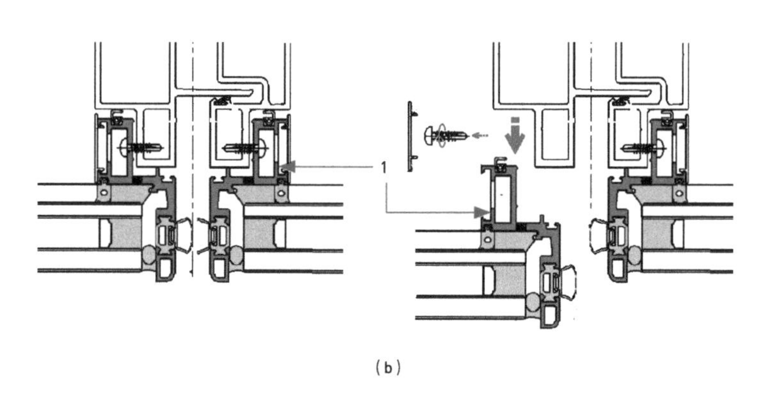

(b)

图4.6-3　铝合金附框设计示意图

(a) 可从室外拆卸的带“附框”的单元立柱设计；(b) 可从室内拆卸的带“附框”的单元立柱设计
1-铝合金附框

4.7 等压原理在单元式幕墙设计中的实践

“等压原理”及其常见应用在2.3节已进行了讲解，下面来作个系统性的汇总。

1. 玻璃槽口的等压设计构造，如图4.7-1所示。

单元板块底部横梁要开通气排水孔，一般尺寸为5mmx30mm，通常布置在距离横梁两端1/4长度处。

2. 板块插接腔体构造，如图4.7-2所示。

通气排水通路上的胶条要局部切割掉50mm，通常布置在距离横梁两端1/4长度处（通气是等压设计的核心，构造保证小概率的少量进水能流出不累积），图4.7-2分析对比了3种产品的通气等压构造方式，同时对比了气密“防线”（Air Seal）的布置位置。注意：绝大多数情况下我们只能设计1道气密“防线”，目前只看到部分欧洲的大胶条插接的单元设计了2道气密。

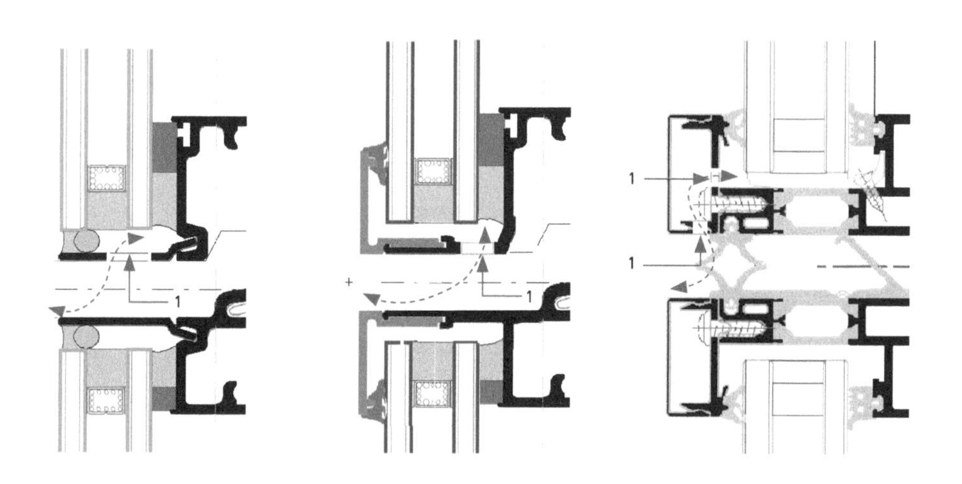

图4.7-1　玻璃槽口的等压设计构造示意图

1-通气排水孔

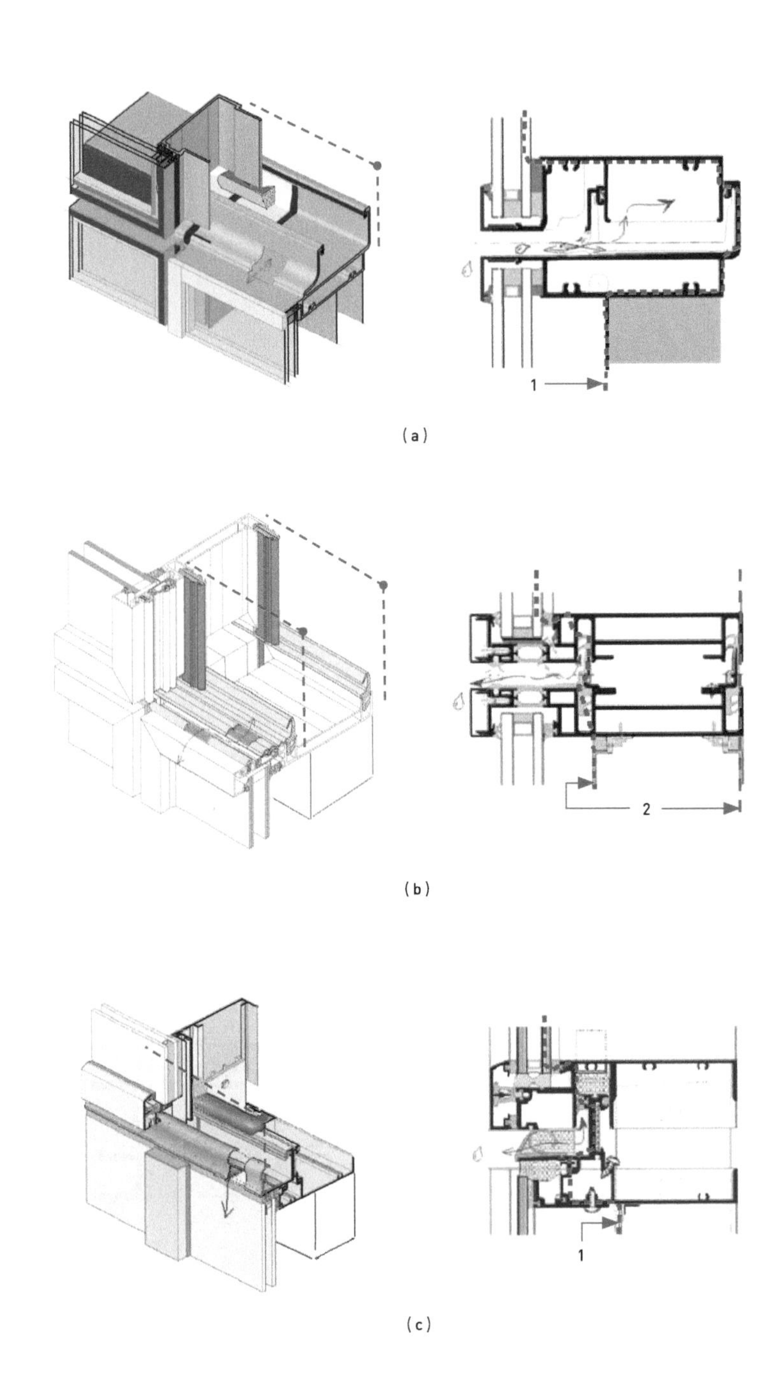

图4.7-2　板块插接腔体构造示意图

1-气密“防线”布置；2-2道气密“防线”布置

3．层间阴影盒

层间阴影盒一般在底部立柱侧面需要开通气排水孔，孔的直径建议至少为12mm，如图4.7-3所示。实际工程中也有在侧面其他位置开附加通气孔的设计，理论上通气孔面积越大，水密越可靠。综合来看，在层间阴影盒底部侧面开一个孔已经是很可靠的设计。

上面具体构造汇总讲得比较简单，具体原理请参看构件式幕墙2.3节内容来对比理解，做到融会贯通地运用设计原理。

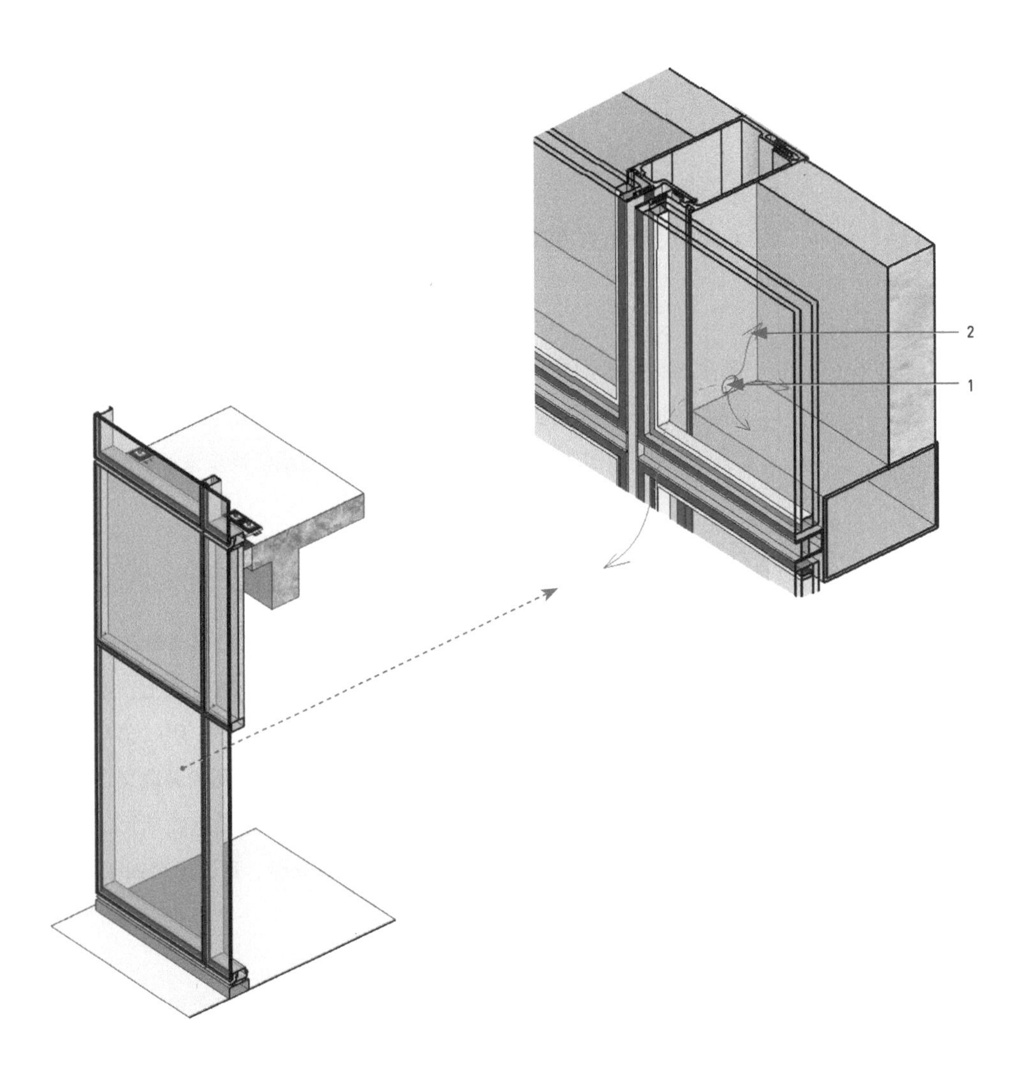

图4.7-3　层间阴影盒底部通气排水孔设计示意图

1-通气排水孔；2-空气

4.8 单元式玻璃幕墙的层间防火设计原理

单元式幕墙的防火原理和构件式幕墙基本一致，防火构造要求请参考构件式幕墙2.4节的内容。前面已经讲过国内还没有针对性的试验评估标准，所以在满足国内规范构造要求的前提下，可以参考国外相关岩棉和防烟涂料厂家的UL试验报告中经过验证的构造防火测试报告来设计我们的防火构造。对于重点超高层工程甚至可以考虑引进美标测试对防火构造设计做验证。

4.9 单元式玻璃幕墙如何适应建筑变形

幕墙设计中考虑的建筑结构变形在前面的构件式幕墙部分已经详细说明，这里不再重复。单元式玻璃幕墙如何适应建筑结构变形呢？原理上和构件式幕墙是有较大区别的，下面我们逐步详细讲解。

4.9.1 楼板的侧向位移

首先我们回顾一下在层间水平位移工况下构件式幕墙骨架的位移和变形形态。构件式幕墙的竖向龙骨两头固定在两层楼板上，竖向龙骨之间的横梁对竖向龙骨（立柱）的刚度约束很小，所以龙骨就像“枝条”随楼板“自由摆动”，如图4.9-1所示。单元式幕墙又会如何变形呢？由于单元的骨架以板块为单位组成一个强刚度单元，楼板变形时板块不会变形成平行四边形来适应变形，变形形态如图4.9-2所示。

构件式幕墙的位移形变基本单位为单个的立柱，由于单支细长立柱的侧向刚度非常“柔弱”，所以框架骨架对结构层间水平位移能很好地适用（结构层间水平位移不会造成过大的幕墙骨架的破坏应力）。具体可参考构件式幕墙2.5节的内容。

单元板块的平面刚度很大，在材料不破坏的状态下，几乎没有改变形状的能力，所以位移呈现以板块为基本单位的整体平动或者转动。图4.9-2（b）中的板块出现了平面内的转动，图4.9-2（c）是平面内的平动，这两种形态随着我们构造设计上的约束方式不同都可能出现，后面我们分析两种方式的设计适用条件。如果设计错误，有可能导致在建筑楼层大水平位移发生时板块相互碰撞挤压，最终破坏。

对于幕墙对建筑变形的适应能力，我们总的设计原则是在各种设计建筑变形工况条件下要避免构件产生破坏性的内应力。对于单元式幕墙，边框中间内嵌的铝板、钢板、玻璃都极大地增加了板块单元的平面内刚度，很小的平面内形变就会造成板块材料的破坏，所以原则上设计建筑位移条件下板块之间要避免硬接触（在地震时体现为板块之间的动态碰撞挤压）。如图4.9-2所示，两层楼板的错动会在转角两个面的板块产生两种不同的相对位移，移动是平面外的转动（图b、c中的A侧），移动是平面内转动（图b中的B侧）或者平动（图c中的B侧），我们来逐个分析板块如何适应这个位移以及设计上对应的位移约束构造和间隙构造要求。

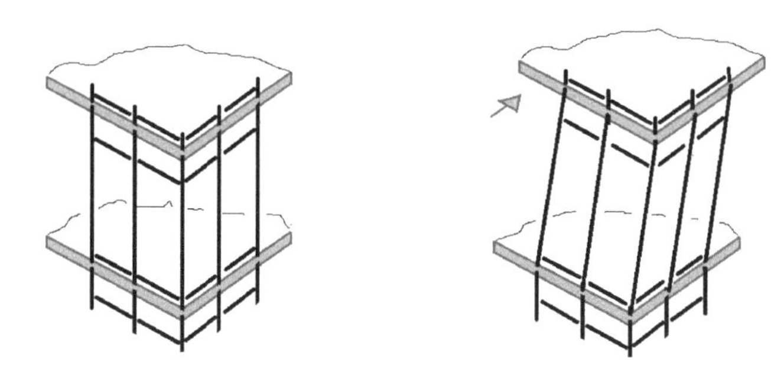

图4.9-1　构件式幕墙骨架在层间水平位移工况下的变形示意

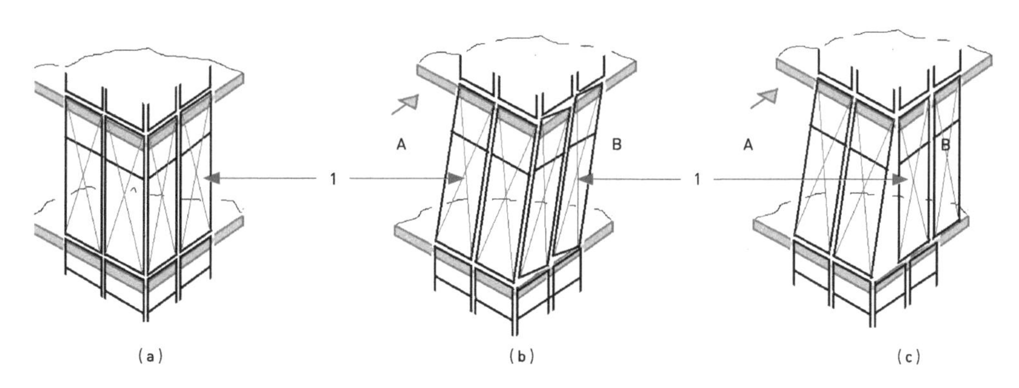

图4.9-2　单元式在层间水平位移条件下的位移和形变状态

（a）无形变时；（b）平面内转动；（c）平面内平动
1-单变形最小单位为一个板块

图4.9-3中的板块发生了平面外的转动，但是板块之间的相对位置几乎没有变化，只要在设计上保证单元的连接件能适应1/100量级的角位移，整个体系就不会产生值得关注的内力。大家回顾一下“4.5节单元板块与楼板结构的连接设计”的内容，我们的主流连接设计都能很容易满足这个要求。

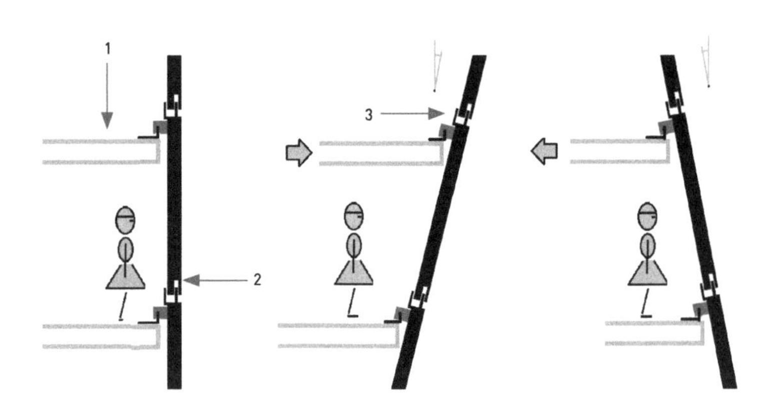

图4.9-3　板块平面外转动示意图

1-混凝土楼板；2-单元板块；3-连接件

下面来讲平面内的转动和平动情形，如图4.9-4所示。

如果构造设计上（稍后会介绍这里指的是什么样的构造）板块底部的左右移动受到下边板块顶部构件约束（通俗讲就是把板块串起来），在层间楼板水平位移条件下，板块会发生平面内转动，业内通常称这种形态为“横锁”。

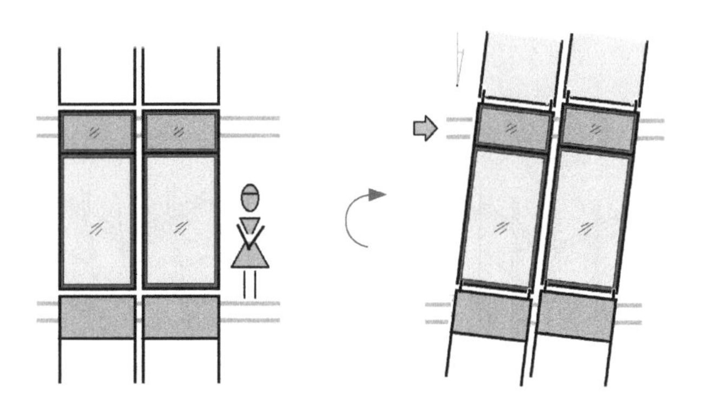

图4.9-4　平面内的转动和平动示意图

图4.9-5能更好地帮助大家理解板块的位移特性。单元通过挂钩“挂在”楼板边，挂钩允许板块向上移动，左右方向位移受到约束。

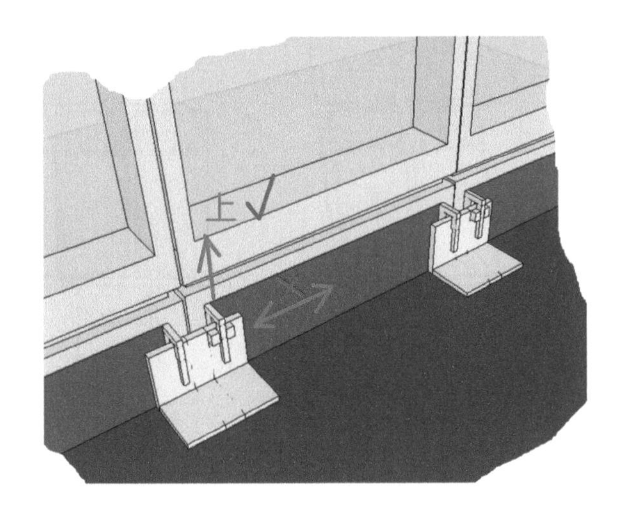

图4.9-5　单元和结构楼板连接位移约束构造示意图

图4.9-6中上下相邻板块平面内不做相对位移约束，则板块会随各自连接的混凝土楼板发生平面内平动，上下相邻板块成“错动”形态。业内通常称这种形态为“横滑”。单独看平面内的板块，似乎“横滑”“横锁”都不会导致相邻板块之间的挤压或者撞击，但是我们再来考察一下转角部位，如图4.9-7所示。

“横锁”设计在转角处两侧的位移形态能很好地避免角部挤压碰撞。“横滑”设计的转角两侧的板块位移无法协调，楼板错动超过一定限值转角两侧相邻板块会直接发生接触，在地震状态下会导致可能的单元板块挤压碰撞损坏。实际工作中抗震设防区域的幕墙要尽量采用“横锁”设计，非抗震设防区域根据层间角位移设计值确定，小于1/400可以采用构造相对简单的“横滑”设计。

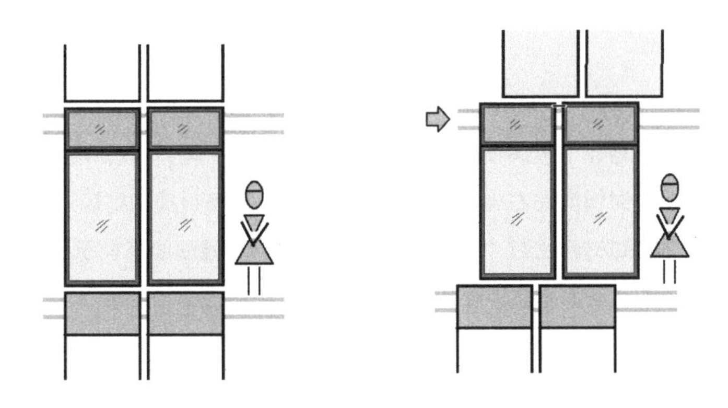

图4.9-6 “横滑”设计示意图

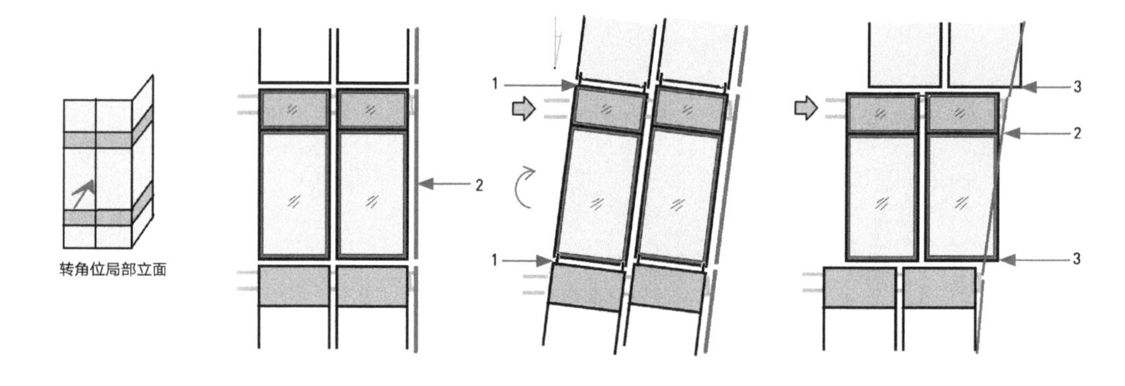

图4.9-7　转角位横锁、横滑设计对比

1-横锁；2-另一层板块投影位置；3-碰撞可能发生

下面讲解一下“横锁”“横滑”的常用实现构造。“横锁”设计有两个技术要点，一是上下板块之间的这个“插接”构造如何实现，二是如何处理相邻板块顶部的高差对密封的不利影响，如图4.9-8所示。

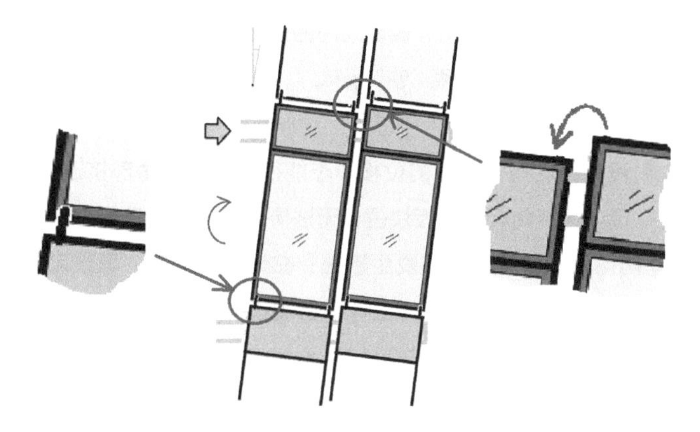

图4.9-8　横锁设计要点示意图

图4.9-9是“典型美式系统”横锁的实现方法，上下板块的立柱通过固定在相邻下板块顶部的铝合金插芯插接在一起，实现“横锁”约束，同时横向左右相邻板块之间的顶部插接密封腿的间隙过度采用柔性密封材料密封（10mm宽硅酮密封胶缝+硅酮胶皮能承受10mm量级的错动而不损坏密封构造）。图中采用的是单边插接，实际工程更多的是两边插接。在“典型美式系统”中气密构造位置靠近室外侧，背后留下了很大的空间来布置竖向插接“插芯”。关于密封胶缝对“错动”位移的适应能力，图4.9-10说明了关键构造要求。

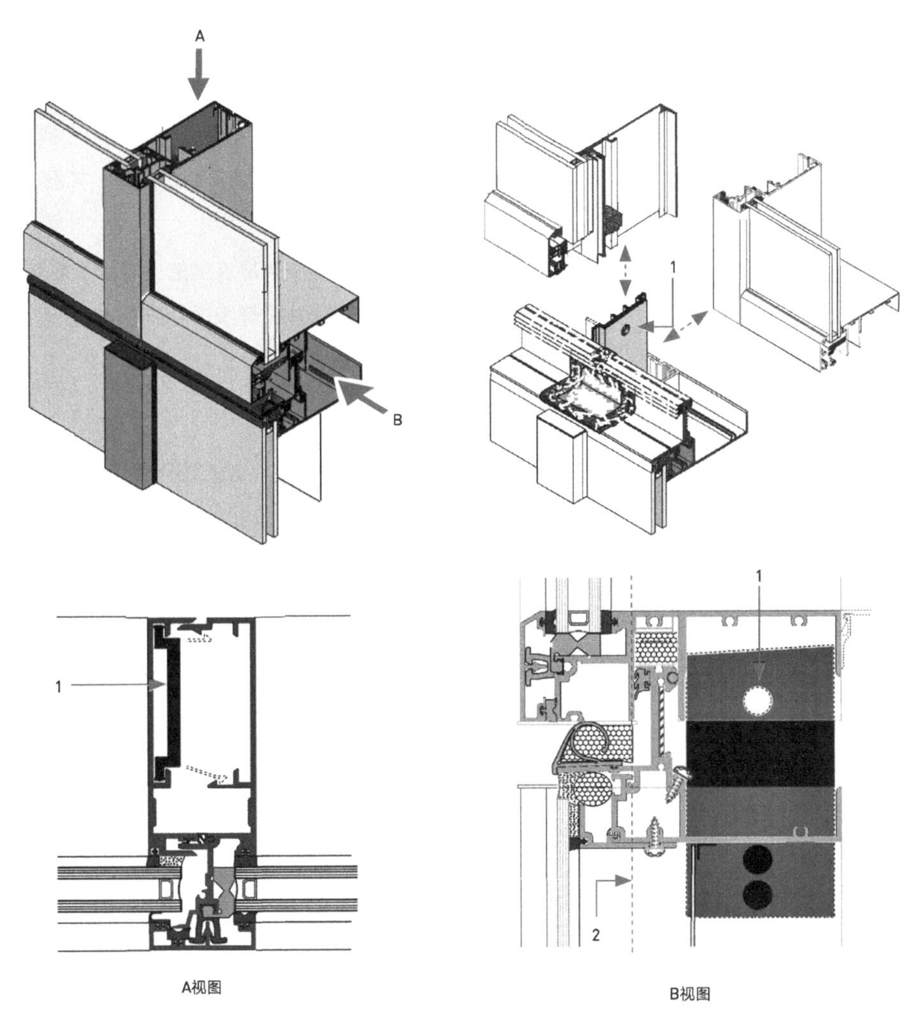

图4.9-9 “典型美式系统”的横锁设计示意图

1-横锁插芯；2-气密构造位置

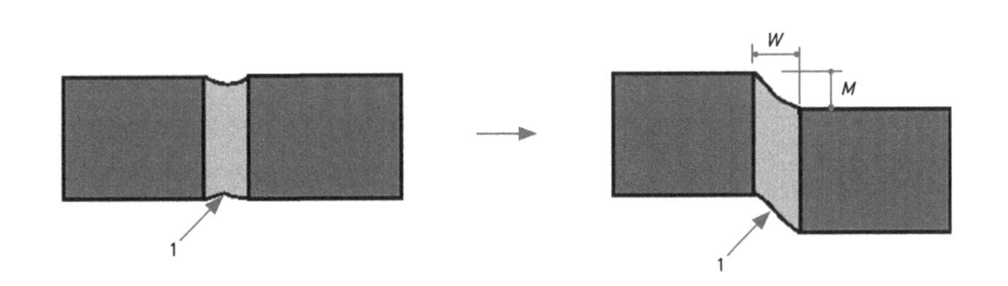

图4.9-10 密封胶缝对“错动”位移适应能力示意图

1-硅酮密封胶缝示意图

硅酮胶缝的“错动”设计值原则上不要大于胶缝隙宽度，如果“错动”位移设计值越大则胶缝宽度也要求越大。

“典型欧式系统”横锁系统上下插接约束的实现和“典型美式系统”类似，也是在气密后面的空间布置竖向插接插芯，如图4.9-11所示。

“典型欧式系统”板块顶部的胶条是连续的（板块安装完成后胶条成卷铺设），左右相邻板块之间并没有胶缝，胶条本身能较好地适应相邻板块顶部的“错动”变形。

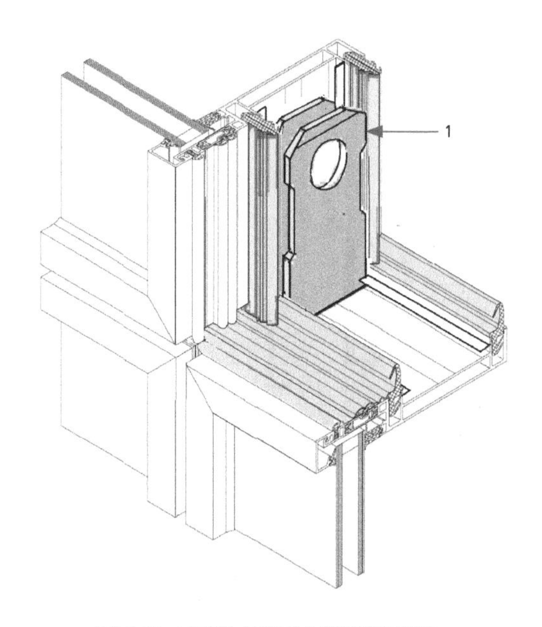

图4.9-11 “典型欧式系统”的横锁设计示意图

1-上下插接插芯

最后我们来重点讲一下标准系统的横锁设计。标准系统是常规单元式系统，其“横锁”设计和上面的两种系统有着较大的区别。由于“标准系统”的气密构造“推”到了单元室内侧，气密密封构造的前面设计了水平相邻板块间连续贯通“水槽”作为等压排水构造，我们如果采用和上面两个系统类似的插接策略则意味着水槽会被插芯穿透，并且左右相邻板块顶部水槽的贯通是在接缝处现场打胶来实现，竖向插芯会遮住接缝导致打胶密封无法保证（上面的两个系统没有水槽构造，插芯位置也不设计打胶密封）。当然确实有个别工程采用插芯穿透水槽的设计，但这种设计现场施工非常不方便，是“不良”设计。较为简单的“横锁”约束构造如图4.9-12所示。

在水槽靠室外侧的插接腿的内侧固定“内六角头”机制螺钉，上板块对应位置铣出“豁口”约束左右相对“错动”位移的同时释放竖直方向相对位移。对于另外一个设计要素，顶部水槽连接胶缝如何适应结构水平角位移引起的横锁系统相邻板块的顶部高差（10mm量级别），设计方案详见图4.9-13所示。

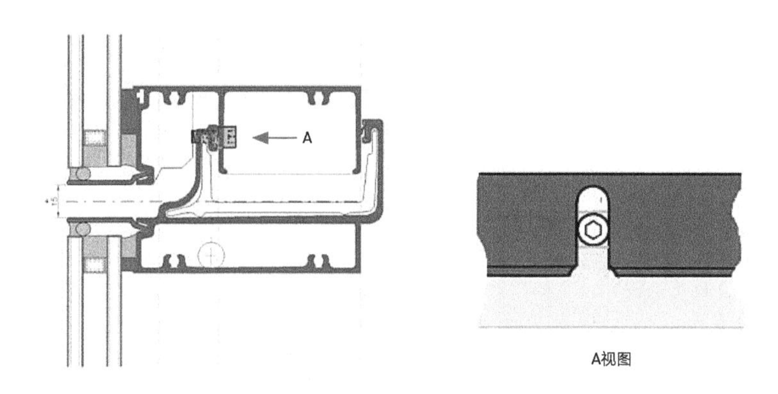

图4.9-12　标准系统的横锁设计示意图

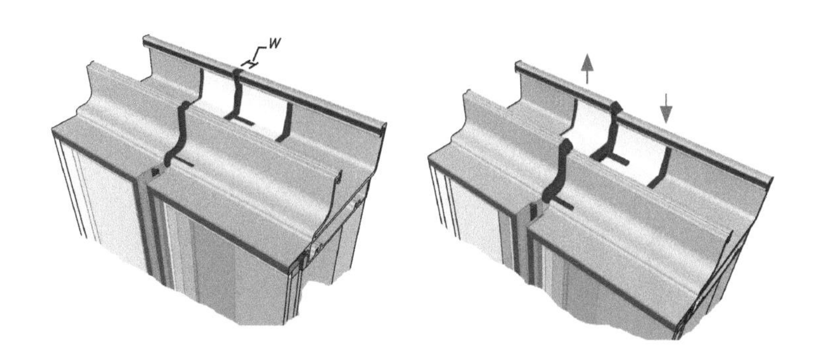

图4.9-13　单元顶部无位移状态示意图

4.9.2 楼板的竖向位移

图4.9-14为板块的热膨胀、冷收缩示意图，具体热变形计算参照2.6节。

注：典型楼板活荷载竖直方向层间位移形态，一般为竖直位移量的主要因素，同时还要考虑其他次要因素如：混凝土的层间不均匀徐变（Creep）、结构柱的收缩（Colum Shrinkage）、板块的冷热伸缩以及竖向尺寸加工误差。

地震和风压引起的层间水平位移对于板块层间竖向相对位置会有轻微影响，通常设计时忽略。

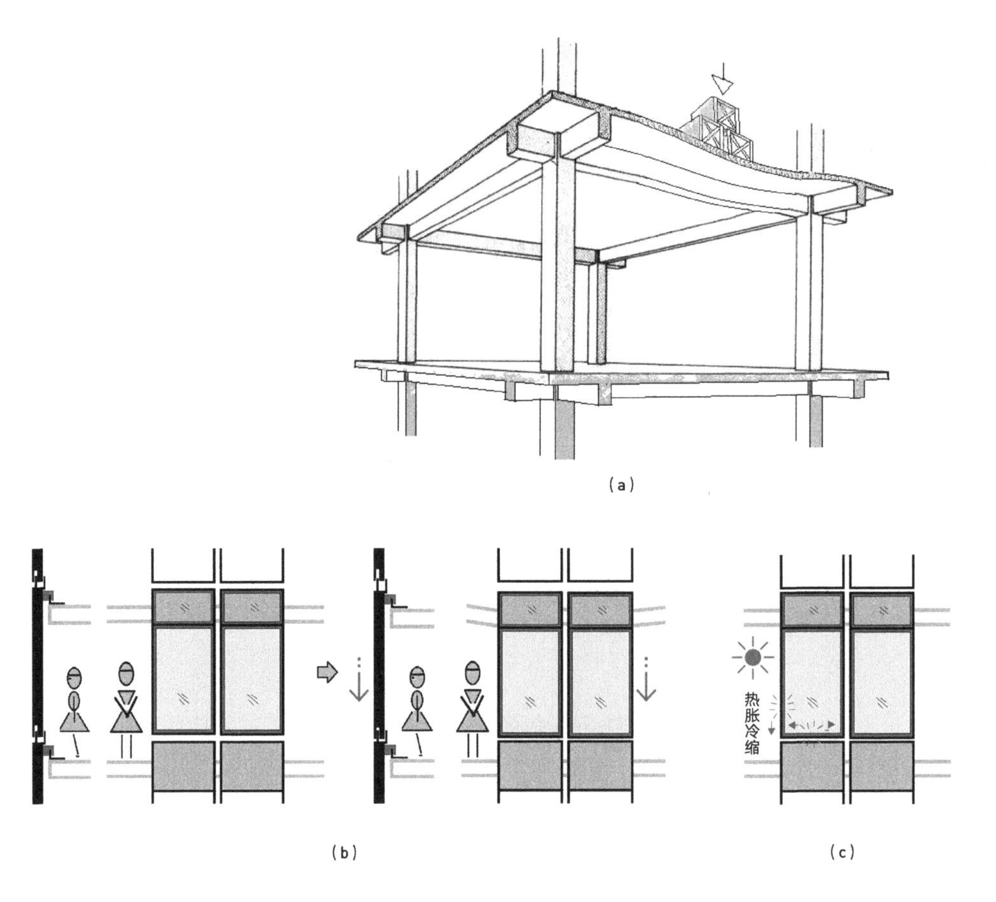

图4.9-14 楼板的竖向位移示意图

（a）层间徐变；（b）结构柱收缩；（c）板块的冷热伸缩

图4.9-14中楼板在楼面活荷载作用下要产生向下的“弹性变形”，常规约±20mm，其他因素假设为：板的徐变层间差值约±3mm、结构柱的收缩约-3mm、热伸缩约±3mm，竖向尺寸加工误差±3mm。板块竖向位移设计值为：竖直向下-20mm-3mm-3mm-3mm=-29mm；竖直向上+20mm+3mm+0+3mm=+26mm。图4.9-15的横梁插接示意图帮助大家理解这个设计值对单元板块插接缝（Stack Joint）尺寸的影响。

上面的算例使用的是最保守的算法，实际上4个要素最不利数值同时发生的概率极低，对插接缝位移设计尺寸，我们可以作适当折减。

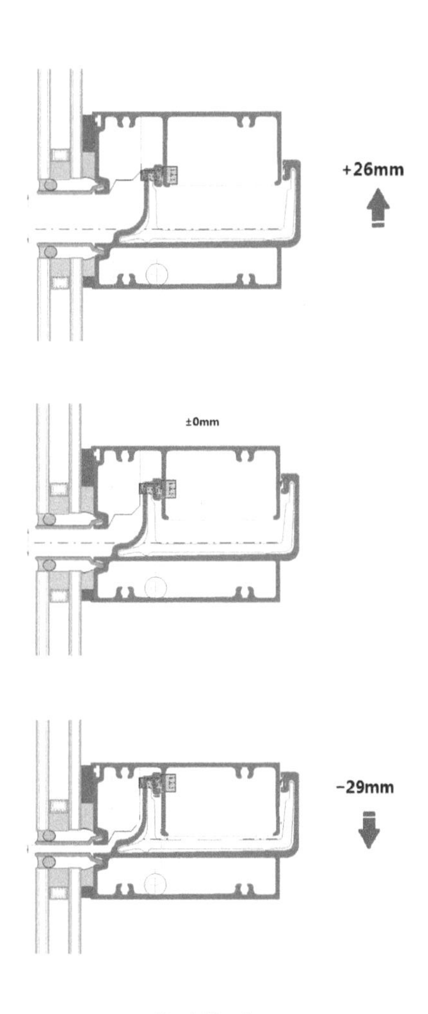

图4.9-15　横梁插接示意图

4.10　单元式玻璃幕墙的安装设计

单元式幕墙的现场安装相对于构件式幕墙要简单高效很多，板块以整体形式运输到工地现场，然后再逐块吊运安装到位，板块和板块之间的密封主要由“干式”胶条插接完成，通常只有相邻板块的顶部相接的角部需要少量打胶作业。如果单元的排列绕建筑周边形成闭合圈则需要考虑收口板块（Enclosure Panel）的特殊设计。受到施工工期配合的限制，通常很难从最低层板块开始安装，需要考虑竖向“乱序”安装设计。由于板块之间需要左右插接，同时顶部打胶密封需要在上层板块安装前完成，所以单元对安装顺序的要求严格（由下向上逐层完成），任何“乱序”安装都需要在相关板块上做特殊构造设计。

下面我们来讲讲宏观上单元的理想安装顺序，再讲实际施工制约条件下的常规解决方法。

1. 理想安装顺序

单元式幕墙的“理想安装顺序”，如图4.10-1所示。这是在理想现场情况下加工设计最简化时的安装顺序。我们先介绍安装顺序要求，再介绍由于现场条件限制导致的其他复杂情况需要如何应对。

如图4.10-1所示，大家可以看到单元式玻璃幕墙安装顺序的要求很严格，相邻板块需要逐个安装，上面的板块需要下面相邻的板块安装完了才能安装，这都是由单元板块的基本特征决定的，下面我们做个简单的说明。

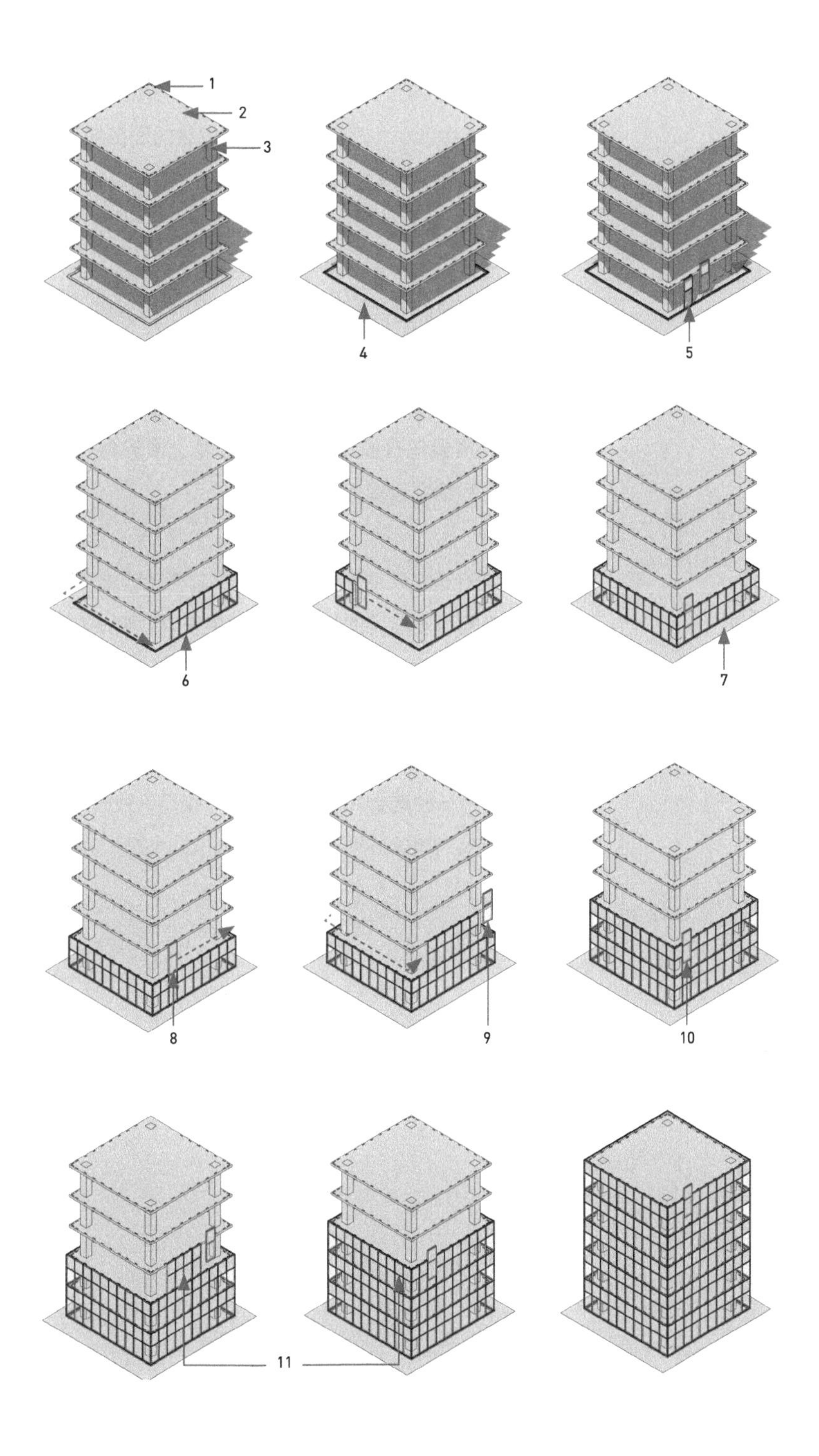

图4.10-1　单元式幕墙“理想安装顺序”示意图

1-预埋槽；2-结构楼板；3-建筑结构柱；4-起始料安装（Starter）；5-首层第一个板块安装到位；6-板块逐块沿楼边周圈安装；7-收口板块安装；8-第二层板块在底下一层板块完成后开始逐块沿楼边周边安装；9-第二层板块依次安装；10-第二层收口板块的安装；11-上面各层逐层按顺序安装，顺序和第一、第二层的顺序一致，逐层向上推进

目前主流的3种风格的单元式系统公、母立柱密封都需要插接构造。图4.10-2中左右板块的插接造成了板块需要左右沿着一个方向逐块安装，左右方向上的乱序安装会造成过多的收口板块，其安装的难度比常规板块要大，同时可能会给板块的局部加工也带来特殊要求。尤其是“侧埋”连接的收口板块的安装难度更大（后面我们会讲到），增加了物料组织的复杂度。

图4.10-3及图4.10-4更直观地说明了上下相邻板块之间的插接构造对安装顺序的要求。两个特征决定了竖向维度上板块需要由下向上逐层安装，第一个特征是上下的插接构造，第二个特征是相邻板块的水槽结构需要做打胶密封。如果先装上面的再装下面的板块，就没有操作空间给打胶操作。

收口板块的安装通常是直接竖直插入“空当”位置。正常位置板块一般是斜着插入安装完的板块，同时由于收口板块右侧的板块已经安装完毕，公立柱的插接腿需要竖向穿透右侧单元板块的横梁，所以这个横梁需要铣出相对应的缺口。这个地方一般有两种选择，第一种是把所有的板块都铣出“避位”，现场安装可以自由地决定在哪里安装收口板块；另一种选择是计划好在何处收口，只铣对应的板块，这要求工程安装部门精确计划在哪个板块收口，如图4.10-5所示。

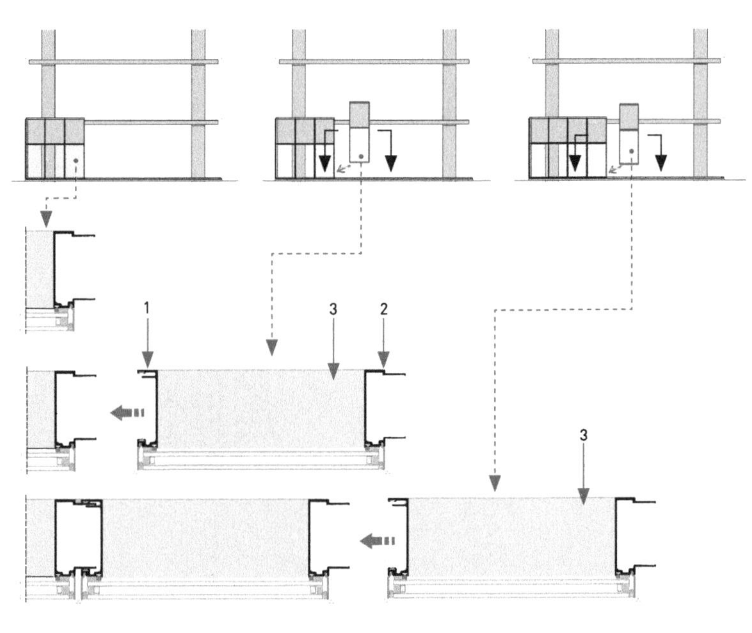

图4.10-2　立柱横切剖面

1-母立柱（Female Mullion）；2-公立柱（Male Mullion）；3-正要插接的板块

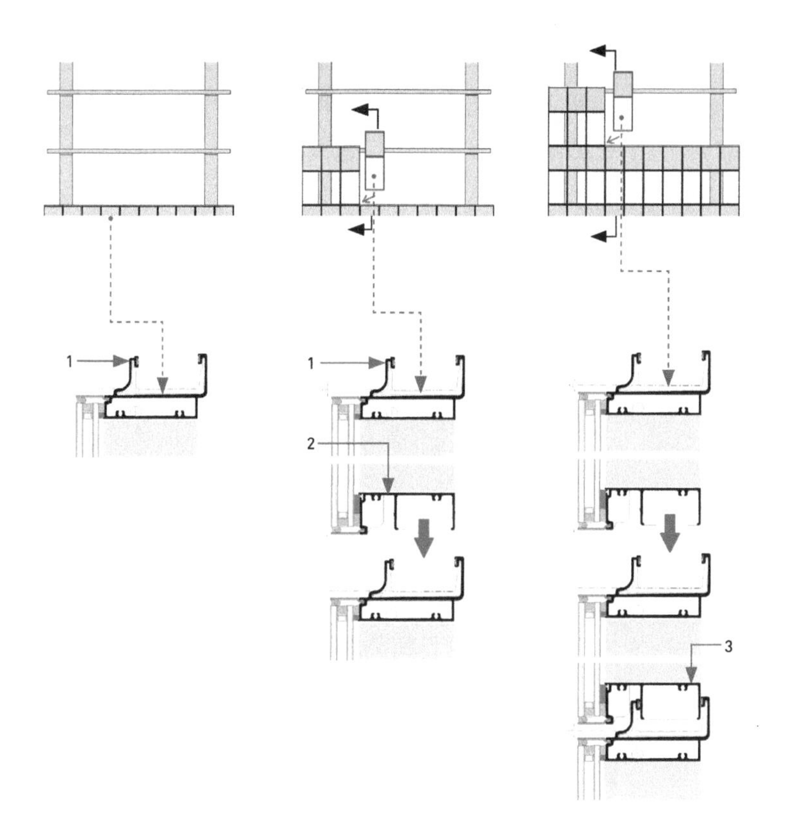

图4.10-3　立柱纵切剖面

1-板块顶部横梁；2-板块底部横梁；3-插接状态的横梁

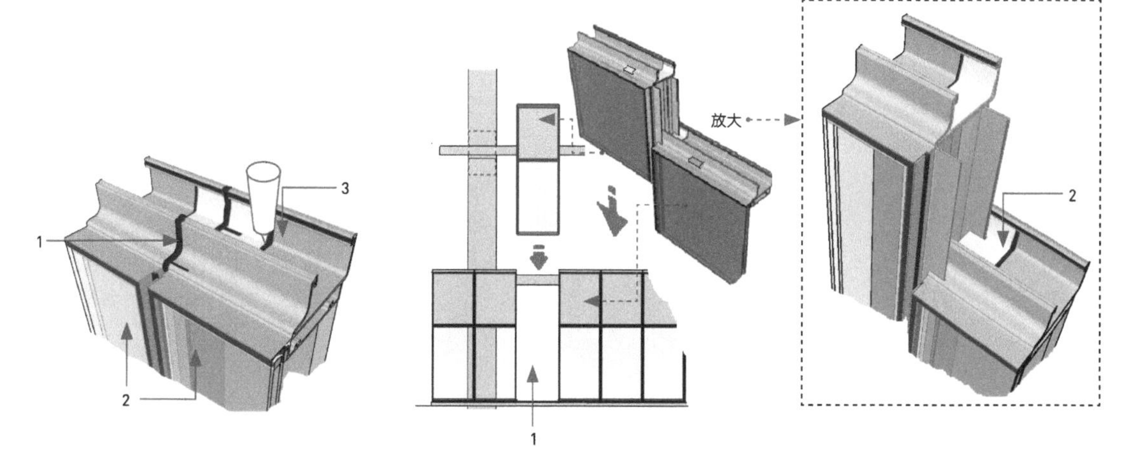

图4.10-4　顶部水槽密封胶处理示意图

1-顶部水槽的横密封需要打胶；2-左右相邻单元板块；3-板块顶部水槽板块间横向密封需要打密封胶，这个需要在板块上方空间操作，所以单元需要逐层向上安装

图4.10-5　收口位置处理示意图

1-收口位置；2-收口板块的公立柱的插接“腿”需要竖直穿透右侧板块的顶部，所以相邻板块的横梁左端需要预留缺口。正常板块则不需要这个附加的铣切加工工序，当然欧洲风格胶条系统由于顶部的胶条是在所有板块装完后再单独通长铺装，所以不需要这个缺口

2．现场制约条件下的安装顺序

接下来我们来介绍一下典型的几种需要“乱序”安装的工艺解决方案。

（1）受升降机影响的安装顺序

受到施工升降机的影响，一定面积的立面单元板块不能逐层安装，需要等到施工后期施工升降机拆卸完毕后补装。一般情况下升降机部位需要空出3个板块以上的位置便于收口安装，具体顺序如图4.10-6所示。

施工升降机位置一般至少留出3个板块宽度以便于收口安装。先安装两侧的板块再竖直插入收口板块，看起来不就很容易实现乱序安装了吗？但是要注意先安装的两个板块的水槽打胶密封操作空间都受到了上面侧面已经安装完板块的部分遮蔽，打胶质量控制难度变大（图4.10-7），安装效率降低，所以原则上要和总包单位协商尽量把电梯集中布置，减少这种乱序安装。

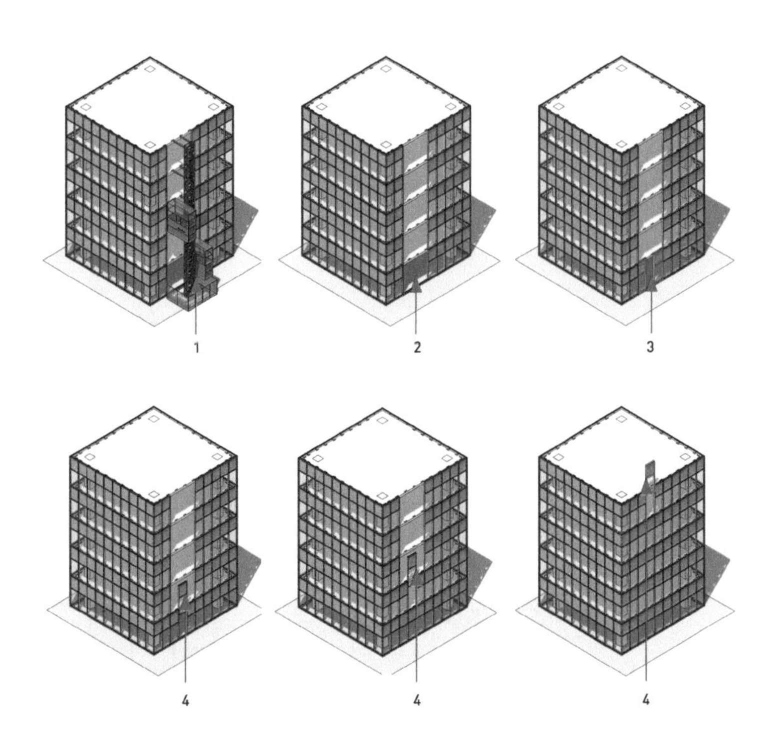

图4.10-6　收口安装全过程示意图

1-施工升降机；2-施工升降机拆除；3-收口安装开始；4-收口单元

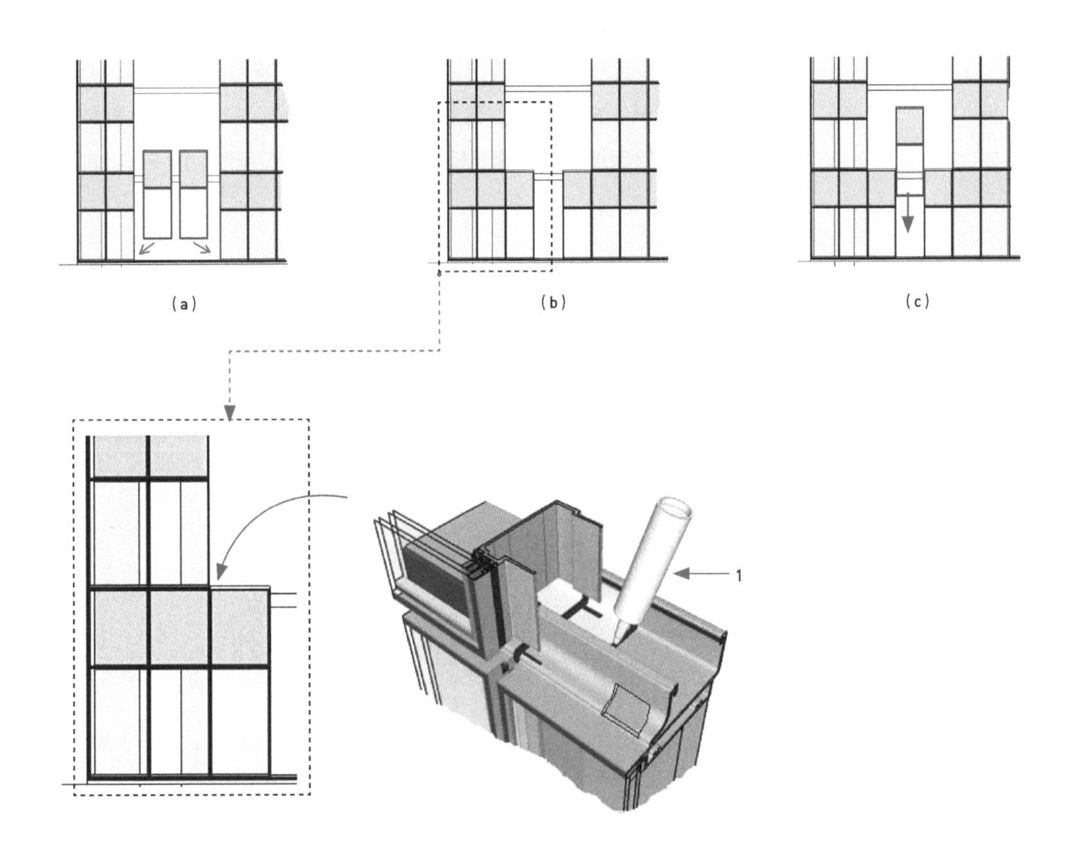

图4.10-7　收口安装过程示意图

(a) 先安装缺口两侧的板块；(b) 留出最后的收口位置；(c) 竖向插入收口板块
1-硅酮密封胶打胶操作，缺口两侧的板块顶部密封打胶操作空间被上面安装完的板块部分遮挡，工艺质量控制难度增大

（2）受塔吊影响的安装顺序

除了施工升降机，塔吊是另外一个典型的单元安装影响因素，下面我们来看看塔吊对单元工程影响的处理，如图4.10-8所示。

通常每隔一定高度需要设置塔吊与主体结构件的“稳定杆”，稳定杆会和单元板块的安装位置冲突，一般的解决方法如图4.10-8中2的位置所示，枝干穿透位置的单元面板先空出，只安装板块框架，等塔吊拆除后再补装玻璃面板。完整的过程我们用图4.10-9详细说明。

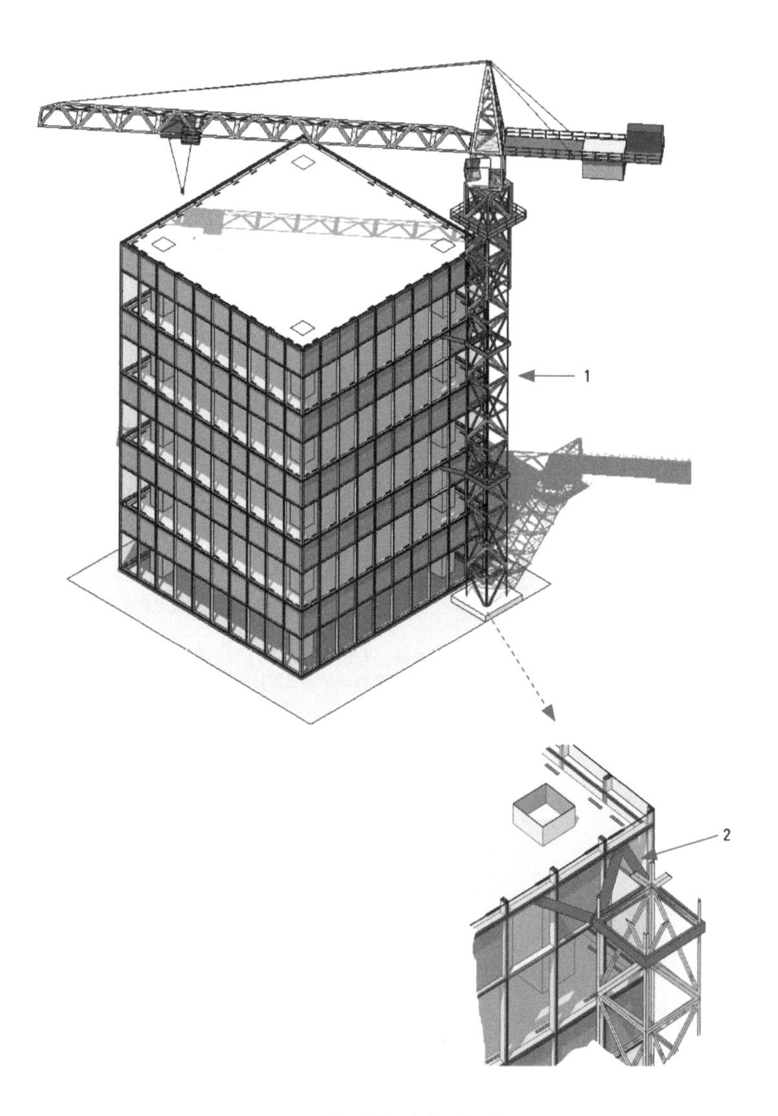

图4.10-8　塔吊对单元安装影响示意图

1-塔吊；2-塔吊稳定支撑臂

如图4.10-9所示，首先要和总包单位提前协商，让他们在布置塔吊支撑腿的时候避开单元的横梁立柱框架位置，然后加工框架分离的单元在现场安装空出玻璃面板，等后期塔吊拆除后再补装玻璃面板。如果不这么做则需要留出宽度不少于3个板块的空间，等到塔吊最后拆卸后补装，安装方法参照施工升降机位置的安装顺序，如图4.10-10所示。

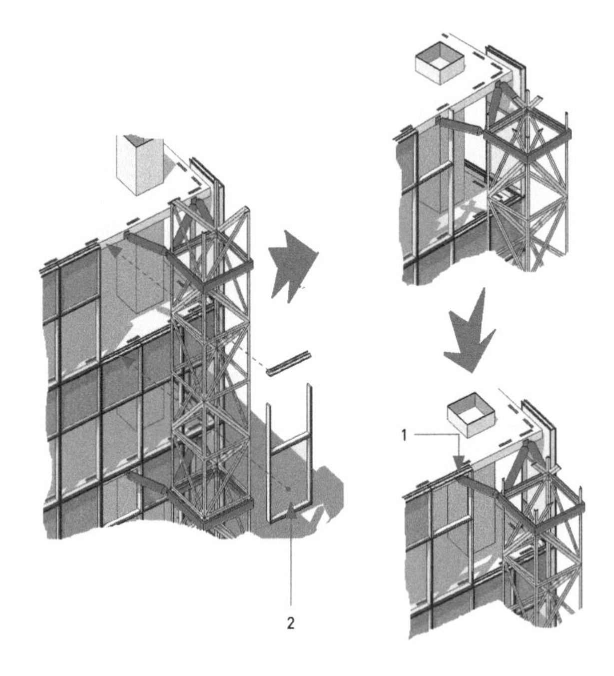

图4.10-9 塔吊处单元板块安装示意图

1-顶横梁在现场组装，横梁立柱的连接方式需要适合现场操作；2-加工一个顶横梁分离的特殊板块

图4.10-10 塔吊处单元板块安装工程实例

3．非周圈闭合立面的安装顺序

很多情况下单元式玻璃幕墙立面并非围绕整个建筑四周闭合，分块的单元式幕墙的安装顺序如图4.10-11所示。

不闭合立面单元的最侧边收边板块和中间典型板块的构造是有区别的。水槽的靠边端部需要增加堵头板，侧边立柱通常需要一个完成的公母立柱拼接在一起，堵头板部位的现场打胶密封操作较为复杂，详见图4.10-12所示。

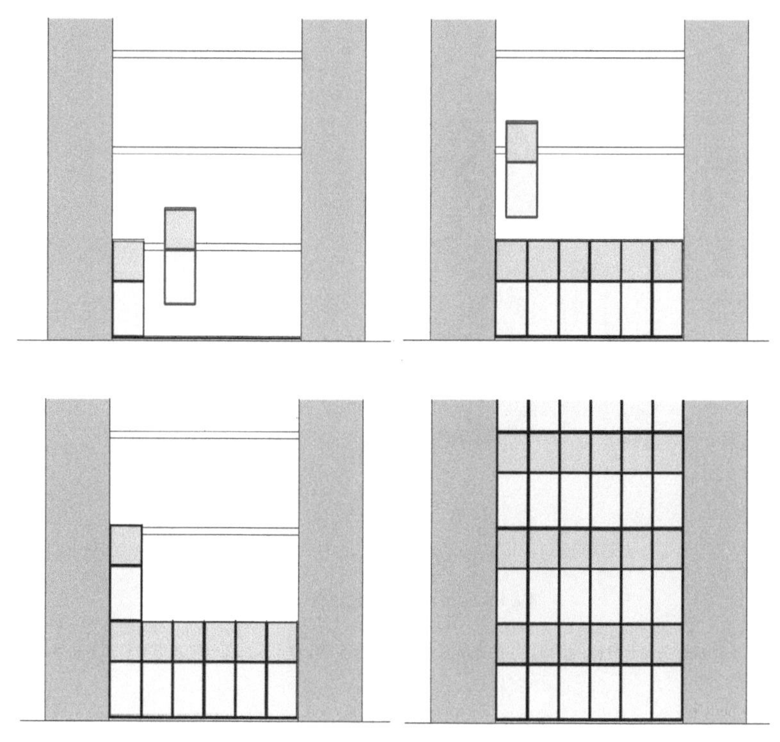

（a）

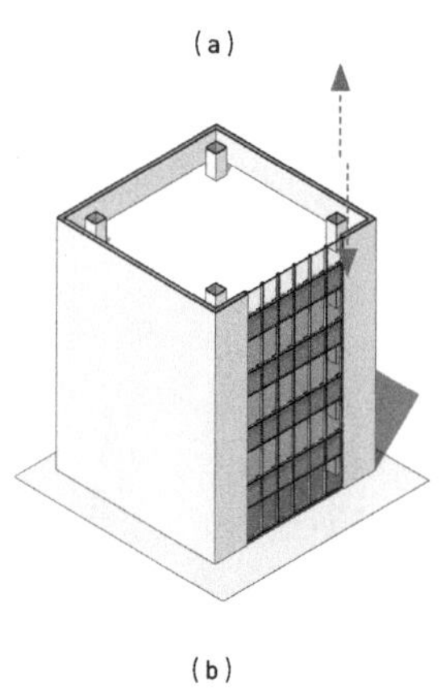

（b）

图4.10-11　分块单元式幕墙安装顺序示意图

（a）由左到右逐层安装单元板块；（b）幕墙立面3D示意图

从图4.10-12可以看出，侧边的收边板块需要特殊设计。水槽堵头板的密封打胶质量控制比普通中间板块要复杂很多，所以单元立面布置中要尽量周圈闭合布置或者尽量减少侧边收边板块位置以提高整体性能。

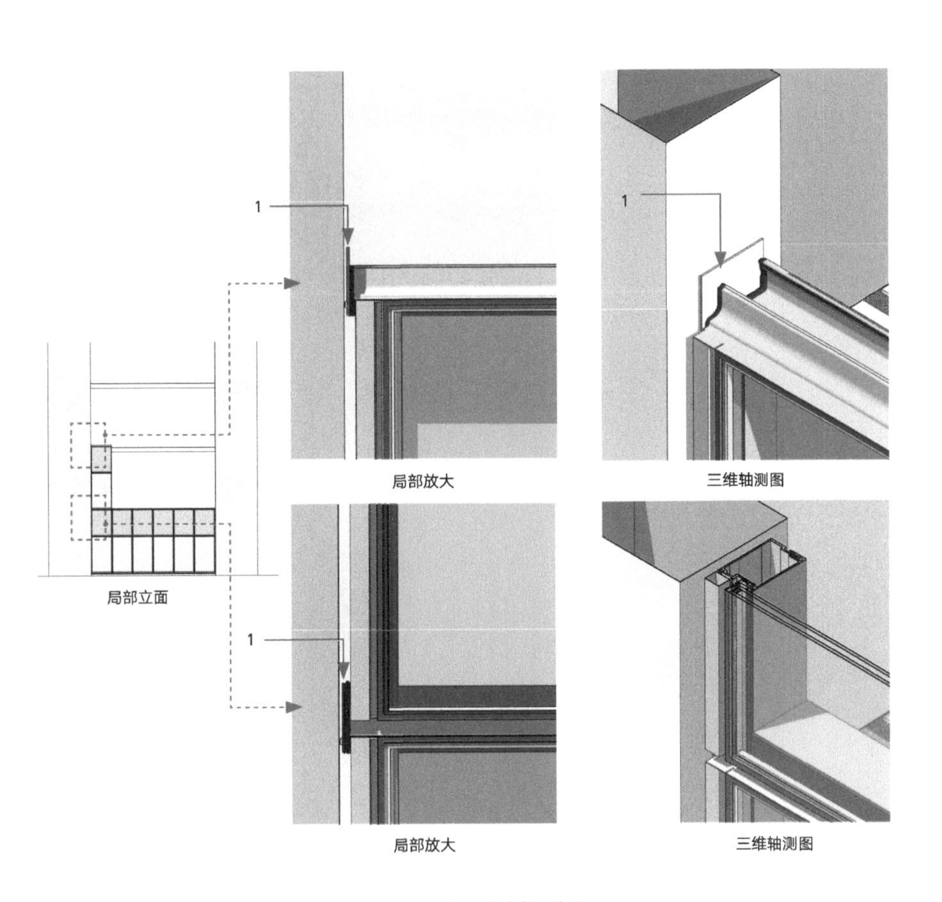

图4.10-12 水槽堵头板部位的现场打胶密封示意图

1-水槽堵头板

4．高度方向的乱序安装

最后我们来看看高度方向单元板块乱序安装的实现方法。由于种种原因，很多工程没有办法从单元式幕墙立面的最底部开始安装，而需要在某一高楼层处开始向上安装，上面的施工段完成后再补装下面的板块。正常的单元板块是无法完成这种高度方向的乱序安装的，需要较为复杂的特殊方案来解决，下面我们就介绍这种解决方案。

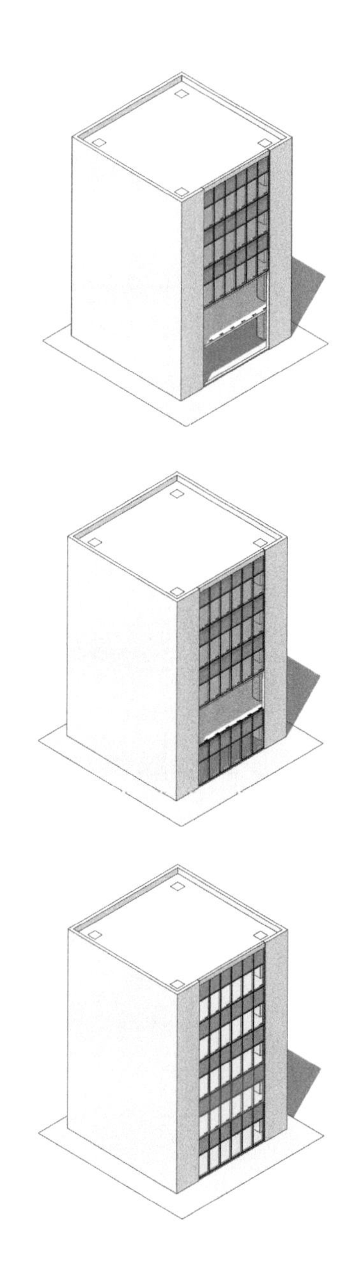

图4.10-13　高度方向的乱序安装示意图

图4.10-13中先安装三层及以上的板块，最后再来补装下面两层，第一层的安装没有特别之处，最后安装的第二层的板块是需要非常特殊的设计才能装进去，下面我们来看看细节构造，如图4.10-14所示。

这种高度方向的乱序安装现场操作非常复杂（需要现场做收口板块和起始料的装配连接和大量的打胶密封，收口板块的背板，层间玻璃的粘接，并且操作空间受到楼板和上层已安装完板块的限制），质量控制难度非常大，一般情况下要尽量避免高度方向的乱序安装。

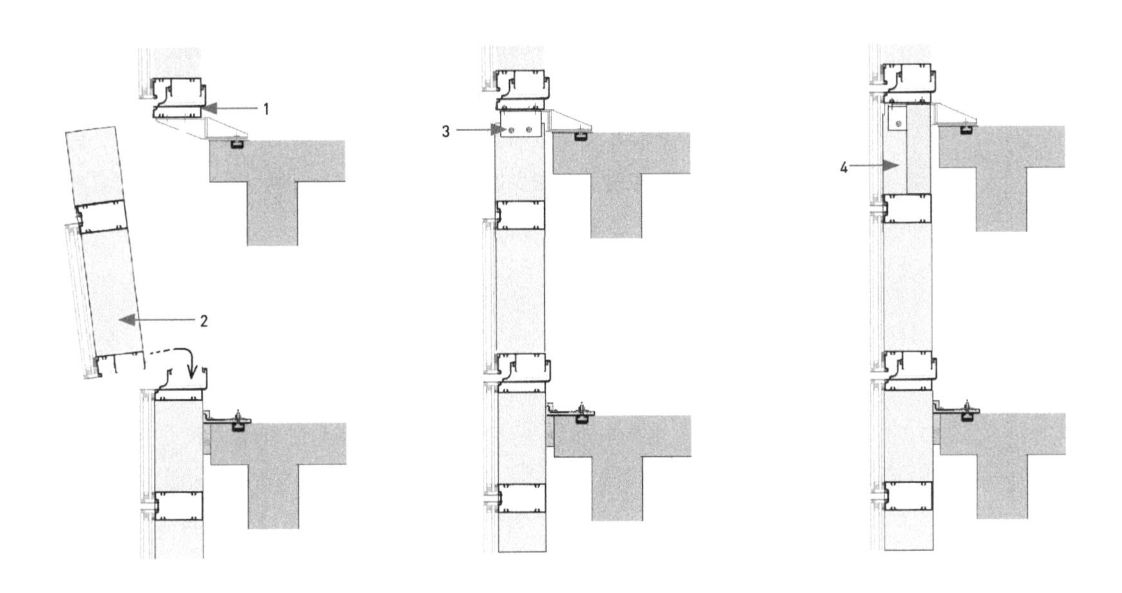

图4.10-14 高度方向的乱序安装收口板块构造示意图

1-起始料；2-收口板块，无顶横梁，无层间玻璃；3-收口板块顶部和起始料在现场连接；4-现场安装背板和层间玻璃（结构胶粘接）

4.11 单元式玻璃幕墙构造设计的一些经验

这一节将参照构件式幕墙部分对应的章节列举一些工作中常见的设计问题，并从中总结出一般性设计原则。

4.11.1 遮阳、装饰翼的连接设计

典型遮阳、装饰翼分两种类型，横向和竖向，如图4.11-1所示。

如图4.11-2所示，当遮阳、装饰翼的悬挑尺寸超过300mm时，有两点需要特别注意：第一点是遮阳、装饰翼和立柱之间的连接板设计，一般情况下考虑翼损坏时的更换，连接板和翼会做成分离的。连接板和板块在工厂组装好，如果翼的尺寸很大，一般会在现场组装以减小单个构件的体积便于运输。连接板的布置一般都是间断的点连接，有利于提高热工性能并减少连接板的材料用量。但是这个地方很容易产生不良设计，下面举个例子：

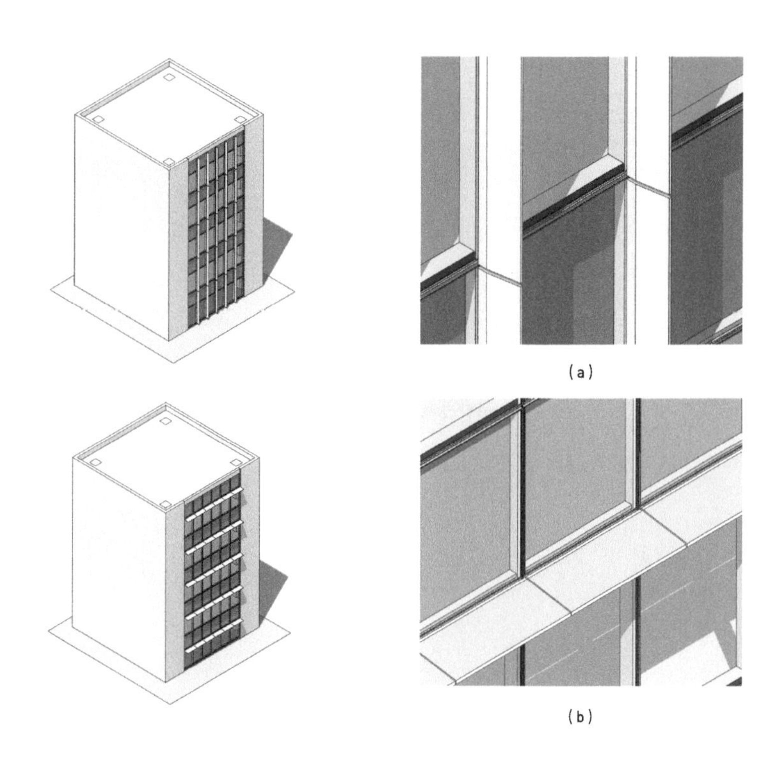

（a）

（b）

图4.11-1 典型遮阳、装饰翼示意图

（a）典型竖直方向遮阳、装饰翼；（b）典型水平方向遮阳、装饰翼

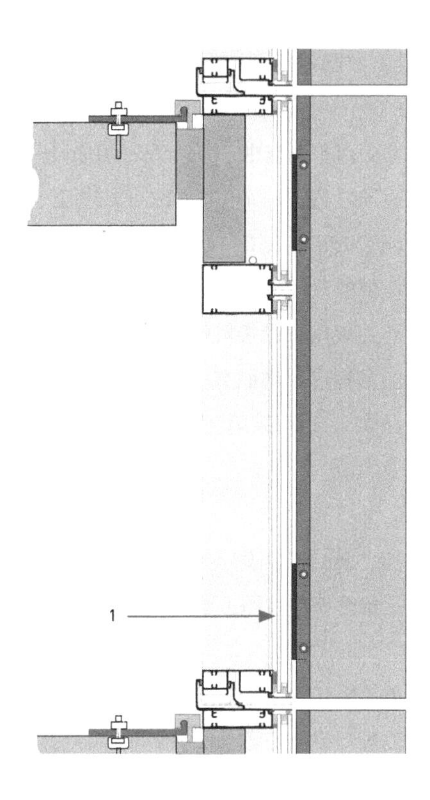

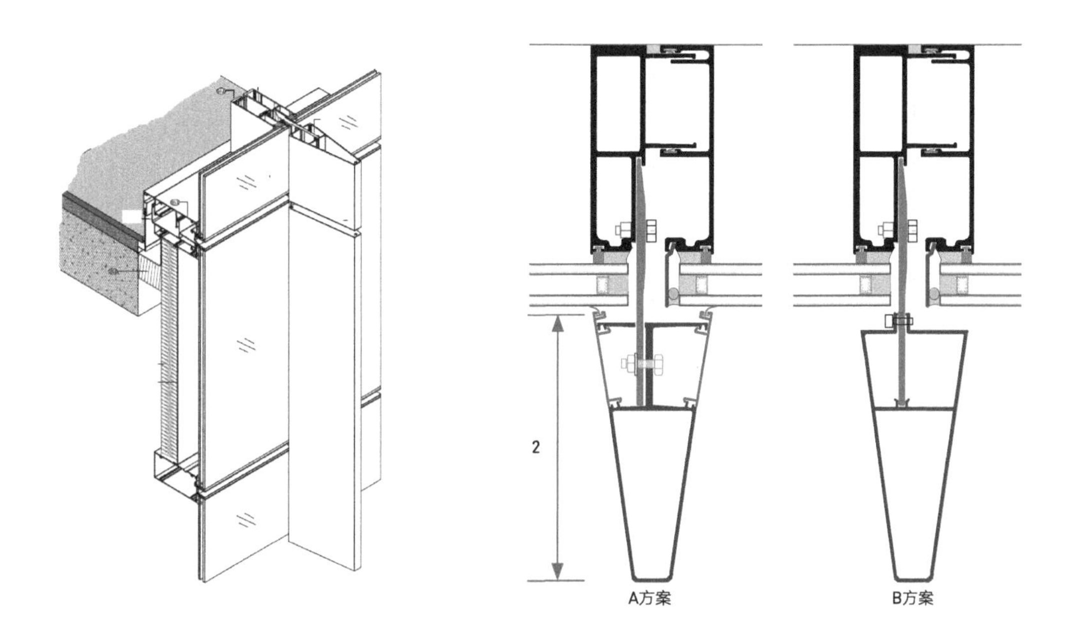

图4.11-2　典型的装饰翼最简化方案的示意图

1-遮阳、装饰翼和立柱之间的连接点要尽量靠近横梁位置，减少立柱的拧转变形；2-悬挑尺寸

【例】图4.11-3中翼的连接构造是最常见的不良设计。假设配合间隙0.3mm（已经是不错的精度），由几何关系很容易计算出翼的最外侧尖点单侧自由晃动：C=2×0.2mm×(b/a)，再由上面的比例做个常规尺寸假设a=40mm（由于模具工艺限制，槽深一般都不能太大），b=300mm，则单层自由晃动为C=2×0.3mm×(300/40)=4.5mm，所以在翼的尺寸较大时（超过300mm外挑），尽量不要用夹持连接构造，而应该用单面接触螺栓加紧构造，如图4.11-4所示。如果不能采用加紧构造（例如有些建筑师不喜欢装饰翼两侧扣盖留下的视觉上的细线），也可采用图4.11-2中B方案的设计，但是要注意b/a的值不要过大。

和上面的不良设计类似，b/a的值过大也会导致翼尖的自由晃动过大，几何分析可参照上面的算例。

连接板和立柱的插接构造设计上也应该避免装配间隙带来晃动，合理的槽口设计如图4.11-5所示，用带斜面的槽口确保横向不出现间隙。

上面的设计原则在翼的悬挑较大时是十分必要的，大家要掌握这个基本的自由晃动估算方法，在实际工作中笔者多次遇到翼晃动过大的工程案例。

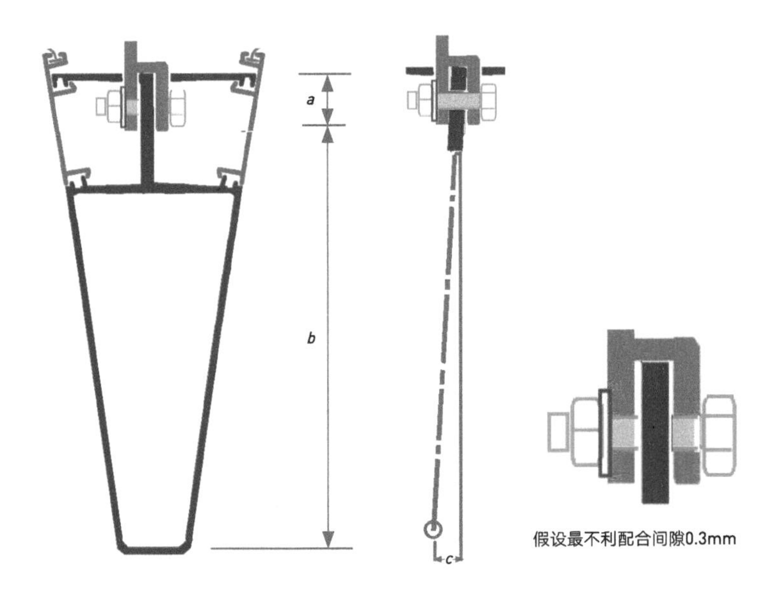

图4.11-3　翼的“不良设计”连接构造示意图

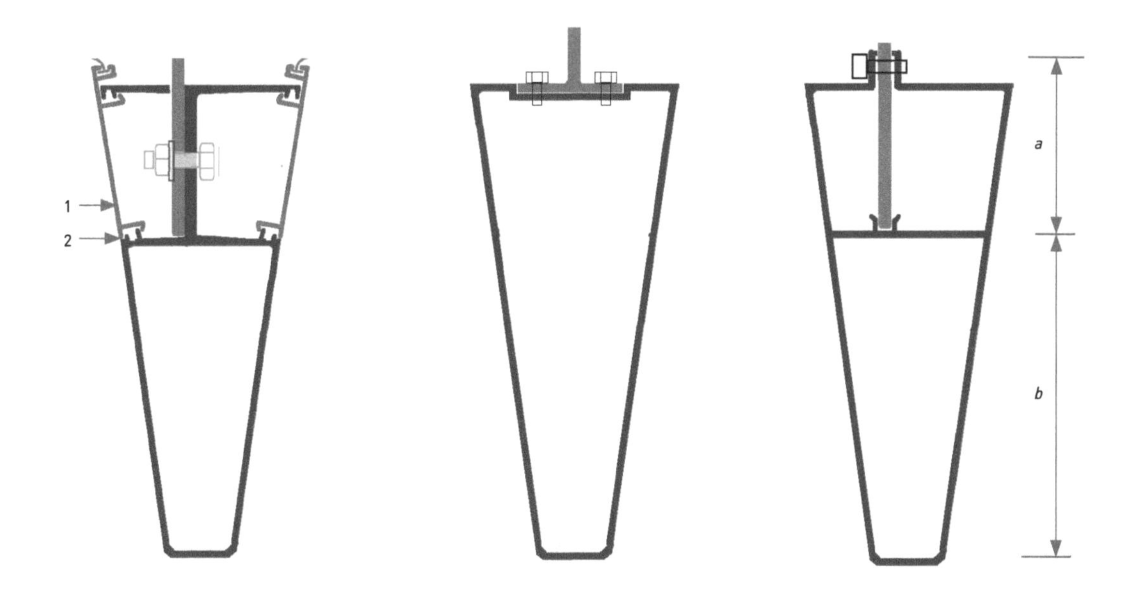

图4.11-4　较大尺寸翼的连接构造示意图

1-铝合金扣盖；2-扣盖两边视觉上有很小的接缝

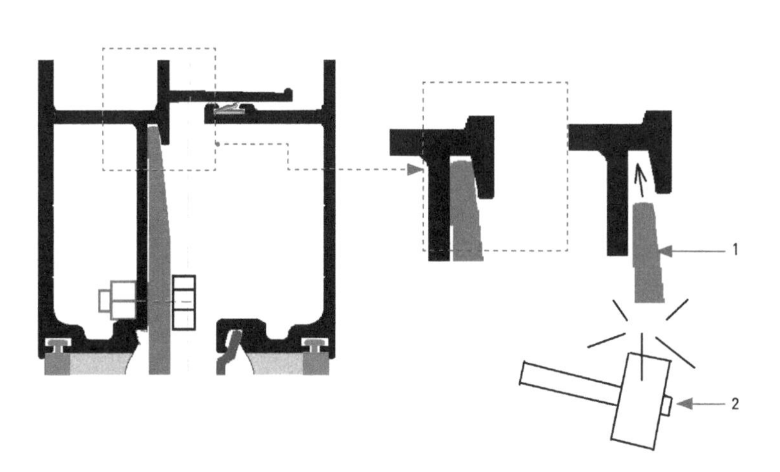

图4.11-5　连接板和立柱的插构造槽口设计示意图

1-翼连接板端部；2-装配时锤紧

第二点要注意，当竖直翼的悬挑超过300mm时，立柱和横梁的连接处需要承受立柱传递过来的很大的扭矩。这个时候一般需要加强横梁立柱的连接，下面是一个设计案例，如图4.11-6所示。

图4.11-6中单元板块底部横梁和立柱的连接内置了一个厚度很大的U形铝连接码来传递扭矩。尤其当翼的尺寸大、风压高的时候设计将变得比较困难。下面我们来看看水平装饰翼的几个设计要点。

当遮阳、装饰翼的悬挑尺寸小于300mm时，典型的构造如图4.11-7所示，两次转接，转接板预装在单元上，使得翼的安装时间非常弹性，可以直接在工厂装，或者在现场装。安装完后损坏的翼的更换也很方便。但是这种构造不适用于大悬挑的遮阳、装饰翼，下面我们来分析一下原因，如图4.11-8、图4.11-9所示。

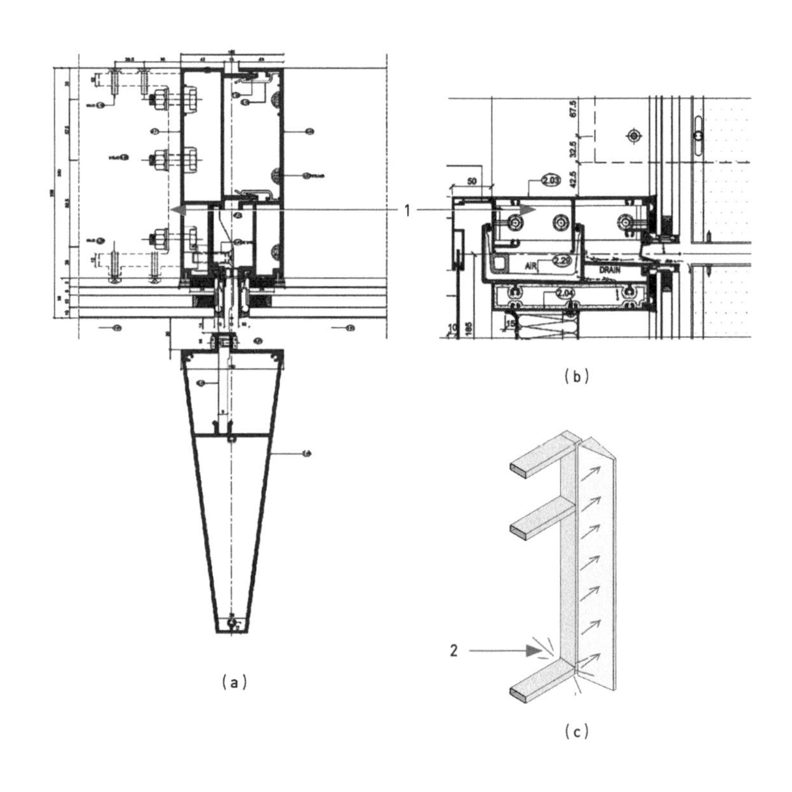

图4.11-6　加强横梁立柱的连接设计示意图

（a）立柱横剖面图；（b）横梁竖剖面图；（c）横梁立柱受力示意图
1-底横梁立柱间加强连接码；2-立柱的扭矩传递到横梁端头连接

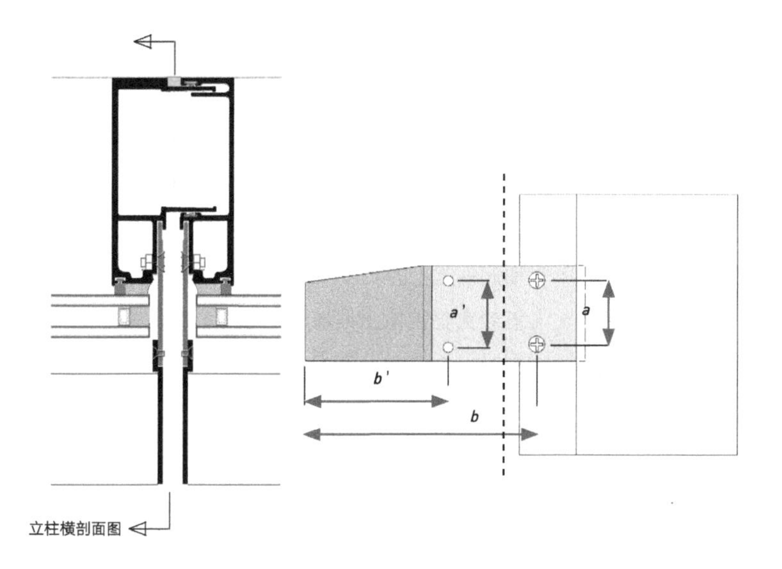

图4.11-7　水平装饰翼设计要点示意图

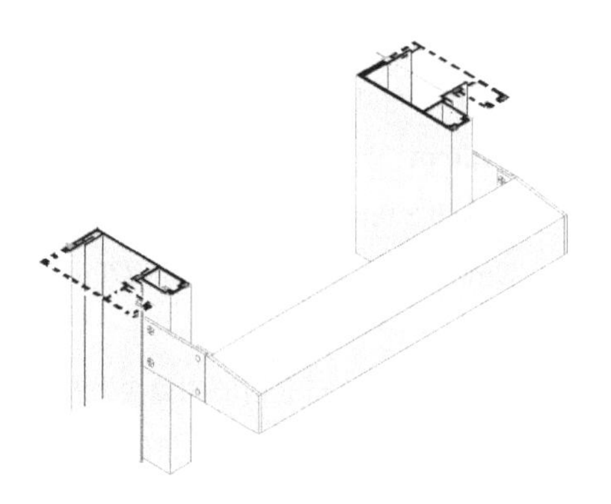

图4.11-8　装饰翼

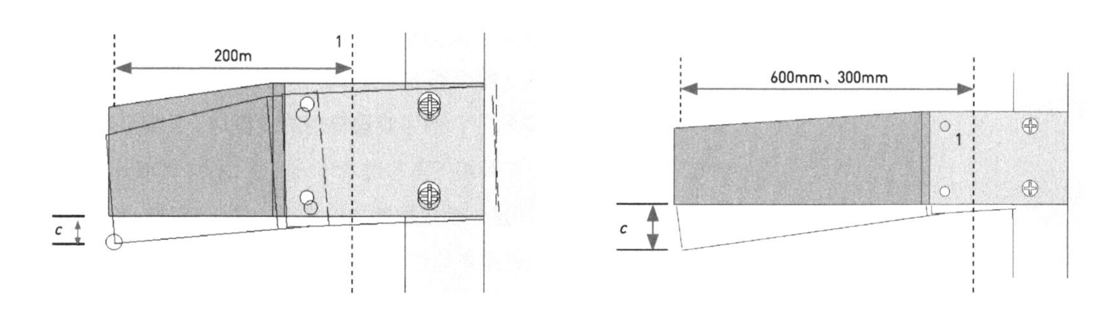

图4.11-9　装饰翼悬挑尺寸示意图

1-玻璃面

假设螺钉固定位置有0.3mm的误差（螺钉空位偏差），翼的尖端位置偏差最大值$C=2\times0.3mm\times(b/a)+2\times0.3mm\times(b'/a')$，假设$a$=70mm，$b$=240mm，$a'$=70mm，$b'$=140（翼悬挑出玻璃表面约200mm），最大偏差$C=2\times0.3mm\times(b/a)+2\times0.3mm\times(b'/a')=2\times0.3mm\times(240mm/70mm)+2\times0.3mm\times(140mm/70mm)=3.3mm$。3mm左右的偏差不会引起视觉上的太大问题，但是如果外悬挑距离达到300mm以上时，偏差会大到视觉上很显著的程度。我们来估算一下外挑300mm和外挑600mm时偏差分别多大。

外挑300mm时：
a=70mm，b=340mm，a'=70mm，b'=240。
$C=2\times0.3mm\times(b/a)+2\times0.3mm\times(b'/a')=2\times0.3mm\times(340mm/70mm)+2\times0.3mm\times(240mm/70mm)=5.0mm$

外挑600mm时：
a=70mm，b=640mm，a'=70mm，b'=540。
$C=2\times0.3mm\times(b/a)+2\times0.3mm\times(b'/a')=2\times0.3mm\times(640mm/70mm)+2\times0.3mm\times(540mm/70mm)=10mm$

意味着不同单元上相邻的翼尖端最大高差能有20mm（最坏的情况是一边向上偏差，一边向下偏差）。

大家可以看到随着悬挑距离的增大，加工精度一定的情况下，翼尖的位置误差会变大，悬挑到600mm时误差已经造成了视觉上无法接受的结果。同时要注意的是0.3mm只考虑了孔位的加工误差，还没有考虑孔的配合间隙。对装饰翼来说，配合间隙造成的翼尖的整体下垂在视觉上不敏感（每个都下垂整体还是对齐的）。但有些情况是要考虑螺钉孔间隙影响的，例如双层幕墙的支撑臂，如果不注意这个构造问题会造成外侧幕墙下垂超过20mm。在工作中笔者遇到过这样的案例，图4.11-10是一个双层幕墙的样板，由于支臂构造上没有考虑下垂效应，导致外层幕墙整体下沉。

对于大悬挑的水平翼或者大悬挑的支撑臂，如何避免出现视觉不可接受的翼不齐和下沉呢？我们先来看看图4.11-11。

悬挑大的翼可以考虑取消两道转接，去掉转接板，在安装的灵活性上作一定的折中，减少机械装配环节，同时尽量增大固定点之间的间距。

图4.11-10　双层幕墙的样板示例

图4.11-11　大悬挑装饰翼视觉问题处理示意图

在公式$C=2\times0.3mm\times(b/a)+2\times0.3mm\times(b'/a')$中有两部分：第一部分$2\times0.3mm\times(b/a)$由内层螺钉连接产生；第二部分$2\times0.3mm\times(b'/a')$由外侧螺钉产生。图4.11-11中的构造设计减少了一道螺钉连接直接消除了第二部分，由于和立柱的连接位置螺钉位置内藏在立柱内部，所以很容易增加螺钉的间距，如图4.11-12所示。

如图4.11-13所示，由于担心大悬挑的遮阳、装饰翼的尖端对齐问题，有不少工程选择在尖端位置用销钉强制限位对齐。在悬挑达到1m以上时，这确实是个行之有效且现实的解决视觉对齐问题的方法（支臂和立柱的搭接尺寸a需要做得很大，非常不经济。现实的设计搭接尺寸a会折中）。限位连接销钉构造现场安装复杂，需要用增加吊篮作业，同时也使得板块的地震位移协调变得困难，所以首选是从构造原理上去消除尖端不齐问题。

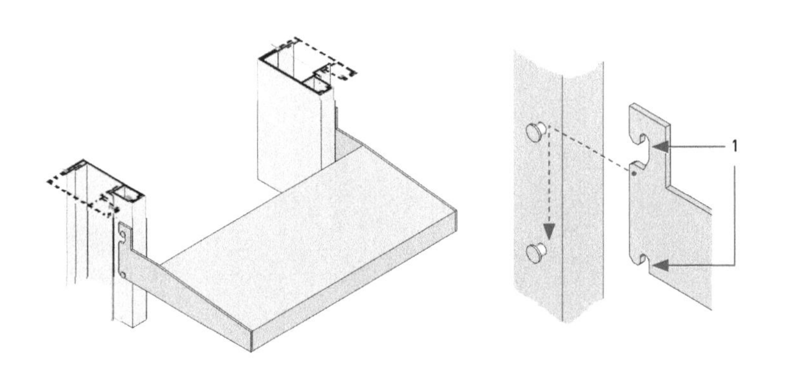

图4.11-12　横向遮阳、装饰翼的机械连接示意图

1-采用挂钩连接，保留了一定的维修更换的灵活度

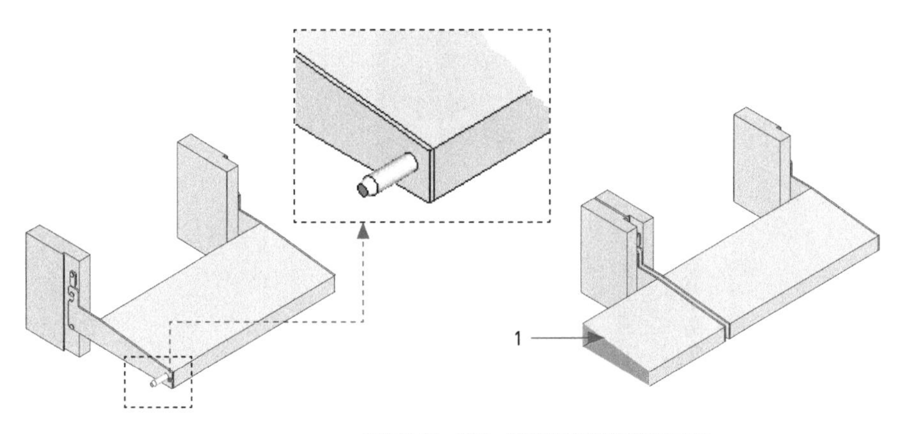

图4.11-13　遮阳、装饰翼尖端销钉设计示意图

1-水平遮阳、装饰翼

4.11.2 开启扇的常见问题，胶条和五金

近年来，建筑师设计的单元式幕墙开启扇尺寸越来越大，给开启扇的机械结构设计带来很大挑战。我们来看看需要注意的设计事项。

如图4.11-14所示，典型的大开启扇一般宽度1.2～1.5m，高度2.1～2.5m。开启扇的重量超过120kg，已经很难找到可靠的“摩擦铰链”作为转动开启机构了，所以绝大多数情况下采用型材带挂钩设计，图4.11-15是两种不同厂家的挂钩设计截面图。

开启状态的限位一般由伸缩臂五金件来完成，关闭状态的锁闭由“执手”驱动的多锁点机构完成。提醒大家，有三个要点在设计的时候要特别注意：

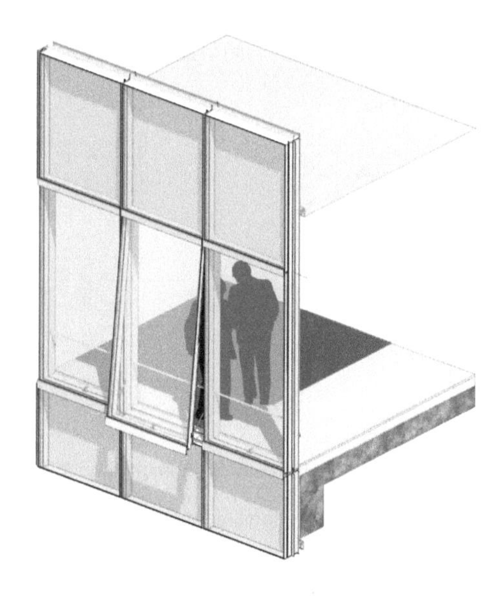

图4.11-14 开启扇示意图

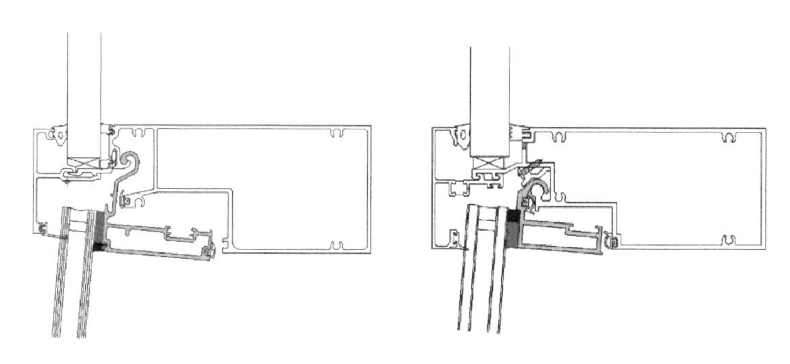

图4.11-15 挂钩设计截面图

（1）胶条的设计。由于扇的尺寸大大超出了一般窗的开启，相应的开启框和扇之间的材料配合误差范围都会扩大，为了保证框扇之间的密封胶条的长期可靠工作，建议增加胶条的配合间隙设计，加大胶条，增加压缩行程。一般尺寸的开启扇胶条间隙为3～5mm，超大扇的内侧气密胶条间隙建议增加到8～10mm，如图4.11-16所示。

（2）锁点的选用。大尺寸的开启扇如果采用普通的锁点，会由于锁点数量太多，操作摩擦力阻力大，执手容易损坏。普通锁点在大荷载下还容易滑脱。特别是图4.11-16中隐藏式的开启扇设计，幕墙立柱（开启框）的截面尺寸被开启扇占用，导致立柱的侧向刚度大大削弱，大风荷载下很容易滑脱，推荐大尺寸扇使用"蘑菇头"锁点（图4.11-17）。锁点锁闭后框扇侧向也限位在一起，大大降低了滑脱的风险。目前市场上开闭用的五金件基本都是基于欧式铝合金窗的设计，但当前幕墙的开启扇尺寸普遍很大，典型尺寸大到1.2～1.5m宽，3m高，远远大于典型窗的尺寸范围，材料绝对误差要远大于铝合金窗，导致当前幕墙开启的启闭可靠性普遍较差，迫切需要开发新的专用配套五金件。

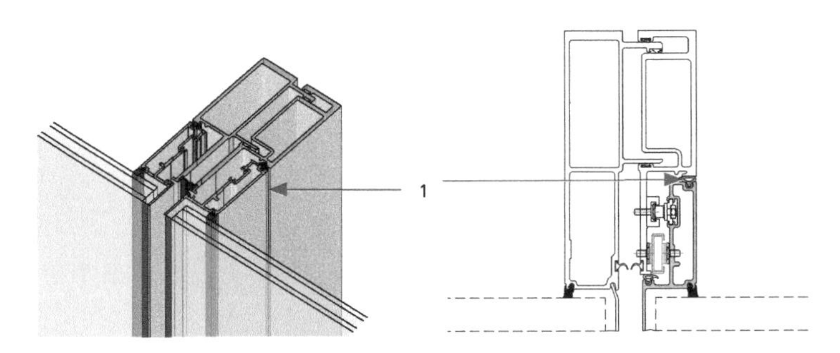

图4.11-16　开启扇内侧气密胶条间隙构造示意图

1-适当放大"气密"胶条尺寸，增加系统误差适应能力，提高水密、气密可靠性

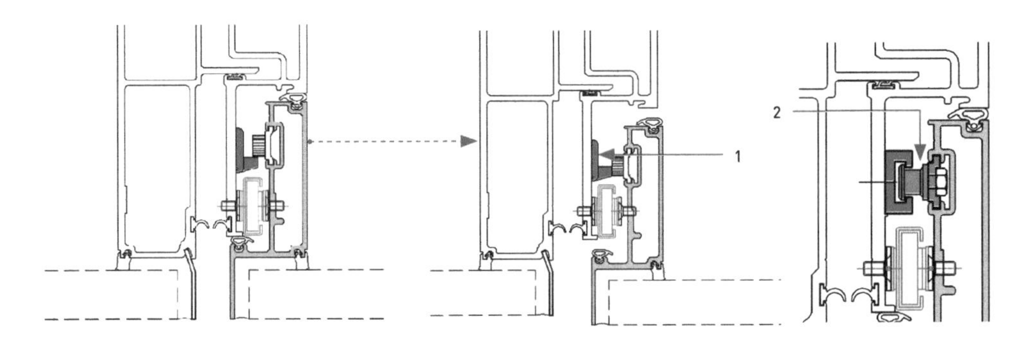

图4.11-17　"蘑菇头"锁点构造示意图

1-大尺寸开启扇尺寸误差变大，荷载也更大，普通锁点容易滑脱；2-"蘑菇头"锁点，避免滑脱，同时由于单点的承载力变大，锁点的数量可以减少，有利于执手操作的平顺

（3）伸缩臂的安装设计问题。采用型材挂钩设计的开启扇，如果伸缩臂的安装设计不够可靠，会导致很严重的后果。笔者亲身参加过此类“掉扇”事故的调查，遇到不止一个工程，由于伸缩臂的螺钉固定不可靠，导致大风天开启扇被吹掉，后果很可怕，所以我来着重讲讲伸缩臂的安装设计，如图4.11-18～图4.11-20所示。

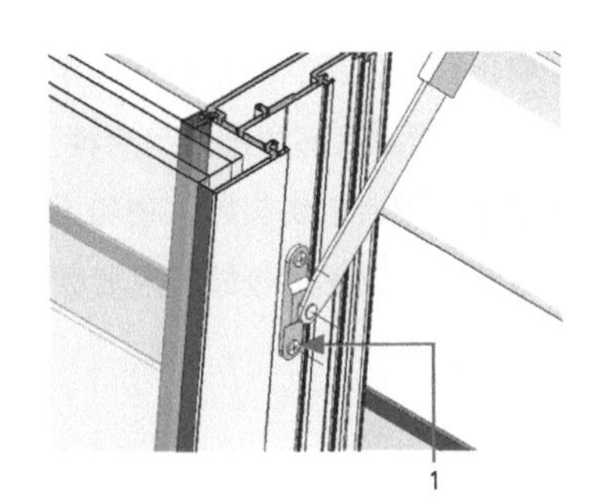

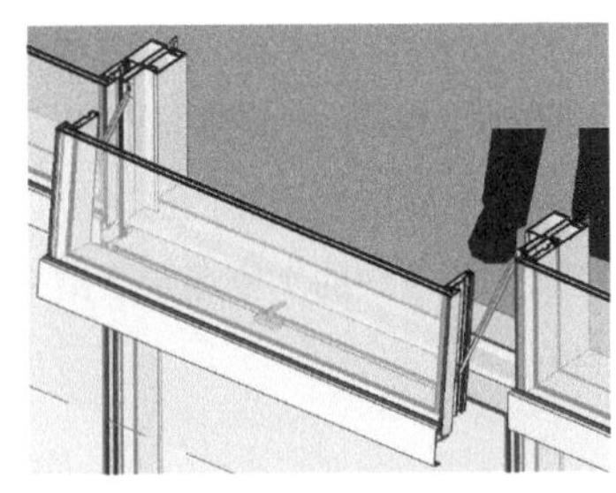

图4.11-18　伸缩臂的安装设计示意图

1-M5机制螺钉连接+防松剂

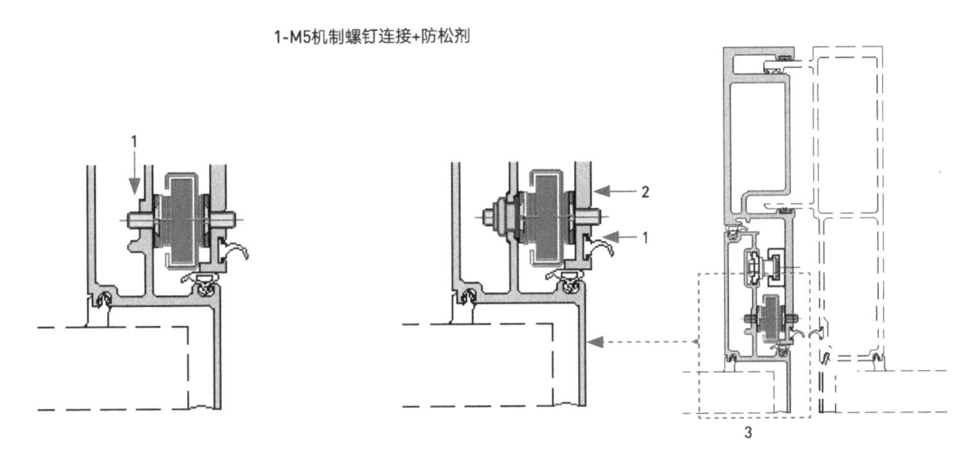

图4.11-19　伸缩臂设计构造示意图

1-机制螺钉连接部位型材局部壁厚建议5mm，或者采用沉头铆螺母连接设计；2-机制螺钉连接部位型材局部壁厚建议5mm；3-机制螺钉连接部位铝型材最小壁厚5mm，或者采用沉头铆螺母连接，同时都要采用化学防松剂防止螺钉松脱

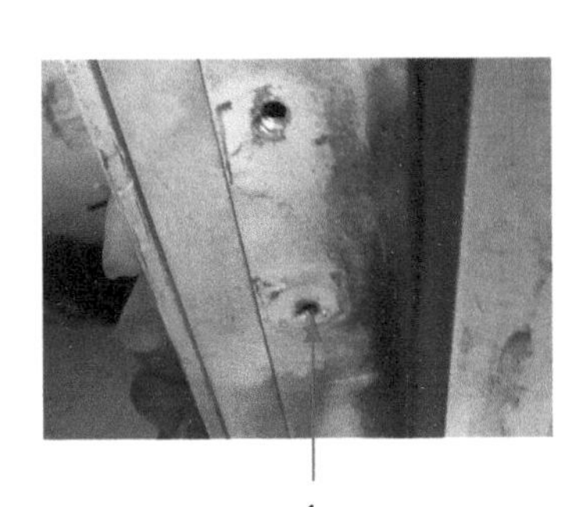

图4.11-20　螺钉脱出及伸缩臂脱落照片

1-实际工程中螺钉从型材中脱出的照片，希望大家高度重视大尺寸开启扇的设计；2-从开启扇上脱落的伸缩臂

4.11.3 复杂几何建筑设计实例

1．阳台单元的设计要点

建筑立面上如果有阳台挑出，会破坏单元布置的连续性，大大增加了设计和安装难度。阳台的典型单元布置如图4.11-21所示。阳台立面有两种板块，一种是阳台门板块，一种是不含门的普通阳台板块。阳台门的板块底部通常没有起始料，也没有底横梁，门槛直接固定到混凝土地面上，或者没有门槛。普通阳台板块底部要布置起始料，所以起始料的水槽在门的两侧都需要封堵。阳台板块起始水槽和大立面上的板块的水槽通常会错开而不连续，水槽不连续端都需要做封堵。

正常的单元板块一般都挂接到顶部的上层楼板上，底部横梁的插接构造来吸收上下层的建筑位移。但是阳台门扇和建筑地面一般只有5～10mm间隙，无法吸收足够的建筑楼板竖向位移，所以需要把门的门框固定在楼面上，在门的顶部设计插接构造区适应建筑楼板的竖向位移。

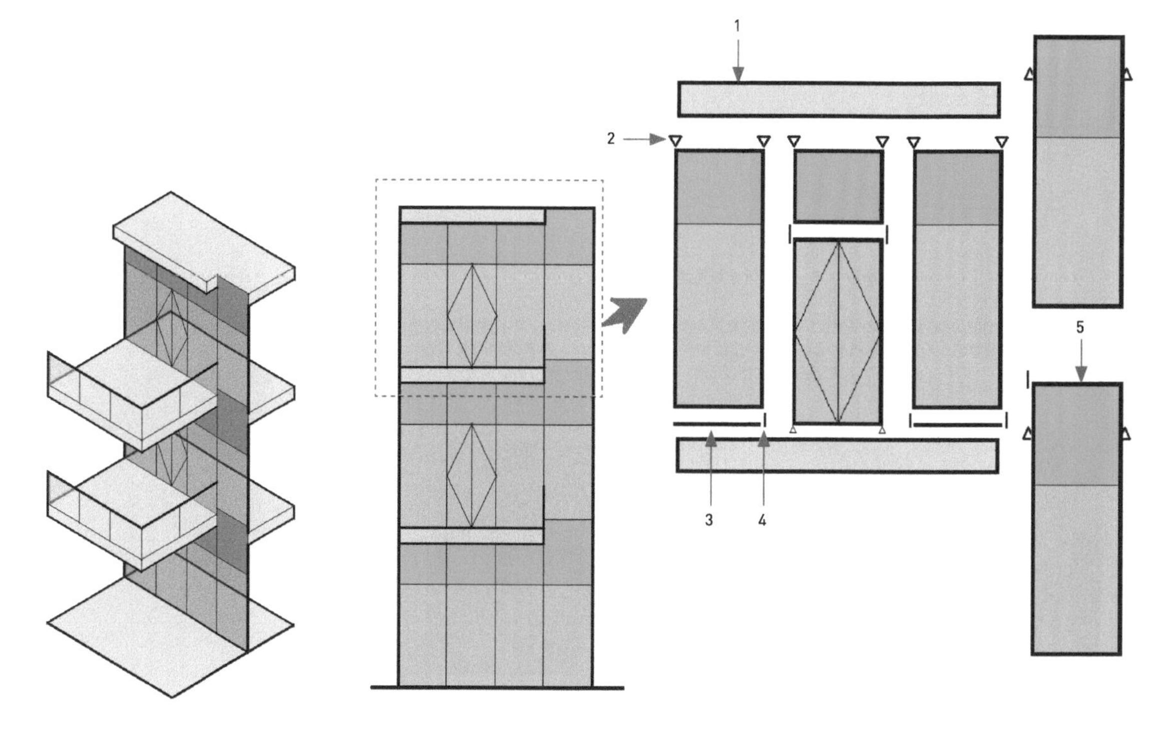

图4.11-21 阳台单元设计构造示意图

1-阳台外挑楼板；2-板块和建筑连接位置；3-起始水槽料；4-水槽端头封堵；5-单元顶部水槽

2．典型裙楼-塔楼交接部位单元设计要点（图4.11-22～图4.11-24）

图4.11-22（a）是裙楼-塔楼典型交接部位示意图，难点是裙楼-塔楼交接点位置的单元构造设计。

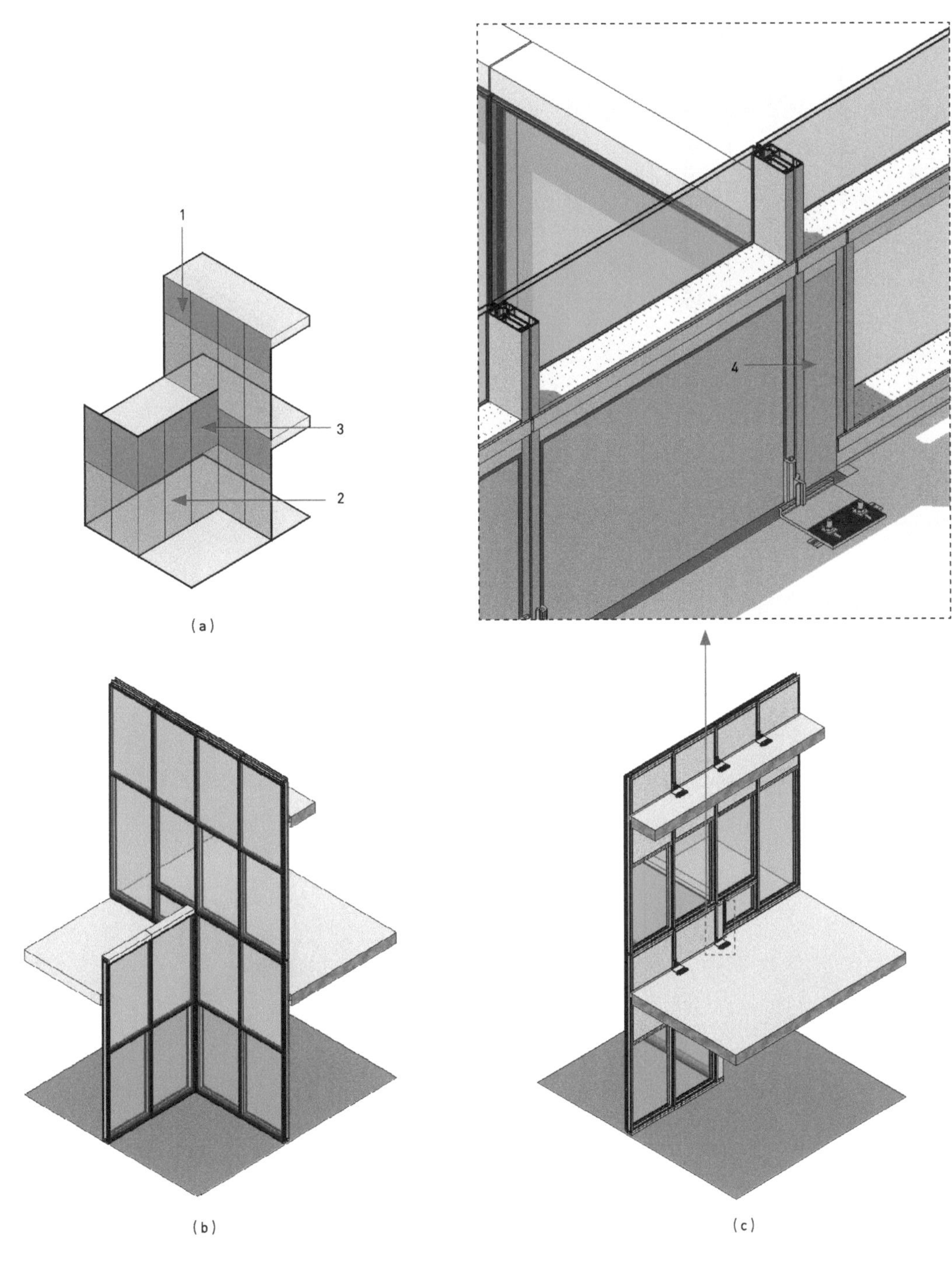

图4.11-22 裙楼-塔楼交接部位构造设计示意图

（a）典型裙楼-塔楼交接部位；（b）交接部位放大图；（c）交接部位室内视图
1-塔楼；2-裙楼；3-交接处；4-女儿墙堵头构造

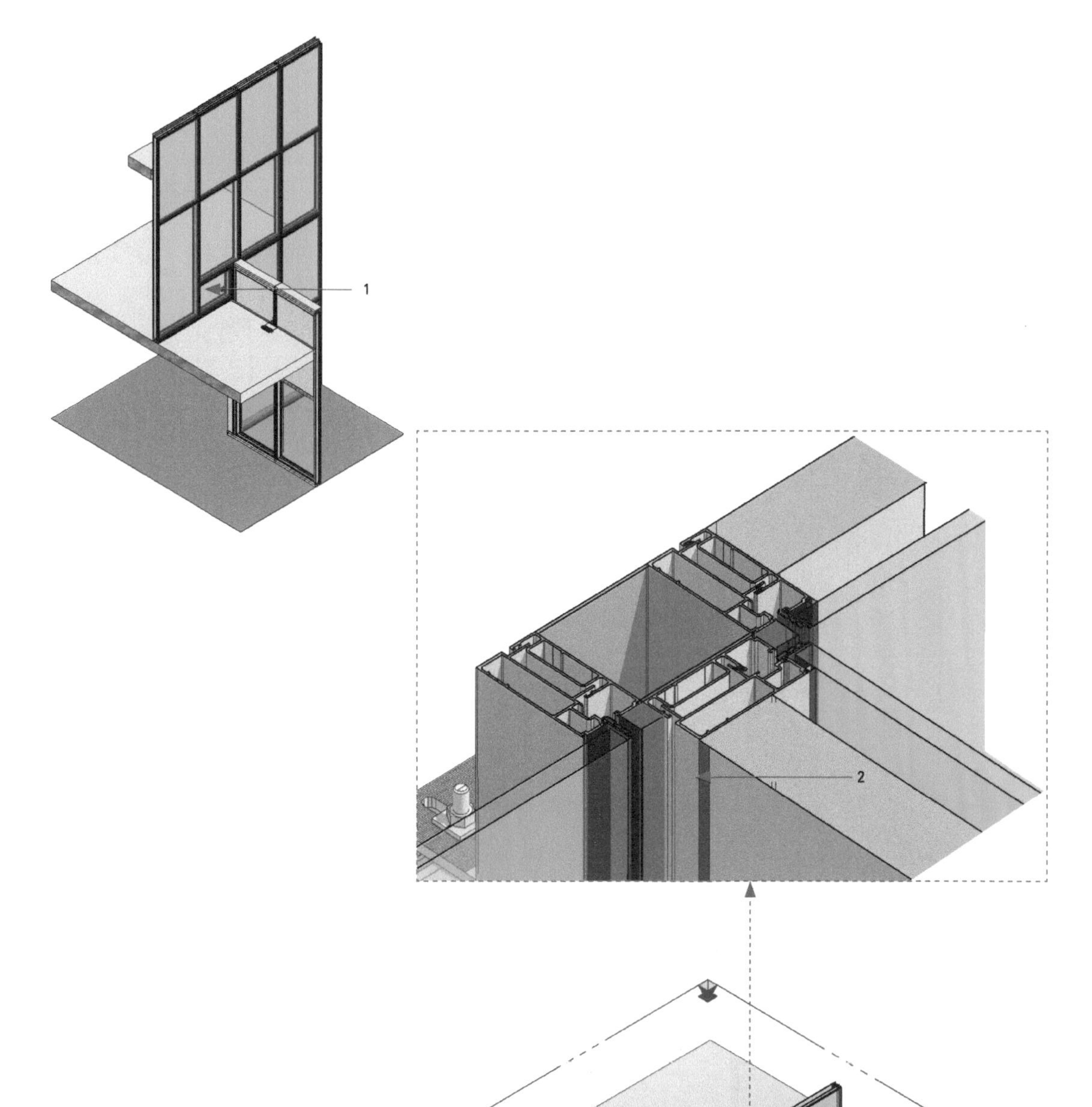

图4.11-23　塔楼和裙楼几何交接点处立柱插接布置设计示意图

1-附加板块；2-女儿墙堵头构造

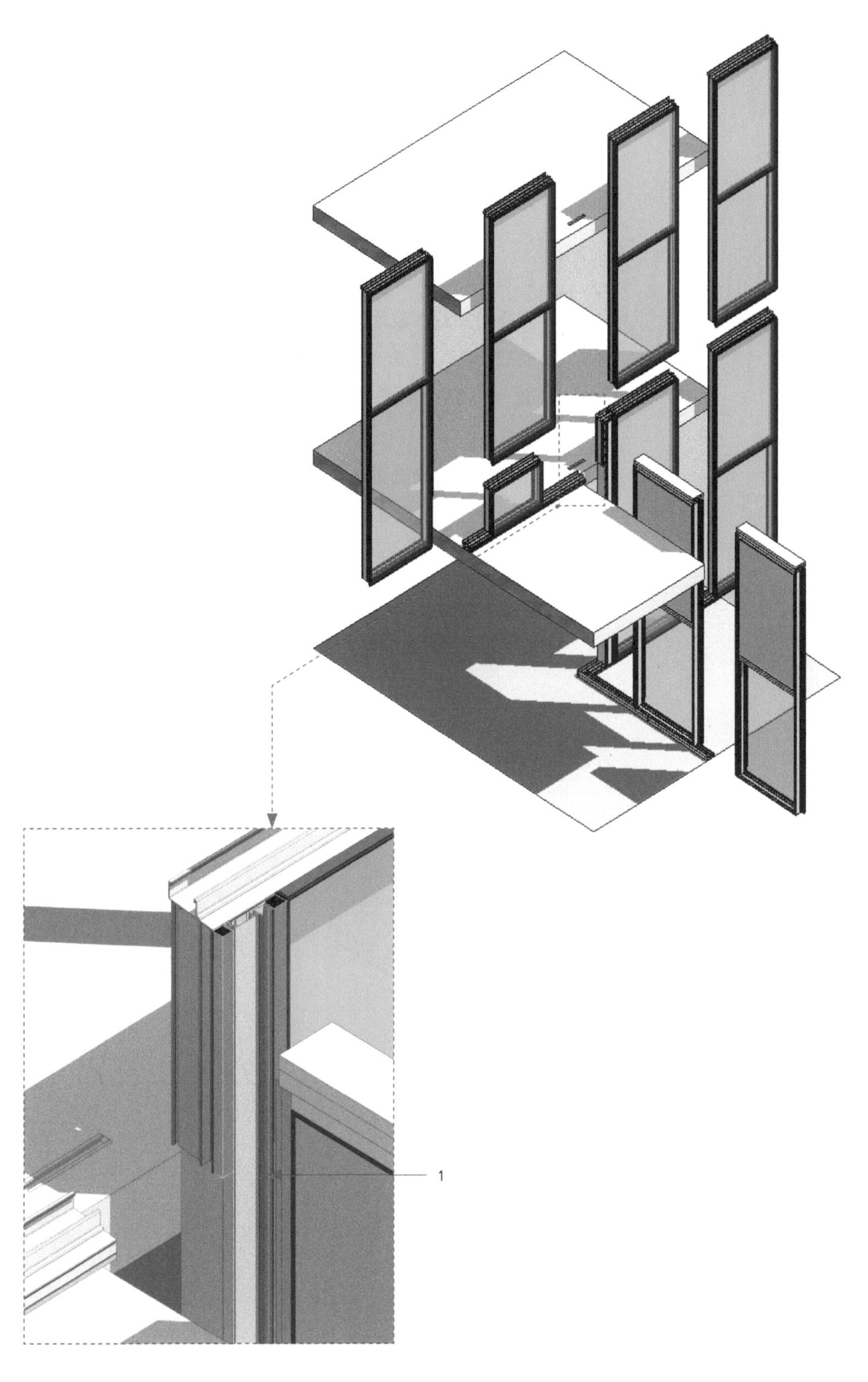

图4.11-24　单元板块分割示意图

1-复杂的交接板块

3．不同倾角立面交接处的单元设计方法

如图4.11-25所示，非垂直立面交接的设计有两个要点：第一是板块顶部水槽采用平行四边形设计原则保证水槽沿转角贯通；第二是避免任何三角形板块划分，转角部位采用梯形划分。三角形单元的固定和顶部密封都远不如梯形板块。

比较简洁美观的骨架解决方案如图4.11-26所示。两侧的横梁建议采用平行四边形设计，两个面的横梁取在两个面的空间角平分面上相交在一起，形成一个美观的转角外观效果，同时横梁水槽能自然贯通，水槽的现场密封施工和竖直立面的转角一致。

下面我们来看看更复杂的几何。大家可以试着用上面两个面交接的设计原理来构想三个斜面交接的单元如何设计（图4.11-27），在此就不给出答案了。

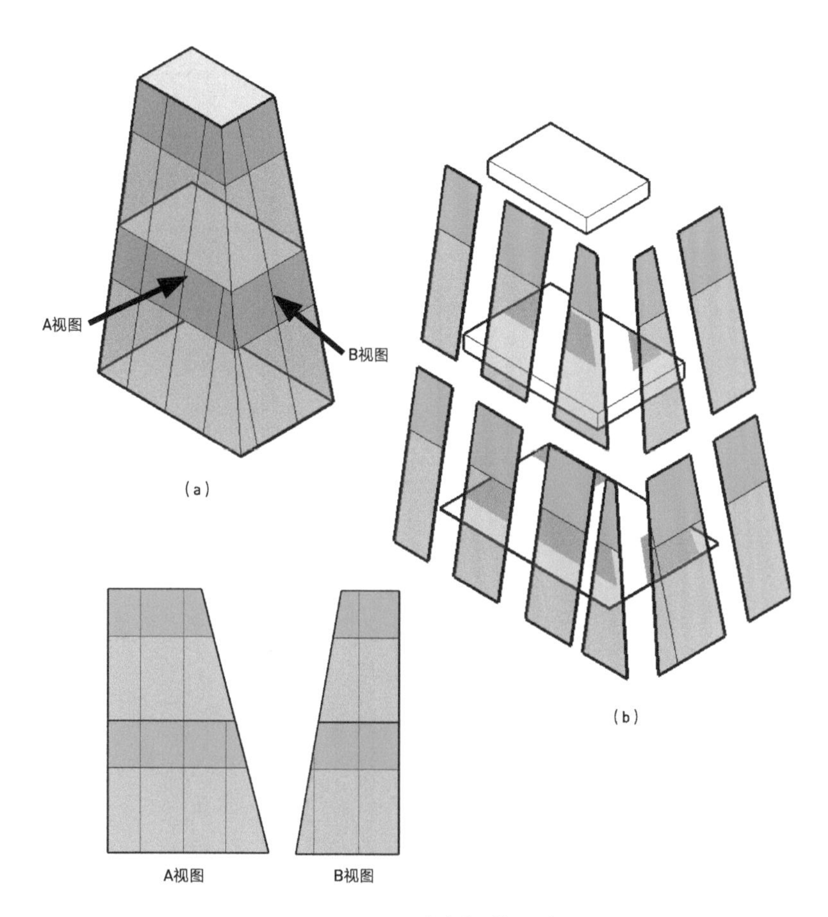

图4.11-25　不同倾角立面单元示意图

（a）三维轴测图；（b）单元板块布置分解示意

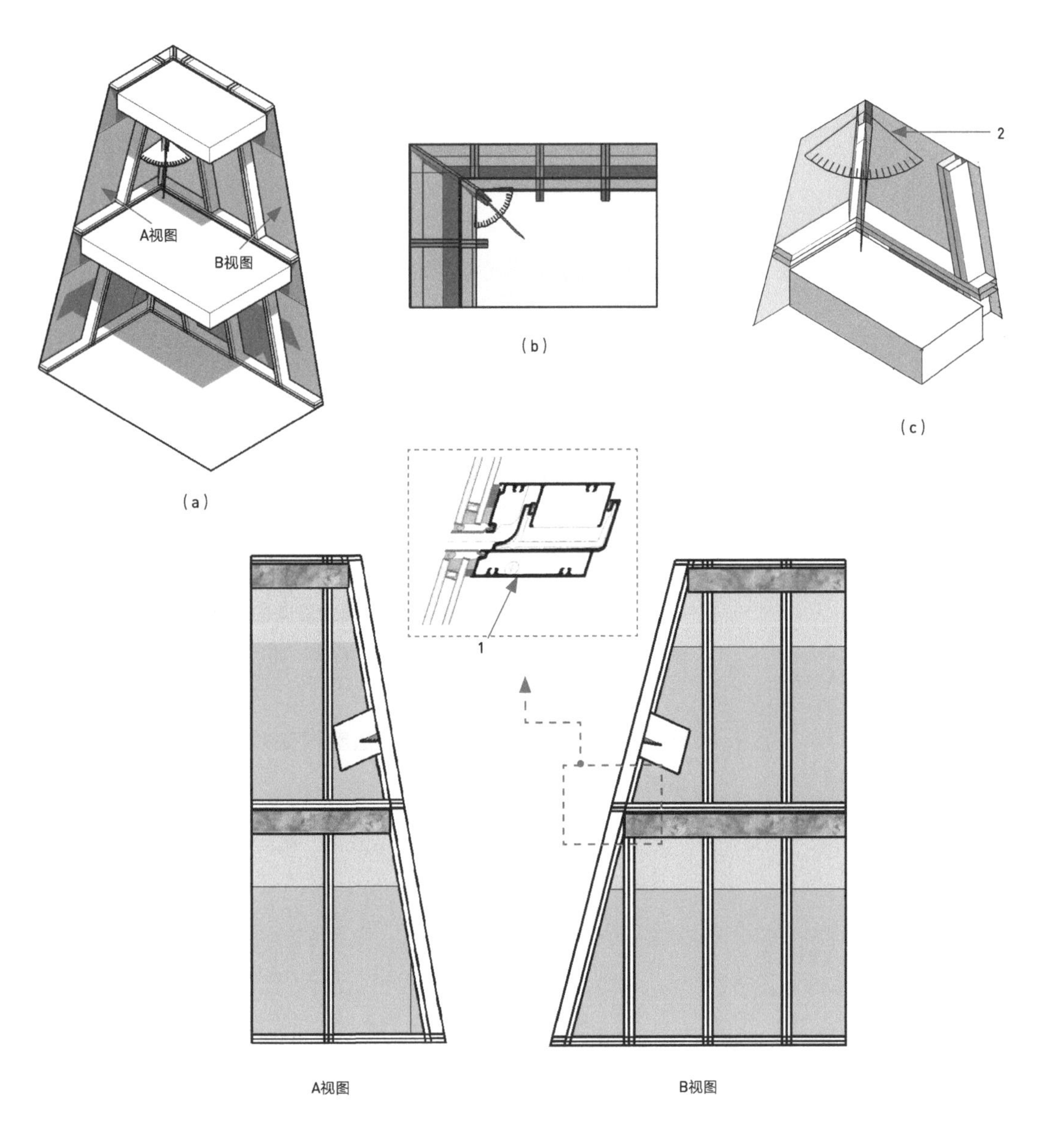

图4.11-26　不同倾角立面单元设计构造示意图

(a) 三维轴测图(室内);(b) 转角位平面图;(c) 三维轴测图(转角)
1-横梁截面建议设计成平行四边形;2-空间角平分参考面

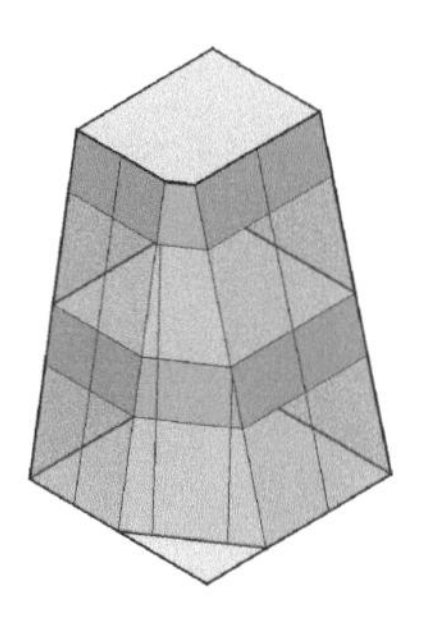

图4.11-27　三个斜面交接的单元示例

复杂几何单元式设计的两个基本原则：

（1）尽可能让水槽平滑贯通，因为任何水槽的断点现场的堵头密封施工都远远比水槽的连接密封要复杂。

（2）单元划分要尽可能避免三角形板块。三角板块插接密封的处理远比四边形板块复杂，要尽量简化现场的密封作业。

遵循以上原则时往往会使工厂的板块加工难度加大，但是简化了现场的安装工作，从而提高了外墙系统的水密可靠性，同时由于现场工作的简化也能使总成本降低。

上面的设计方法适用于立面为平面组合或单向曲面（垂直方向无曲率）。还有一些比较特别的建筑立面为双向曲面，一般需要用到三角形的单元板块去拟合拼接成想要的形状，如图4.11-28所示。

注：建筑立面为双向的曲面，无法用4个边共面的四边形拼出，所以最终选用了三角形板块。

图4.11-28　双向曲面建筑立面工程示例

如图4.11-29所示，三角形板块的布置原则依然是要尽量保持水槽沿着水平方向连续贯通。要特别注意三角形定点交接部位的密封处理，仔细设计打胶密封方案。不同的系统在这个交接部位的设计原则各有不同，在此笔者不再一一介绍，总之大家要明白总的水槽布置原则是设计的关键点。

图4.11-30为典型系统的三角形板块交接部位的布置示意图，尽可能使水槽水平贯通。

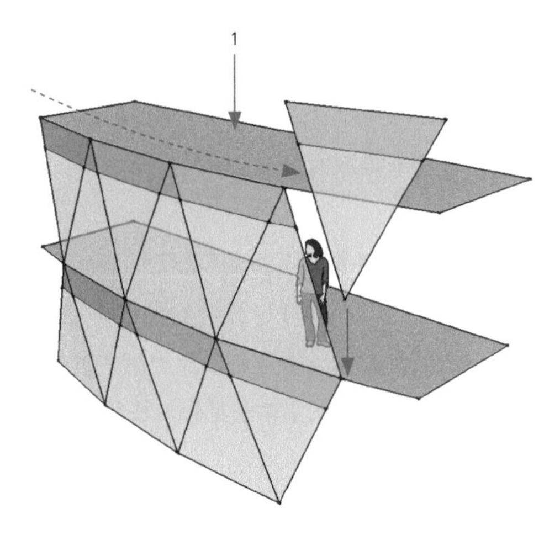

图4.11-29　三角形板块布置示意图

1-板块水槽水平连续布置

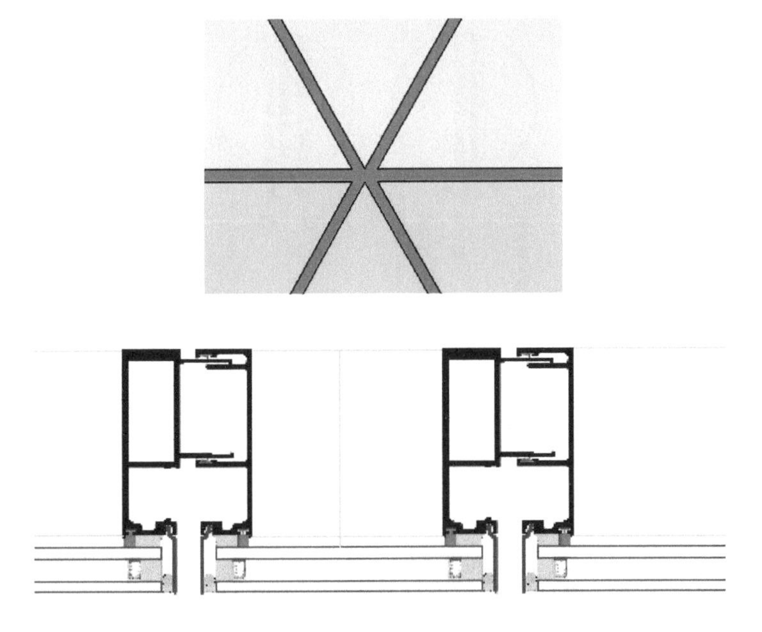

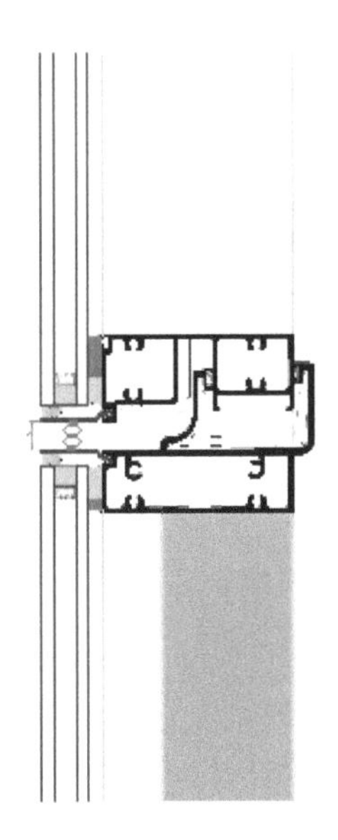

图4.11-30　三角形板块交接部位布置示意图

4.11.4 隔热设计的注意事项

我们分别从玻璃面板和铝金框架两个部分来说明单元隔热设计的常用方法。

玻璃部分隔热性能的提高主要靠提高玻璃的“配置”，当然U值越低隔热性越好。3个因素决定了玻璃的隔热效果：①Low-E镀膜的配置与选择；②“空气”间隔层的配置；③间隔条的配置。

1. Low-E镀膜的配置与选择

Low-E镀膜的反射率越低越好，目前以镀膜中银层的数量分单银、双银、三银。一般银层越多辐射值越低，隔热性能越好。

图4.11-31简要说明了Low-E镀膜的隔热原理，简单说就是对红外线具有较高的反射率（参见图4.11-32中的透过率曲线，可以看出Low-E镀膜的红外透射率很低，银层越多反射越多透射越少），而日常环境中室内外辐射传热的波长集中于红外波长段，所以Low-E镀膜能很好地减少室内外辐射传热。

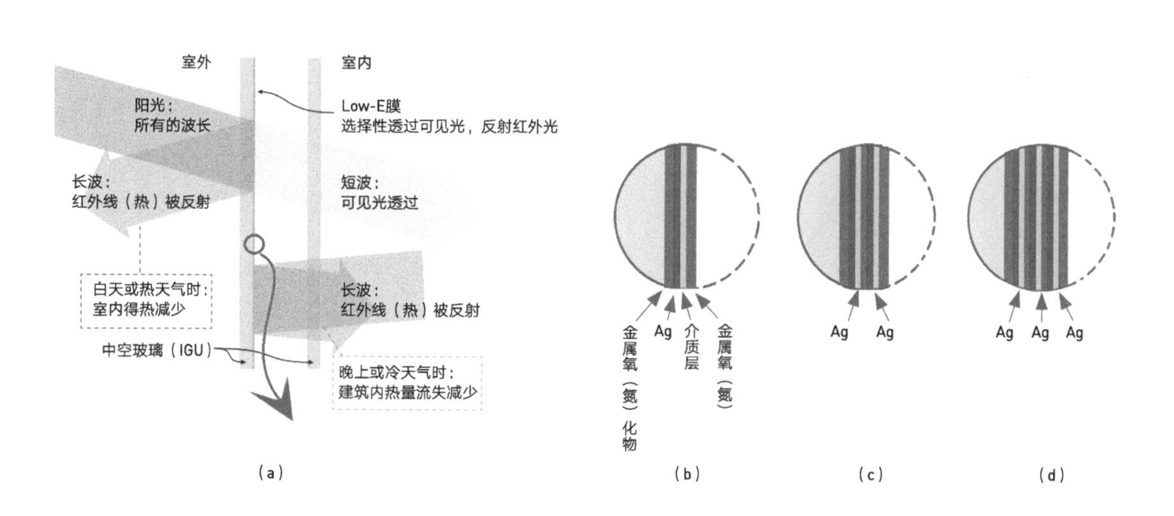

图4.11-31 Low-E镀膜隔热原理示意图

（a）Low-E镀膜隔热原理图；（b）单银镀膜；（c）双银镀膜；（d）三银镀膜

工作中常见的一个问题是Low-E镀膜面位置的布置。中空玻璃一般有4个面，Low-E镀膜到底布置到哪个面上呢（玻璃表面的编号参见图4.11-35），我们来分析一下这个问题，首先由于“真空磁控离子溅射镀膜工艺”镀在玻璃表面的Low-E镀膜不耐磨和湿气，容易氧化，一般需要布置到“空气”间隔层里面保护起来，所以只能布置到2号面或者3号面。布置到2号面和3号面时中空玻璃的传热系数是非常接近的（既*K*值、*U*值接近），但是布置于2号面与3号面时的遮阳效果有所不同（SC不同）。布置在2号面的SC值比布置在3号面的SC值要低很多。由于我国南方夏热冬暖，北方夏热冬冷。南北方夏季遮阳性能的提高都对降低空调制冷能耗起很大作用，所以我国绝大部分工程都适合将Low-E镀膜布置到2号面。

Low-E膜是不是就只能布置1个呢？如果同时在2号、3号面上布置Low-E和只在2号面上布置Low-E相比带来的隔热性能的提升非常小（小于3%），所以很少看到这样的配置。目前有的厂家提供可以直接布置到4号面的“无银”Low-E膜，理论上在2号和4号面同时布置Low-E膜比单纯在2号面布置Low-E膜能带来一定程度隔热性能的提升（*U*值、*K*值约提高30%），但是将Low-E膜直接暴露于室内空间，其耐久性还有待工程检验。

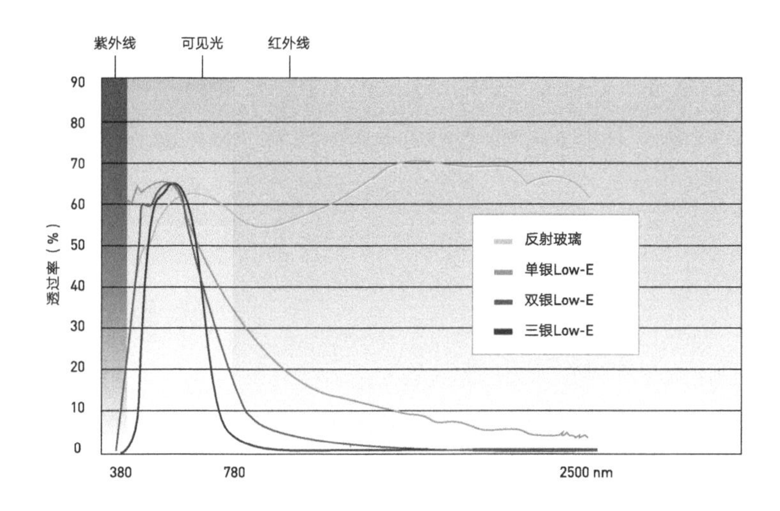

图4.11-32　Low-E镀膜透射率曲线

2．空气间隔层的配置

首先说明，这里说的空气间隔层并不是特指“空气”，只是沿用工作中对间隔层的一般叫法。空气间隔层的配置选择上，立面上的中空玻璃的空气层的厚度越接近12mm越好，水平玻璃的间隔条理论最优化宽度约7mm。图4.11-33是在一个典型的中空玻璃配置条件下（内外片都是6mm透明玻璃，Low-E膜布置到2号面）统计出来的间隔层宽度和*U*值之间的关系曲线图（2010年由当时的同事李涛完成，特别鸣谢）。

从图4.11-33和图4.11-34可以看出，竖直状态布置的中空玻璃典型冬季条件下12mm宽度的间隔条能得到最优的隔热性能。水平放置的中空玻璃（天窗玻璃）7mm宽度的间隔条能得到最优的隔热性能。还可以进一步在“空气层”中填充对流传热能力相对更低的惰性气体，最常见的是氩气，图中也包含了充氩气和充氪气的典型*U*值数据，可作为定性的参考。

还有一个隔热性能提升选项是，增加间隔层的数量，如图4.11-35（b），可以在普通中空玻璃的基础上再增加一片玻璃和一个间隔层进一步提升隔热性能。还可以在4号面上再增加一个Low-E镀膜，进一步加强隔热性能（当然这个镀膜带来的*U*值的提高已经比较有限）。

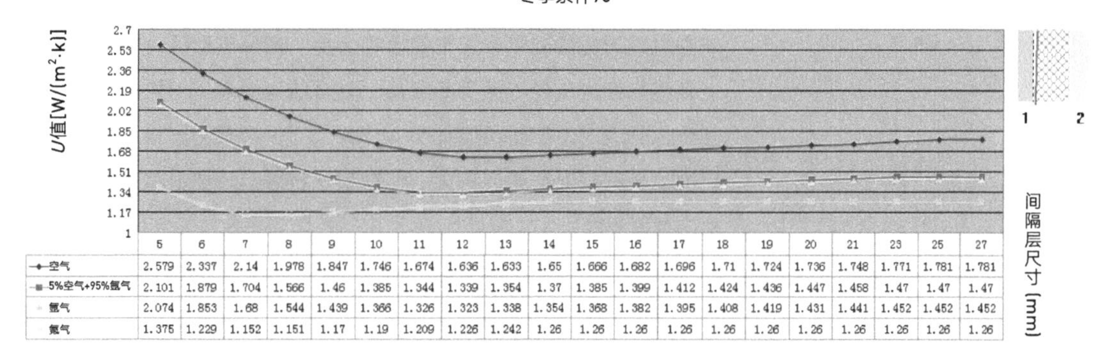

	5	6	7	8	9	10	11	12	13	14	15	16	17	18	19	20	21	23	25	27
空气	2.579	2.337	2.14	1.978	1.847	1.746	1.674	1.636	1.633	1.65	1.666	1.682	1.696	1.71	1.724	1.736	1.748	1.771	1.781	1.781
5%空气+95%氩气	2.101	1.879	1.704	1.566	1.46	1.385	1.344	1.339	1.354	1.37	1.385	1.399	1.412	1.424	1.436	1.447	1.458	1.47	1.47	1.47
氩气	2.074	1.853	1.68	1.544	1.439	1.366	1.326	1.323	1.338	1.354	1.368	1.382	1.395	1.408	1.419	1.431	1.441	1.452	1.452	1.452
氪气	1.375	1.229	1.152	1.151	1.17	1.19	1.209	1.226	1.242	1.26	1.26	1.26	1.26	1.26	1.26	1.26	1.26	1.26	1.26	1.26

图4.11-33　玻璃竖直状态下间隔层宽度和U值之间的关系曲线

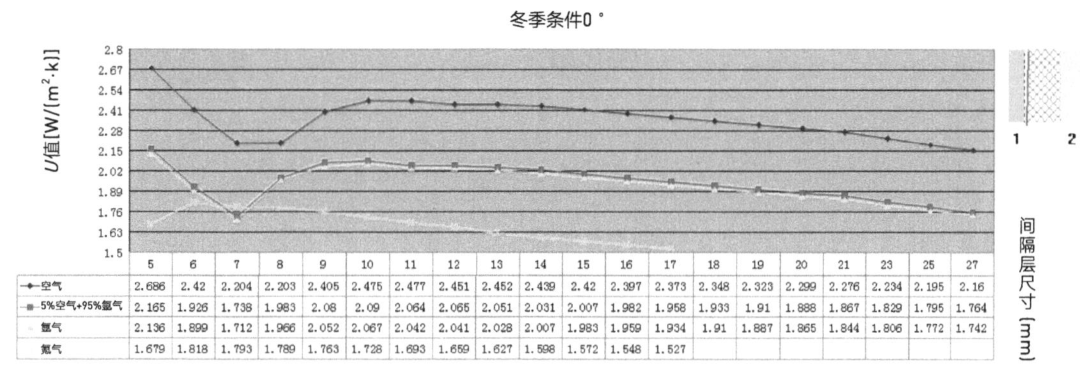

	5	6	7	8	9	10	11	12	13	14	15	16	17	18	19	20	21	23	25	27
空气	2.686	2.42	2.204	2.203	2.405	2.475	2.477	2.451	2.452	2.439	2.42	2.397	2.373	2.348	2.323	2.299	2.276	2.234	2.195	2.16
5%空气+95%氩气	2.165	1.926	1.738	1.983	2.08	2.09	2.064	2.065	2.051	2.031	2.007	1.982	1.958	1.933	1.91	1.888	1.867	1.829	1.795	1.764
氩气	2.136	1.899	1.712	1.966	2.052	2.067	2.042	2.041	2.028	2.007	1.983	1.959	1.934	1.91	1.887	1.865	1.844	1.806	1.772	1.742
氪气	1.679	1.818	1.793	1.789	1.763	1.728	1.693	1.659	1.627	1.598	1.572	1.548	1.527							

图4.11-34　玻璃水平状态下间隔层宽度和U值之间的关系曲线

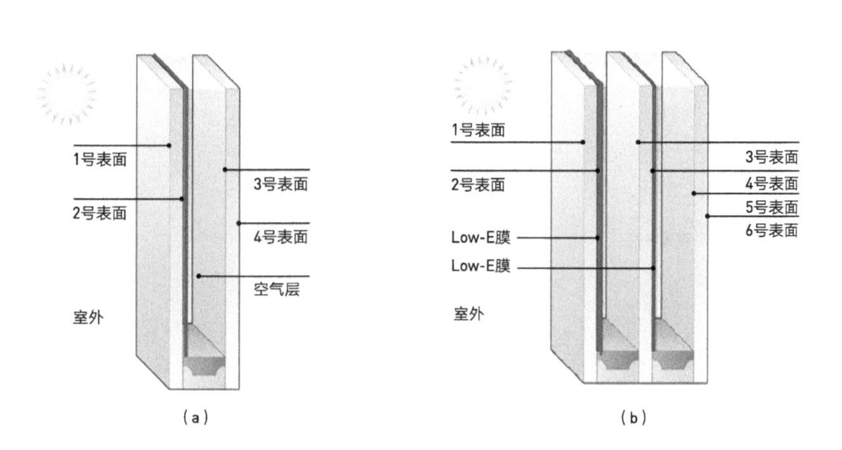

图4.11-35　中空玻璃的常见配置形式示意图

(a)普通中空玻璃(单“空气”层，IGU)；(b)三玻两中空(双“空气”层)

3．间隔条的配置

中空玻璃周边的间隔条通常使用铝合金，传热系数很高。目前市场上有传热系数低的不锈钢间隔条、复合结构间隔条可供选择。间隔条所在的玻璃边部面积相对较小，“暖边”间隔条对玻璃整体隔热性能的改善在相对数据上不大，但在冬季寒冷区域能显著改善局部的室内结露问题。

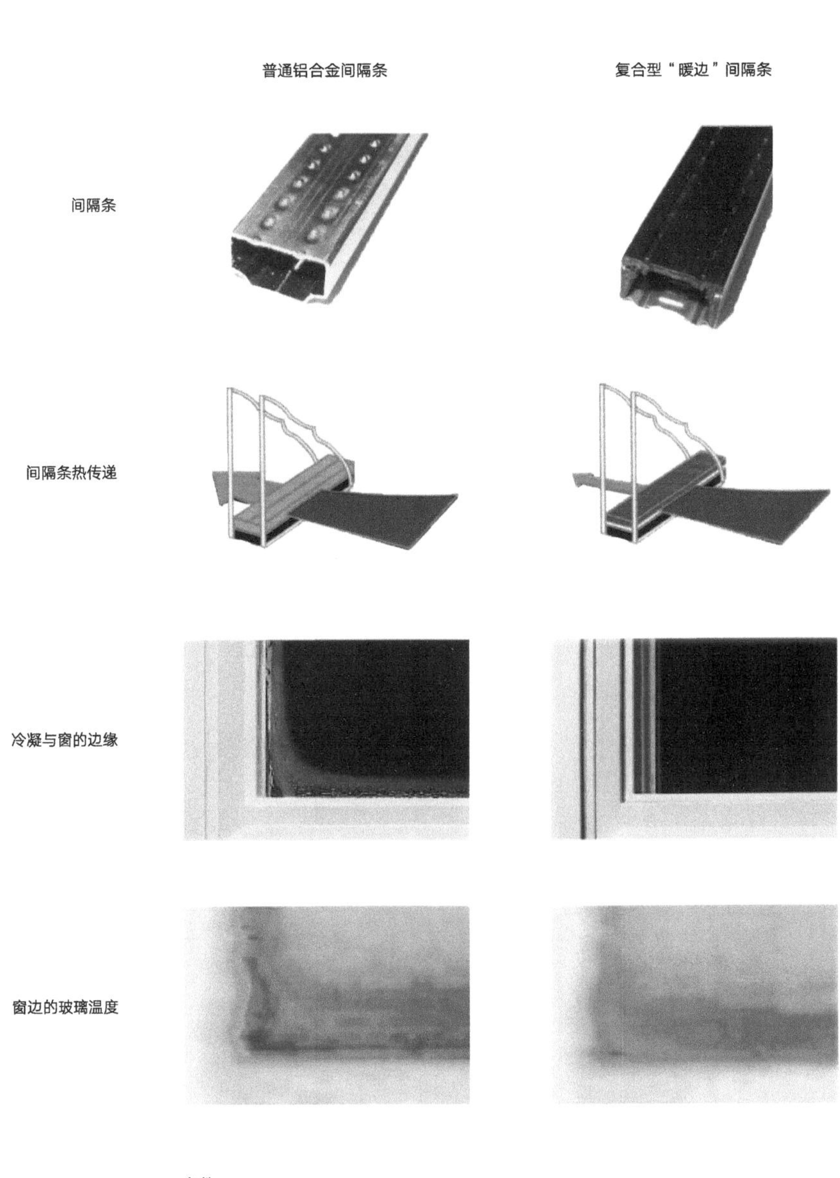

图4.11-36 间隔条常见配置形式示意图

玻璃部分说完了，接下来说说铝合金框架部分隔热设计方法。单元龙骨为挤出成型铝合金截面，铝是热的良导体，所以要提高龙骨部分的隔热性能就需要用隔热材料隔开室内和室外的铝合金型材。目前广为使用的材料是聚酰胺+玻璃纤维组成的复合材料。明框单元常见的设计如图4.11-37所示，室外扣盖和室内铝型材主龙骨被隔热材料分隔开，热传递大大减少，型材断面的设计上挡水胶条的位置最好和隔热条处于同一平面，这样能取得最好的隔热效果。图4.11-37比较了常用设计的优劣。

图4.11-37中（a）~（c）分别列举了常见的明框隐框单元龙骨的隔热策略，都采用了复合隔热材料，隔绝了金属框架的热传递。

图4.11-38中（a）是隔热效果最差的一个布置，隔热条和胶条错开不在一个平面；（b）的胶条隔热条对齐在一个平面上是一个较好的设计；（c）是高隔热性能系统的一个设计范例，胶条、隔热条中空玻璃间隔条都严格对齐在一个平面上，玻璃槽口内侧间隙填塞低导热泡沫棒进一步减少空腔空气对流传热。

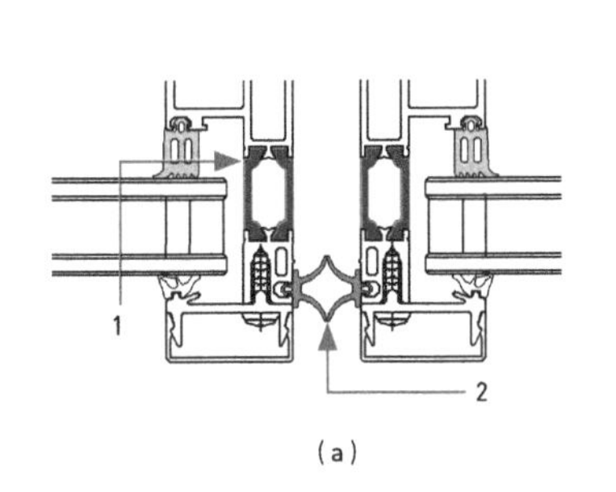

（a）

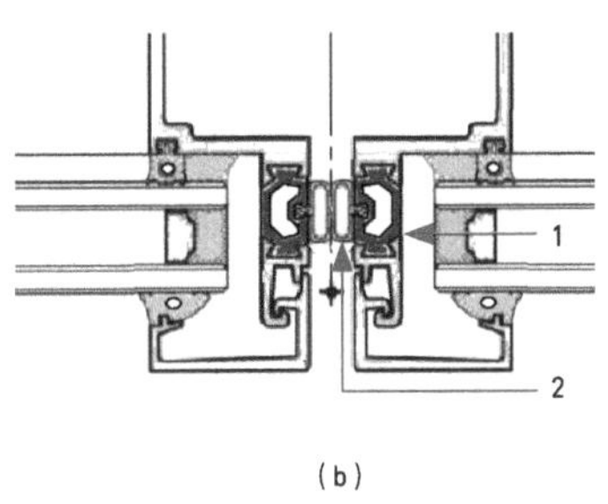

（b）

（c）

图4.11-37　明框隐框单元龙骨隔热策略示意图

1-隔热条；2-挡水胶条

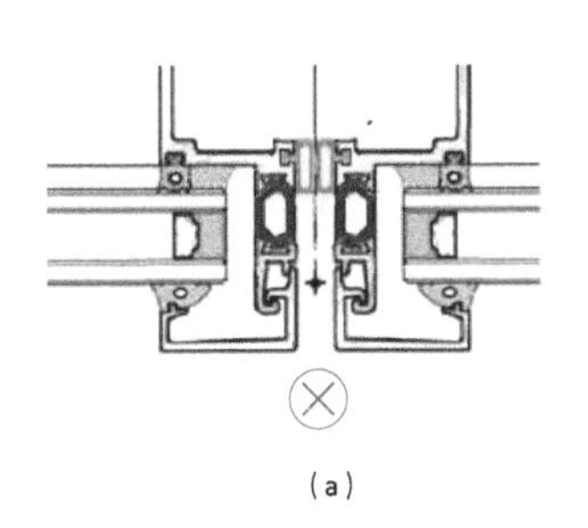
（a）

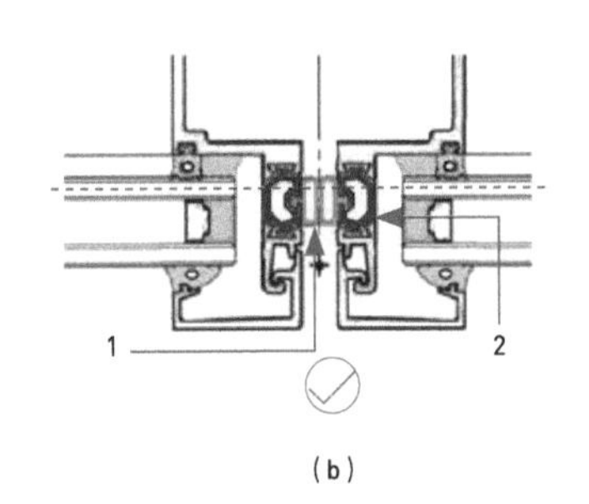

（b）

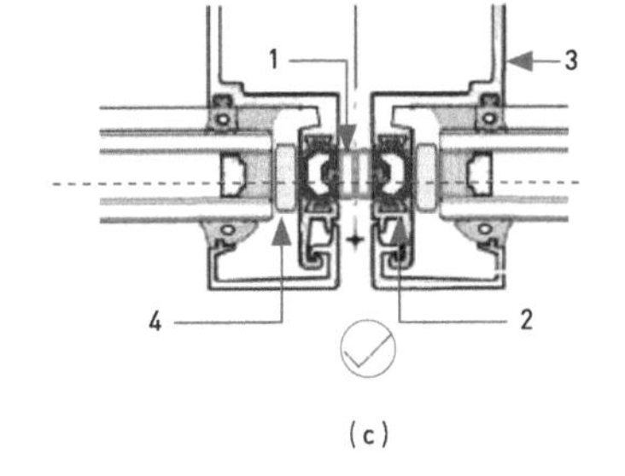

（c）

图4.11-38　常用隔热设计优劣对比示意图

1-挡水胶条；2-隔热条；3-铝合金型材；4-泡沫棒

层间阴影盒的玻璃通常采用单层玻璃，靠背板后的岩棉保温板来保证阴影盒的隔热保温性能。由于岩棉板的隔热性能十分优良，所以这种构造的隔热性能非常优秀，但是大家往往忽略层间阴影盒部分的框架部分的隔热设计。下面我们看看常见的层间龙骨剖面，如图4.11-39所示。

层间阴影盒部位，单层玻璃+铝合金背板+保温岩棉板的组合为常用配置。要注意在龙骨侧会形成“冷桥”，热量通过铝型材侧边流入阴影盒，再通过单层玻璃传到室外。

如图4.11-39所示，由于单层玻璃的隔热性能差，导致阴影盒内空气温度和室外低温非常接近（假设冬季条件），阴影盒中央区域部分由于背板后面的岩棉保温性能非常好挡住了热量向室外传递。但是在靠近横竖龙骨的区域，阴影盒冷空气直接和龙骨侧边接触形成冷桥，大大降低了龙骨的隔热性能。对于高隔热要求的工程，有以下两个解决方案可供参考。

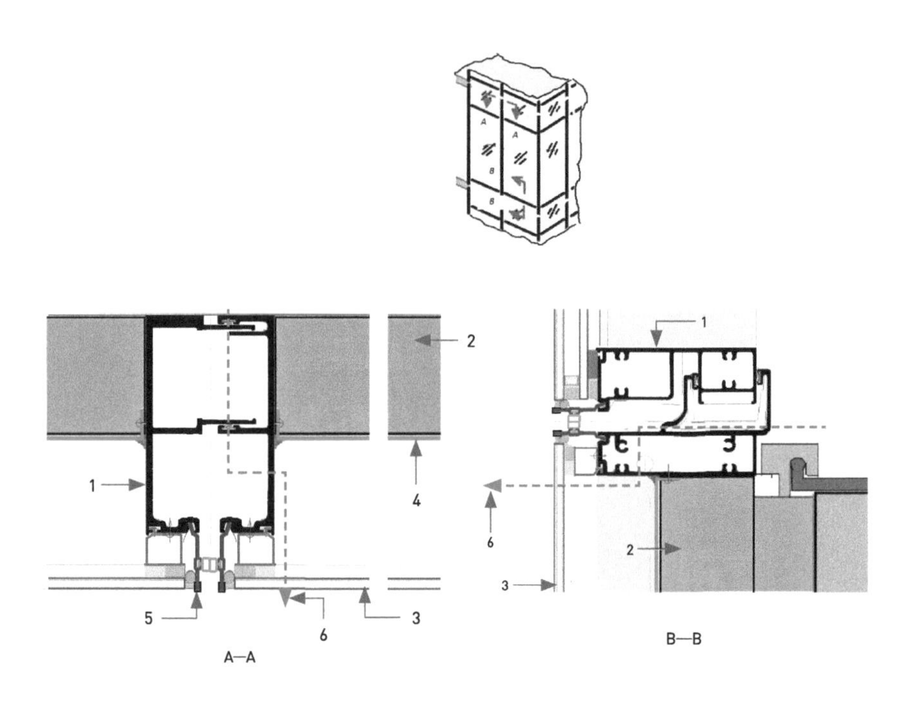

图4.11-39　层间龙骨剖面示意图

1-铝合金型材；2-保温岩棉；3-单层玻璃；4-铝合金板；5-高分子隔热材料；6-冷桥

一个是用中空玻璃代替单层玻璃（成本较高）如图4.11-40所示；另一个设计如图4.11-41所示，用岩棉包覆龙骨侧边，也能起到很好的效果，但板块的组装工艺复杂性有所增加。

以上内容从实际设计技巧层面讲解了单元的隔热设计的技巧，并尽量通过示意图的方式让这一部分直观易懂。没有过早讲述“传热理论”，因为并非所有幕墙设计师需要深入到“枯燥”的传热理论。

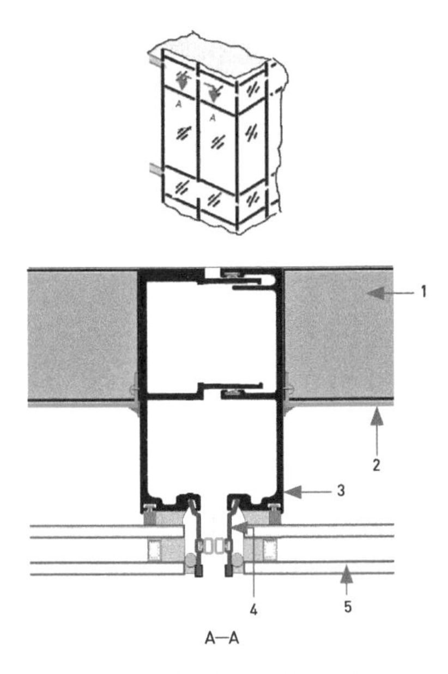

图4.11-40　中空玻璃隔热设计示意图

1-保温岩棉；2-铝合金板；3-铝合金型材；4-高分子隔热材料；5-中空玻璃

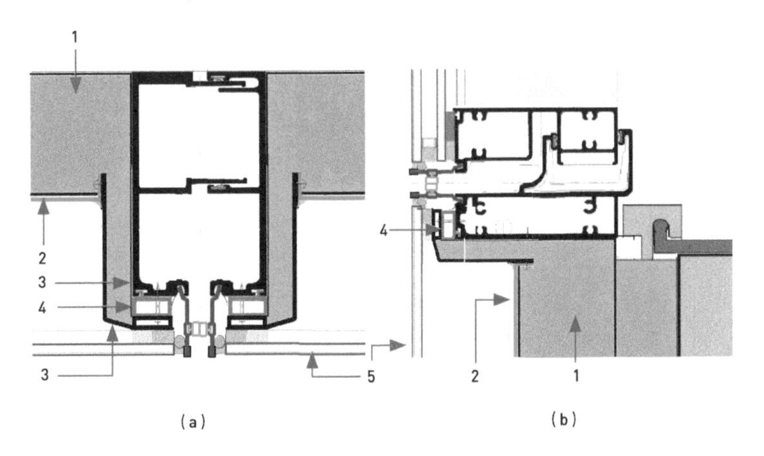

图4.11-41　岩棉包覆龙骨隔热方案示意图

1-保温岩棉；2-铝合金板；3-铝合金型材；4-高分子隔热材料；5-单层玻璃

4.11.5 单元式幕墙的维护维修方法

玻璃幕墙系统的构建中通常需要考虑维修更换的有：玻璃面板（或者其他材质面板，例如铝板、不锈钢板、石材等）、遮阳装置，主骨架一般不特别考虑维修更换。我们先来看看常规的可更换玻璃的设计。

如图4.11-42所示，明框的玻璃更换相对较为容易，先拆掉外扣盖，割掉粘接玻璃的结构胶（如果有结构胶），取出需要更换的玻璃，清洁结构胶残留，换上新胶条，装上新玻璃，补打结构胶，扣回扣盖就完成了玻璃更换。更换玻璃时的运输可通过室内电梯，或者从室外借由擦窗机系统（设计阶段需要各专业协调好技术要求）。

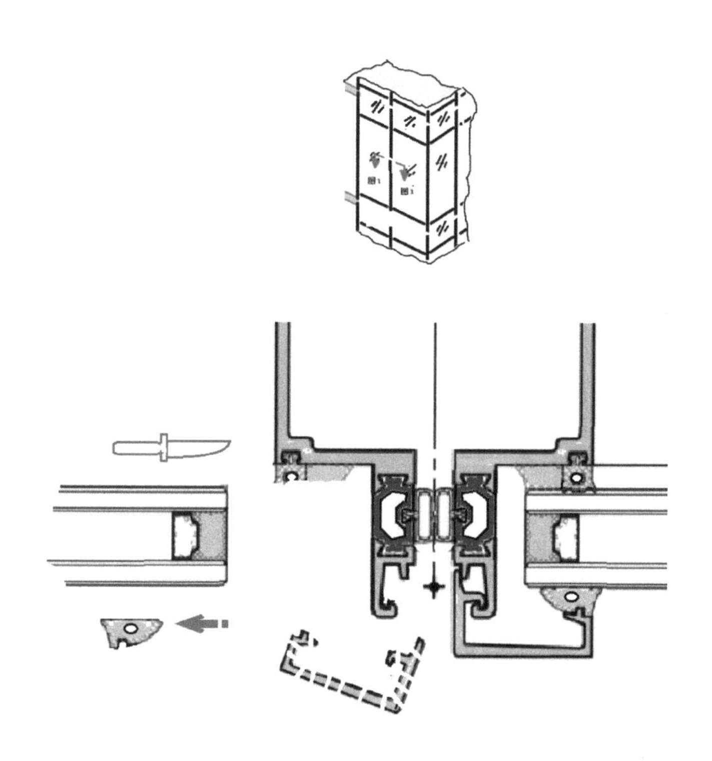

图4.11-42 明框玻璃更换设计示意图

隐框的玻璃更换和明框类似，不同之处是没有外扣盖，所以打完结构胶后，需要临时固定装置将玻璃固定，待结构胶固化完成，形成粘接强度后拆除临时固定装置，详见图4.11-43所示。

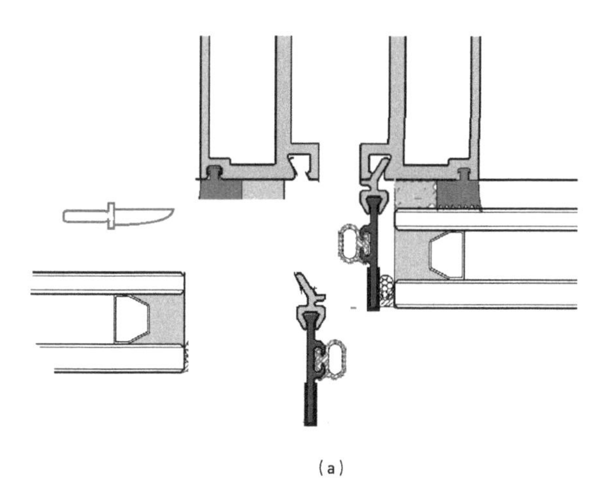

（a）

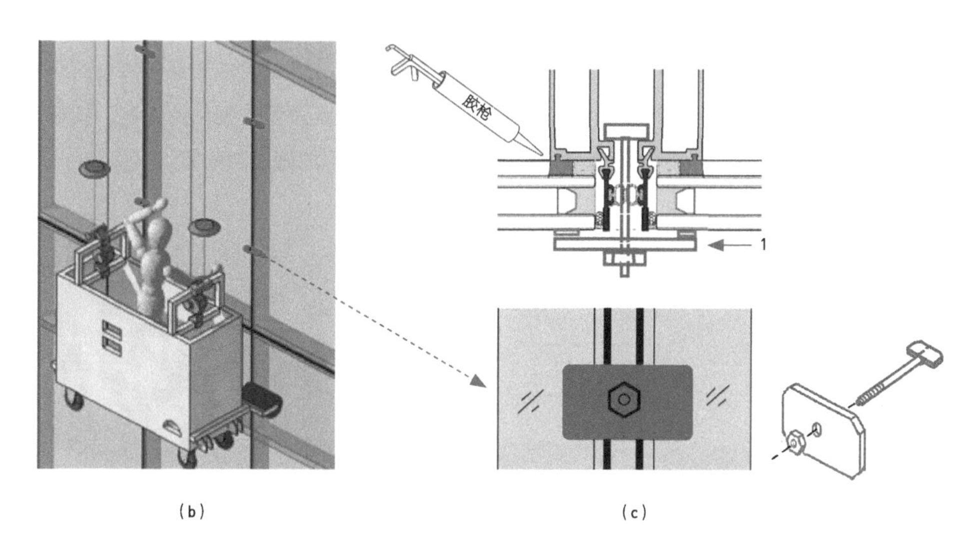

（b）　　　　　　（c）

图4.11-43　隐框玻璃更换设计示意图

（a）典型隐框单元的立柱截面图；（b）擦窗机吊篮示意图；（c）隐框换玻璃临时支撑装置示意图
1-临时固定玻璃的压板，结构胶固化完成后拆掉

4.11.6 钢化玻璃的自爆问题

钢化玻璃自爆是指钢化玻璃在无明显外界原因的情况下自己爆碎的现象，下面我们来看看这个现象的形成的机理。

1．建筑用的浮法玻璃是如何制造出来的

图4.11-44是浮法玻璃生产过程的示意图。生产玻璃的各种原材料混合加入熔炉，融化成玻璃熔液，玻璃熔液流淌浮于金属锡溶液池的表面，高温液态的锡池表面非常平整，自然流淌而出的玻璃也非常平整，这就是浮法玻璃的工艺核心。整个过程中熔炉的温度达到1600℃，锡池出口温度600℃，玻璃退火冷却（让玻璃均匀冷却释放初始内应力）后切割成块。

2．玻璃的钢化工艺

如图4.11-45所示，简单说就是把玻璃加热到接近玻璃软化的温度650℃以上，然后快速冷却（通常为风冷）。在急冷过程中，玻璃靠近表面的部分先冷却硬化，玻璃厚度中心部分的玻璃后冷却硬化，后冷却硬化的部分会收缩拉紧表面先硬化的部分，使玻璃表面形成压应力残留，玻璃中心部分形成张应力残留。

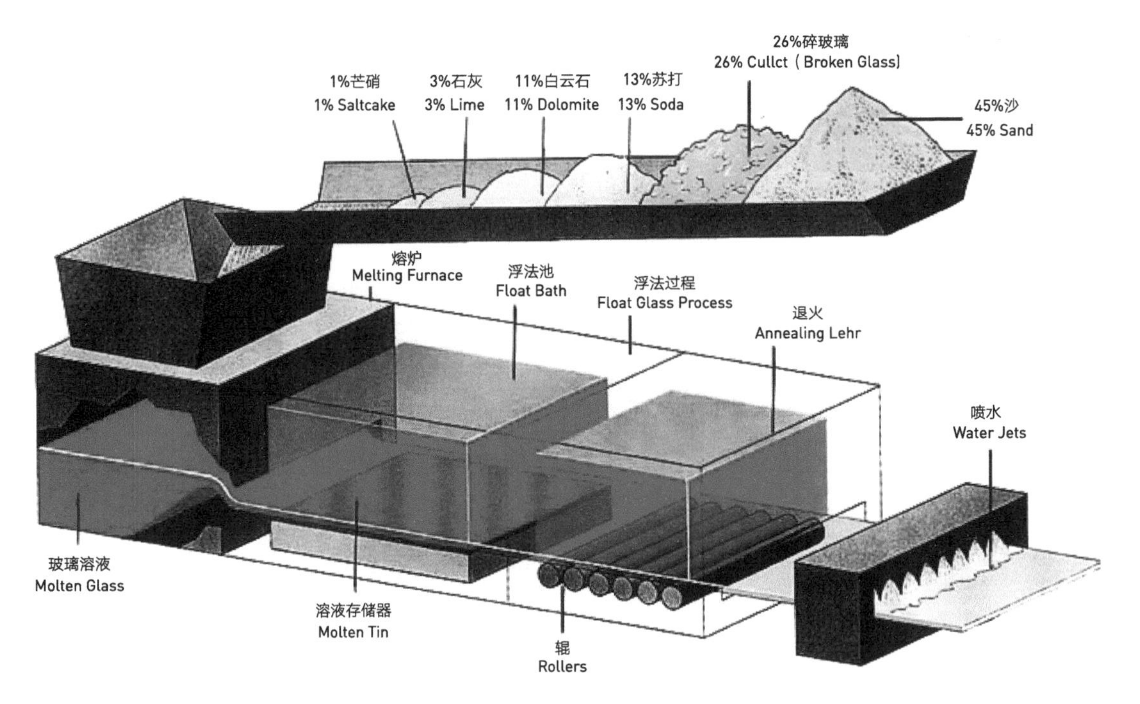

图4.11-44 浮法玻璃生产过程示意图

工业标准中ASTM C1048 “Standard Specification for Heat Treated Flat Glass-Kind HS, Kind FT Coated and Uncoated Glass.” 要求钢化玻璃的中心表面的应力要不低于69MPa（中国标准是不低于90MPa）。

玻璃钢化后，玻璃板的抗弯强度得以大大提高，这很容易理解，玻璃弯曲时表面的弯曲拉应力远大于中间，而由于玻璃的表面的残余压应力会抵消弯曲产生的表面附加拉应力，于是玻璃的抗弯强度增大了。

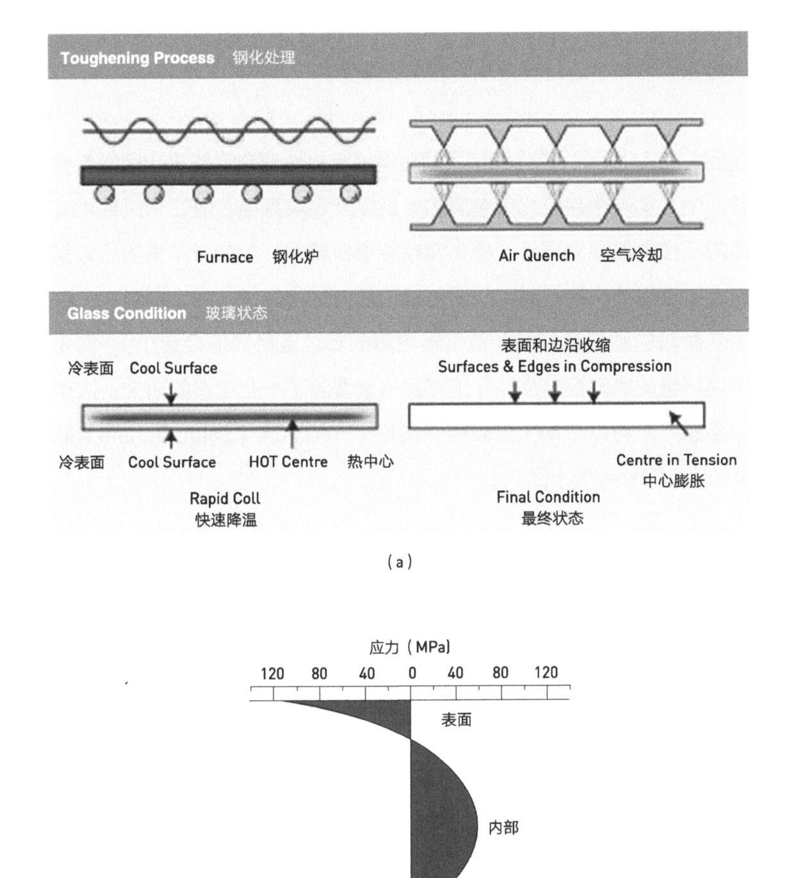

（a）

（b）

图4.11-45 玻璃的钢化工艺示意图

（a）玻璃的钢化处理过程；（b）玻璃压应力与张应力的关系

3．钢化玻璃的自爆

好了，前文讲了玻璃原片生产和玻璃钢化工艺，这和玻璃自爆有什么关系呢？下面来讲讲玻璃自爆的过程。玻璃生产过程中会有极少量的硫化镍小颗粒成分（球形不透明颗粒），尺寸通常为0.08～0.4mm（PPG的文档数据）。硫化镍的晶体有两种相互转换的晶相（称作α-相β-相），高温时α-相，温度降低时β-相。转换温度是晶相转换时体积变化2%～4%。由于钢化玻璃的快速冷却，导致部分α-相硫化镍颗粒来不及转化为β-相（如果玻璃自然缓慢冷却，则硫化镍的相变会在玻璃硬化之前完成）。α-相硫化镍颗粒在常温硬化的玻璃内不能稳定的存在，随时有转化为β-相的可能，如果这个相变恰好发生在玻璃的受压区（由于玻璃属于脆性材料，抗压能力远大于抗拉能力，所以硫化镍引起的自爆一般都发生于玻璃受压区），由于相变的硫化镍颗粒的体积会增大，这时玻璃就可能发生爆碎。

如图4.11-46所示，硫化镍杂质颗粒造成钢化玻璃自爆的决定因素主要有两个：第一个是硫化镍杂质的含量以及颗粒直径；第二个是钢化玻璃的压应力区应力高低。硫化镍颗粒直径越大，相变时产生的压力就越大，自爆的概率就越高，钢化玻璃压力区的压应力越大则对硫化镍相变颗粒的敏感度越高（能引起自爆的颗粒直径阈值会更小），钢化玻璃自爆的概率会更高［在这方面笔者看到了一些定量的研究，大家如果感兴趣可以在网上搜索相关文章——圣戈班（Saint-Gobain）的Andreas Kasper博士团队］。

由于中国的玻璃幕墙规范强制使用钢化玻璃，经常会看到使用中的公共建筑由于钢化玻璃的自爆引起新闻媒体的关注，给相关业主单位和建设承包单位的公关部门带来很大麻烦，所以玻璃自爆的概率是非常重要的指标，下面来看一下相关数据：

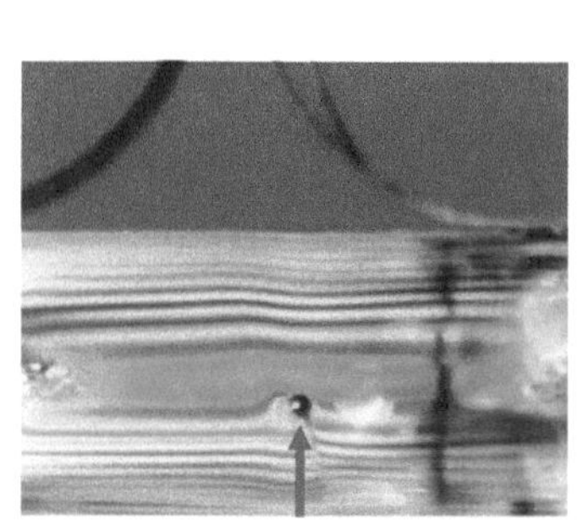
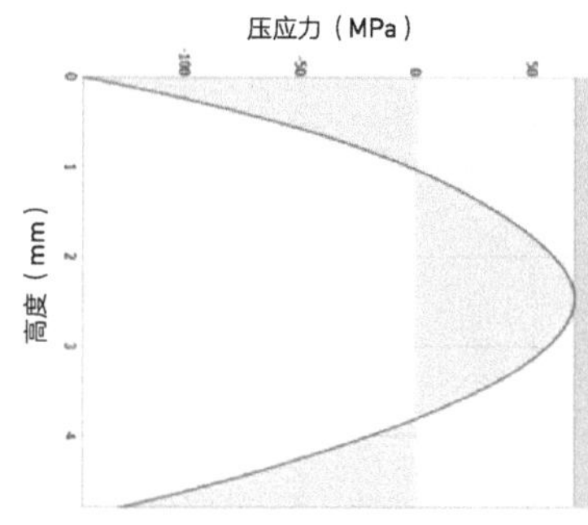

图4.11-46　硫化镍致玻璃自爆因素示意图

NiS inclusions, though uncommon, can occur in all float glass, from any manufacturer. A paper by Dr. Andreas Kasper of Saint-Gobain, Germany, presented at Glass Processing Days, Finland, in June 2001, stated that he found one break caused by a NiS inclusion in every 8.7 tons of glass during the destructive heat soak tests of samples of glass from 25,000 tons of glass from different production sites. It should be observed that not all of these inclusions would necessarily have caused tempered glass breakage in installed glass.

译文：圣戈班（Saint-Gobain）的Andreas Kasper博士在2001年的芬兰玻璃工业论坛（Glass Processing Days）上发布了他对25000t玻璃热浸过程（什么是热浸后面介绍）的统计结果是：每8.7t发现一个硫化镍导致的一次玻璃爆碎（但是考虑到热浸过程并不能100%引爆可能引起自爆的硫化镍颗粒，所以钢化玻璃总的自爆概率应该比这个热浸概率高)。

A paper: " Nickel Sulfide Induced Failure of Glass " , 2001, 47 pages, by Centre for Windows and Cladding Technology, University of Bath, England (sponsored by: Ove Arup, Bovis Lend Lease, and others), stated that a NiS stone with the potential to cause spontaneous breakage in FT glass exists once in every 4 to 12 tons of glass, on a global average. This paper also stated that half of any such breakage can be expected in the first 800 days (26 months) or so after tempering.

译文：2001年的芬兰玻璃工业论坛上，另一篇论文由英国巴斯大学的“窗和外墙中心”发表，他们声称在全球范围内钢化玻璃自爆的概率为4～12t玻璃会出现1个能造成自爆的硫化镍颗粒。他们的研究表明一半的硫化镍的自爆会在玻璃钢化后的800天内发生。

另外一个能找到的文献是来自澳大利亚的Leon Jacob的论文，其中提到一个基于超过12年的数据记录的研究案例，涉及8栋建筑，17760块玻璃，观察到306块硫化镍造成的自爆，比例为1.73%（图4.11-47）。

很难较为精确地知道钢化玻璃自爆的概率是多少。给大家一个作参照用的测算方法：假设每5t玻璃含有1个足以引发自爆的硫化镍，每片钢化玻璃的面积平均为2m^2，硫化镍均匀分布，6mm厚的钢化玻璃计算自爆率测算值为3.7‰。

目前玻璃工业还没有有效的办法完全避免硫化镍颗粒的混入，唯一能有效降低钢化玻璃自爆概率的方法是对钢化完的玻璃做热浸处理（Heat soak test）。热浸处理简单说就是把玻璃加热到250℃然后保持2h（参照BS EN 14179标准）。由于290℃的高温能加速硫化镍的晶相转化，由于这个温度下玻璃的内应力不会有太大变化，所以硫化镍相变时会使玻璃爆碎，相当于提前引爆了会自爆的玻璃。热浸无法完全消除钢化玻璃的自爆问题，只是大大减小了自爆的概率，减到多小，玻璃供应商们的承诺一般都很保守，例如有玻璃厂家承诺经过热浸的玻璃自爆超过5‰以上的部分他们承担更换的材料和现场劳务费用。

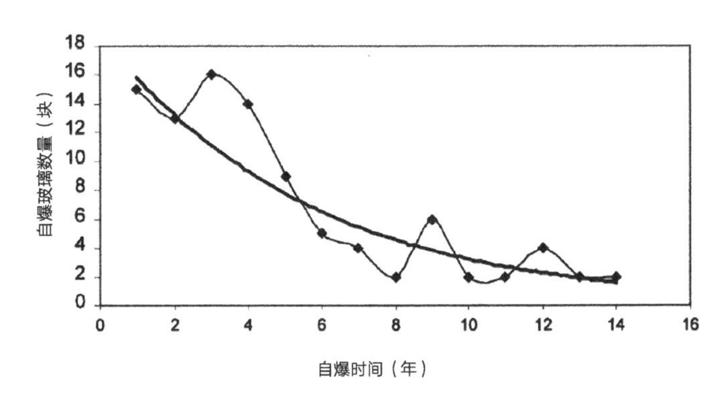

图4.11-47　澳大利亚的Leon Jacob论文硫化镍致玻璃自爆案例表

国内玻璃厂家官方给出的钢化未热浸的自爆率为3%，但是他们没有可信的历史数据记录。笔者经历过一个工程，留有施工全程玻璃破损逐块的翔实图文记录，数据如下：共计7749片玻璃接受热浸处理，在热浸炉有58片发生破损（破碎率7.5‰，平均6.6m^2/块，8mm厚的钢化玻璃），工程竣工前记录到工程现场发生25片钢化玻璃疑似硫化镍破损（图4.11-48是其中一个玻璃的照片记录），共计是83次破损/1023t玻璃=1次破损/12.32t玻璃，这虽然是个案，但也是少有的留有翔实可靠记录的工程案例，给大家做个参考。

目前对于钢化未热浸的玻璃的自爆概率没有规范性的要求，也没有公认的统计数据。对于经过热浸的钢化玻璃，BS EN 1417-1 Glass in building-Heat soaked thermally toughened soda lime silicate safety glass“建筑玻璃-热浸热强化碱石灰硅酸盐安全玻璃”给出了指导性的自爆概率为“不大于每400t 1个自爆（no more than one breakage per 400 tons）”。

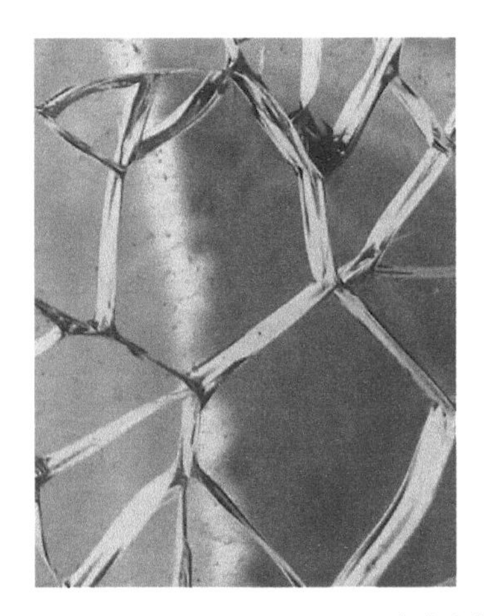

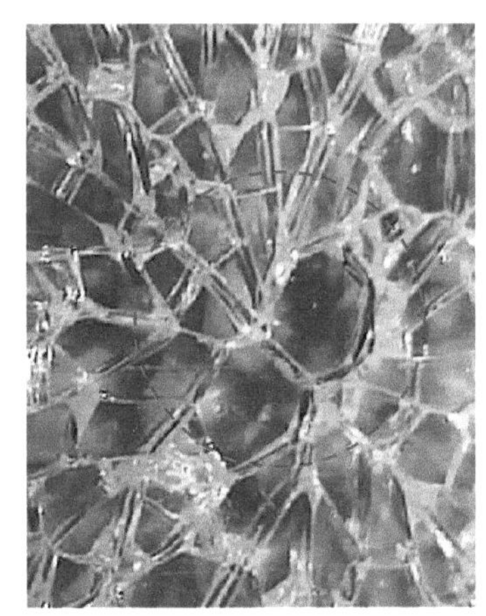

图4.11-48　钢化玻璃疑似硫化镍破损照片

4.11.7　中空玻璃的光学畸变问题

建筑上的镀膜玻璃表面并非绝对平整，必然造成外墙面光学反射成像的变形，称为“光学畸变”（Optic Distortion）。实际工程中，影响反射效果的因素有很多，首先是玻璃在加工制造过程中要经过一系列的“热”处理，会给单片玻璃带来永久变形，中空玻璃合片完成后，环境气压的变化、温度造成的中空玻璃空气层压力的变化、玻璃安装中的各边的位置偏差等一系列因素都会影响建筑玻璃光学畸变的程度。反射影像的变形程度甚至和观察的角度、周围物体的形状、镀膜玻璃反射率都有关系，是个很复杂的问题。

图4.11-49是光学畸变较为轻微的玻璃幕墙照片，由于反射图像里没有规则直线条物体，所以视觉上对畸变的敏感度也降低。

对于非平面的建筑，宏观的反射成像会由于建筑几何而变得不规则，所以对玻璃的光学畸变敏感度也较低。如果观察单块玻璃，当反射成像中包含直线物体时，畸变还是较为明显。反射率低的玻璃在近距离反射成像不清晰，光学畸变自然就不太容易被注意。反射高的玻璃（镜面效果）成像亮度高，对光学畸变敏感度也高，如图4.11-50所示。

图4.11-51中的玻璃是高反射类型，同时玻璃加工变形较大，外墙面的反射图像出现了非常严重的畸变。

浮法工艺制造的玻璃平整度很高，但是后期热处理的各个环节会不断地增大玻璃的平整度误差。最后合成中空玻璃安装到建筑外立面后，反射图像会呈现明显的光学畸变。建筑师往往希望玻璃的光学反射图像畸变越小越好。

图4.11-49　轻微的光学畸变

图4.11-50　比较明显的光学畸变

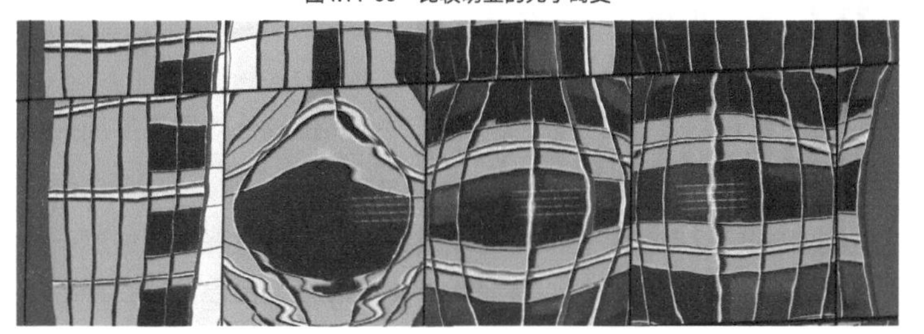

图4.11-51　严重的光学畸变

图4.11-52所示为光学畸变的几种类型。

玻璃的钢化工艺需要把玻璃加热到650℃，滚轮上的玻璃“软化下垂”，形成所谓的滚轮波纹（Roller Wave）。为了减轻这种效应，钢化过程中玻璃会被滚轮来回传送，不让滚轮停在玻璃的固定相对位置上，如图4.11-53所示。

玻璃的钢化工艺中需要玻璃快速风冷，玻璃面板的冷却不均匀会造成不均匀残余应力，从而加剧玻璃的不平整。如果是先镀膜再钢化，镀膜会加剧玻璃的两面散热不均匀，从而进一步增加玻璃的不平整程度。玻璃的形状也会影响冷却均匀度，一般来说规则矩形比不规则形状的钢化后平整度要好。玻璃的厚度对平整度有非常直接的影响，通常越厚的玻璃会越平整，加厚玻璃光学畸变会显著改善。对光学畸变要求高的项目，外片镀膜玻璃厚度建议最低8mm，或者10mm。下面看看当前的一些定量的标准，但是要注意当前国内和国际规范都只就单片玻璃作了规定。鉴于安装完成的中空玻璃的实际平整度情况除了取决于单片玻璃的原始出厂平整度，还会随空气层的气压以及四边支撑的状态而变化，因素过于复杂，所以当前没有规范对合成完的中空玻璃的平整度再作规定。

《建筑用安全玻璃 第2部分：钢化玻璃》GB 15763.2中要求钢化玻璃的宏观弯曲度不超过0.2%（规范定义为弓形弯曲度），局部弯曲度不超过0.3%（规范定义为波形弯曲度，与滚轮波纹的定义类似）。这两个指标实际已经落后于当前的主流厂家的工艺水平，对光学畸变要求高的项目需要在合同中在国家标准的基础上提高外片镀膜玻璃的平整度的要求。图4.11-54是国家标准的弯曲度定义示意图。关于玻璃的平整度标准，《建筑用安全玻璃 第2部分钢化玻璃》GB 15763.2中要求测量时玻璃要处于直立状态。

下面列举一个国外玻璃厂家的产品平整度指标以及对应的测量方法示意图供大家参考，图4.11-55中边缘曲翘测量方法不是工业标准规定的统一测量方法，各个厂家的测量方法会有区别。

另外还有一个会影响玻璃外观效果的效应叫作应力斑（Strain Pattern or Quench Pattern），指的是钢化过程中快速风冷，风嘴附近的玻璃区域冷却比邻近区域快，正对风嘴的玻璃应力会更高，玻璃会残留相对应的附加变形。图4.11-56是从室内看应力斑在复杂光线干涉下的视觉效果。应力斑一般只有在很特定的光线条件和视觉角度才会变得明显。

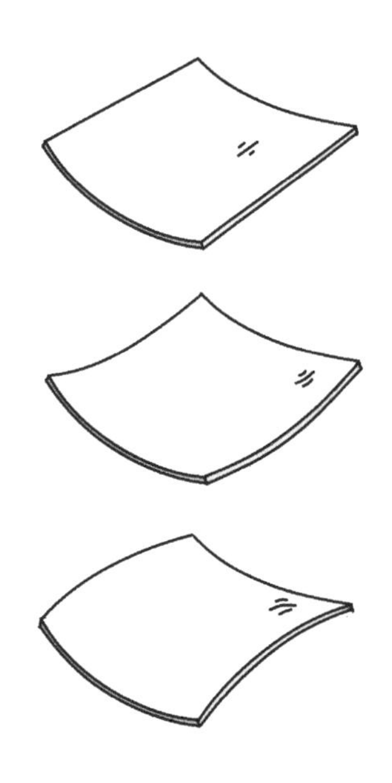

图4.11-52　玻璃加工过程中整体变形的几种几何形式

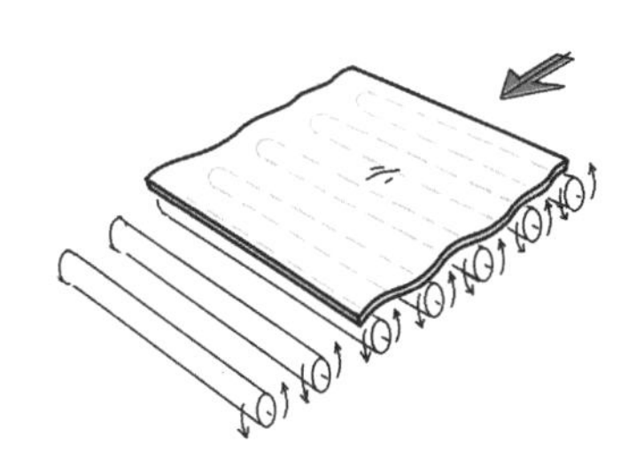

图4.11-53　玻璃钢化工艺滚轮波纹示意图

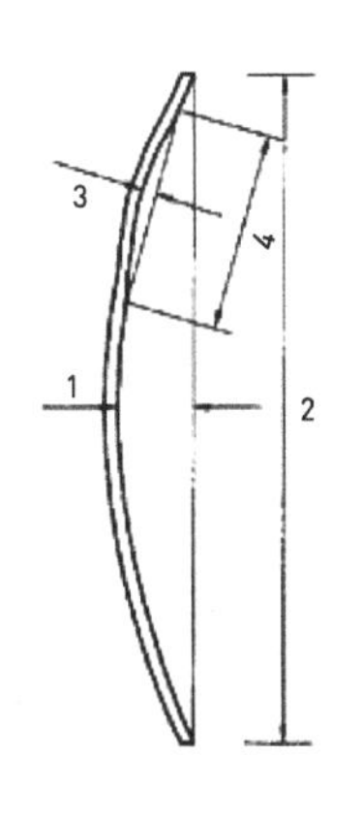

图4.11-54　玻璃国标弯曲度定义示意图

1-弓形变形；2-玻璃边长或对角线长；3-波形变形；4-300mm

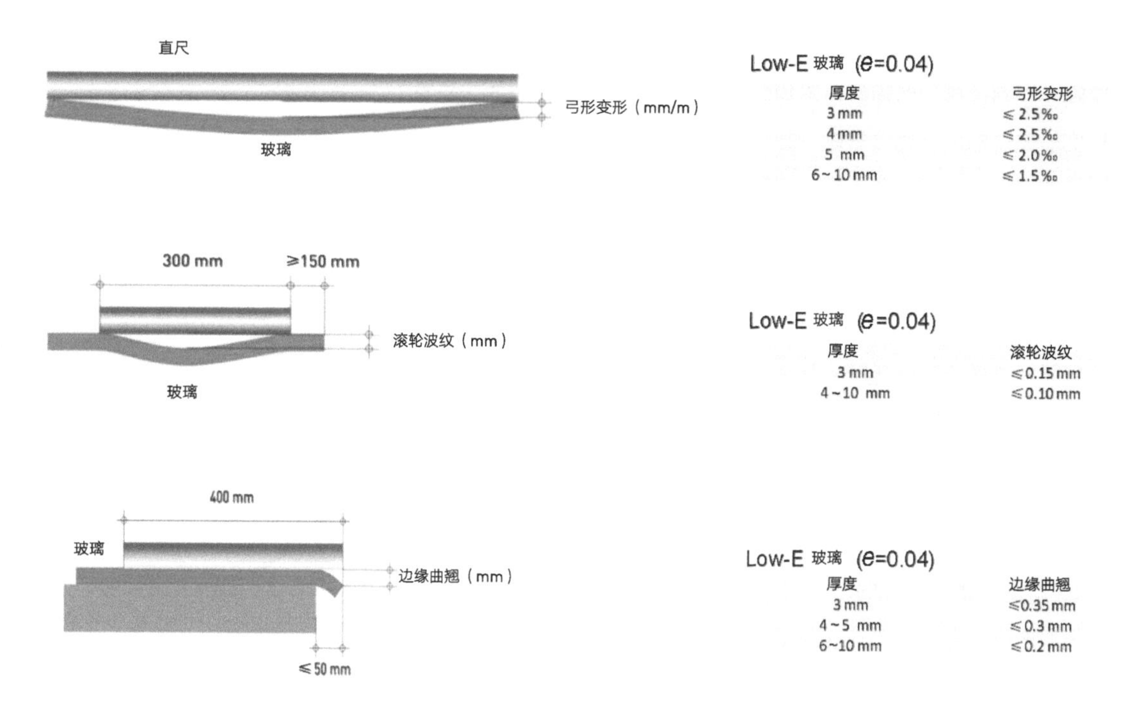

图4.11-55 玻璃三种类型变形及对应的检验方法

图4.11-56 复杂光线干涉下应力斑的室内视觉效果

参考文献

[1] 中华人民共和国住房和城乡建设部．玻璃幕墙工程技术规范 JGJ 102-2003[S]，北京：中国建筑工业出版社，2003.

[2] 中华人民共和国住房和城乡建设部．建筑幕墙 GB/T 21086-2007[S]. 北京：中国标准出版社，2007.

[3] 中华人民共和国住房和城乡建设部．建筑设计防火规范 GB 50016-2014（2018 版）[S]，北京：中国标准出版社，2014.

[4] 建筑幕墙气密、水密、抗风压性能检测方法 GBT 15227-2019[S]，北京：中国质检出版社，2019.

[5] Glazing manual_2004 Edition，Glass Association of North America，2004.

[6] The rain screen wall system，Ontario Association of Architects，2014.

[7] 美国幕墙、门、窗气密性标准测试方法 ASTM E283-04，American Society for Testing and Materials，2012.

[8] 美国幕墙、门、窗静态水密性标准测试方法 ASTM E331-00，American Society for Testing and Materials，2016.

[9] 美国幕墙、门、窗动态水密性标准测试方法 AAMA 501.1，American Architectural Manufacturers Association，2017.

[10] 美国幕墙、门、窗在静态气压差下的结构性能标准测试方法 ASTM E330M，American Society for Testing and Materials，2014.

[11] 美国中、高层建筑外围防火封堵测试标准 ASTM E2307，American Society for Testing and Materials，2004.

图书在版编目（CIP）数据

幕墙设计原理与方法 = Curtain Wall Design Principles and Methods / 郑胜林著. —北京：中国建筑工业出版社，2021.6（2022.11重印）
ISBN 978-7-112-24654-0

Ⅰ. ①幕… Ⅱ. ①郑… Ⅲ. ①幕墙 - 建筑设计 Ⅳ. ①TU227

中国版本图书馆CIP数据核字（2020）第010695号

本书为幕墙行业的专业技术书籍，主要从设计的角度出发介绍以玻璃面板为主的建筑幕墙。本书分两篇，第一篇构件式玻璃幕墙设计，第二篇单元式玻璃幕墙设计，两篇均以大致相同的内容框架分别介绍构件式幕墙和单元式幕墙。主要内容有幕墙的基本构成、等压腔原理、防火设计及试验、建筑变形的适应、幕墙热胀冷缩、大遮阳及装饰翼、幕墙密封性、开启窗设计、隔热构造、玻璃更换与外墙清洗、复杂几何幕墙实例、钢化玻璃自爆、钢化玻璃光学畸变等。在第二篇中更增加了单元式幕墙连接码构造、单元系统自锁插接构造、横锁及横滑构造等内容。

本书特色：以设计构造为导向，列举当今国内外主流的幕墙构造，运用图文并茂的表现手法，通过比较分析的方法，详细而又通俗地讲解各种构造的设计意图及其原理，让读者真正理解何为幕墙设计及如何设计。

本书既适合幕墙从业者的入门学习，又适合有经验的幕墙设计人员的进阶学习与提高。

责任编辑：吕　娜
书籍设计：韩蒙恩
责任校对：焦　乐

联系责编

幕墙设计原理与方法
CURTAIN WALL DESIGN PRINCIPLES AND METHODS
郑胜林　著

*
中国建筑工业出版社出版、发行（北京海淀三里河路9号）
各地新华书店、建筑书店经销
北京锋尚制版有限公司制版
北京中科印刷有限公司印刷
*
开本：787毫米×1092毫米　1/16　印张：14½　字数：290千字
2021年5月第一版　2022年11月第三次印刷
定价：**115.00**元
ISBN 978-7-112-24654-0
（35150）